Illustrator CC 中文全彩铂金版 案例教程

姚冲　暴秋实　黄佳俊 / 主编
李沅蓉　周艳华 / 副主编

中国青年出版社
CHINA YOUTH PRESS

图书在版编目(CIP)数据

Illustrator CC中文全彩铂金版案例教程 / 姚冲，暴秋实，黄佳俊主编.
— 北京：中国青年出版社，2018.5
ISBN 978-7-5153-4839-1
I.①I… II.①姚… ②暴… ③黄… III. ①图形软件-教材
IV. ①TP391.412
中国版本图书馆CIP数据核字(2018)第027540号

策划编辑 张 鹏
责任编辑 张 军

Illustrator CC中文全彩铂金版案例教程

姚冲 暴秋实 黄佳俊 / 主编
李沅蓉 周艳华 / 副主编

出版发行：中国青年出版社
地 址：北京市东四十二条21号
邮政编码：100708
电 话：(010) 50856188 / 50856199
传 真：(010) 50856111
企 划：北京中青雄狮数码传媒科技有限公司
印 刷：北京瑞禾彩色印刷有限公司
开 本：787 x 1092 1/16
印 张：13
版 次：2018年5月北京第1版
印 次：2021年7月第3次印刷
书 号：ISBN 978-7-5153-4839-1
定 价：69.90元（附赠1DVD，含语音视频教学+案例素材文件+PPT电子课件+海量实用资源）

本书如有印装质量等问题，请与本社联系 电话：(010) 50856188 / 50856199
读者来信：reader@cypmedia.com 投稿邮箱：author@cypmedia.com
如有其他问题请访问我们的网站：http://www.cypmedia.com

Preface 前言

首先，感谢您选择并阅读本书。

软件简介

Illustrator是Adobe公司推出的一款基于矢量图形绘制与处理的专业平面设计软件，广泛应用于平面广告设计、插画制作以及艺术效果处理等诸多领域。作为平面广告制作的主力军，Adobe Illustrator因其强大的图形处理、灵活的文字编辑以及高品质的输出功能，成为各类平面设计与制作的主要工具，自诞生以来就深受平面设计人员和图形图像处理爱好者的喜爱。

内容提要

本书以功能讲解+实战练习的形式，系统全面地介绍了Illustrator CC图形处理与设计的相关功能及技能应用，分为基础知识和综合案例两部分。

介绍基础知识部分时，为了避免读者在学习理论知识后，实际操作软件时仍然感觉无从下手的尴尬，我们在介绍软件的各个功能时，会根据所介绍功能的重要程度和使用频率，以具体案例的形式拓展读者的实际操作能力。每章内容学习完成后，还会以具体的案例来对本章所学内容进行综合应用，使读者可以快速熟悉软件功能和设计思路。通过课后练习内容的设计，使读者对所学知识进行巩固加深。然后再学习第二部分的商业实训综合案例内容，从而快速提高读者Illustrator CC图形处理与设计的技能。

为了帮助读者更加直观地学习本书，随书附赠的光盘中不但包括了书中全部案例的素材文件，方便读者更高效地学习；还配备了所有案例的多媒体有声视频教学录像，详细地展示了各个案例效果的实现过程，扫除初学者对新软件的陌生感。

使用读者群体

本书将呈现给那些迫切希望了解和掌握Adobe Illustrator软件的初学者，也可作为提高用户设计和创新能力的指导，适用读者群体如下：

- 各高等院校从零开始学习Adobe Illustrator的初学者；
- 各大中专院校相关专业及培训班学员；
- 从事平面广告设计和制作相关工作的设计师；
- 对图形图像处理感兴趣的读者。

版权声明

本书在写作过程中力求谨慎，但因时间和精力有限，不足之处在所难免，敬请广大读者批评指正。

编　者

Contents 目录

Part 01 基础知识篇

Chapter 01 初识Illustrator

Chapter 02 图形的绘制

Chapter 03 图形的编辑

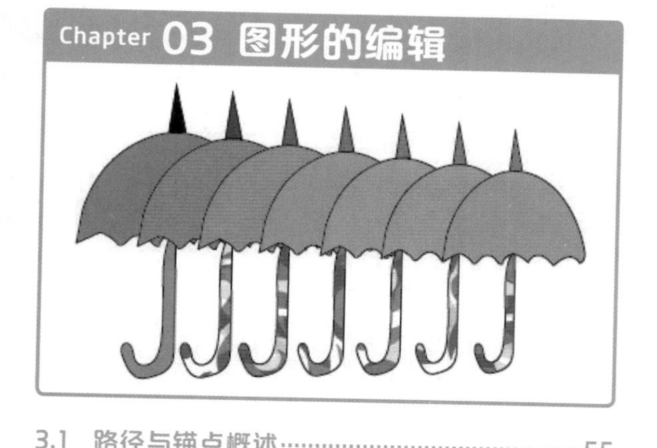

Chapter 04 图形的填充上色

Chapter 05 图层与蒙版的应用

Chapter 06 文字的应用

Chapter 07 滤镜与效果的应用

Part 02 综合案例篇

Chapter 08 DM 单页设计

Chapter 09 播放按钮图标设计

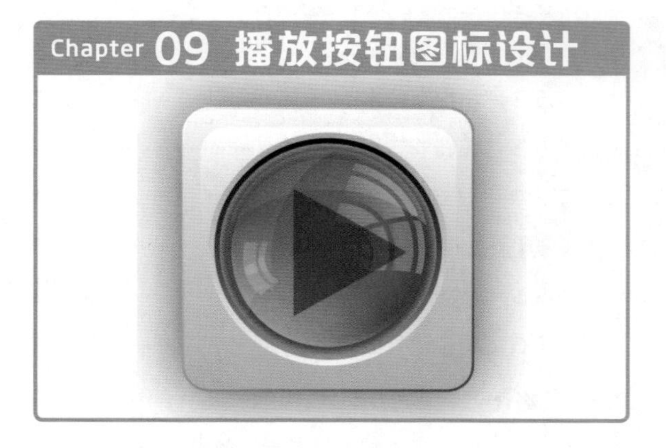

Chapter 10 CD包装设计

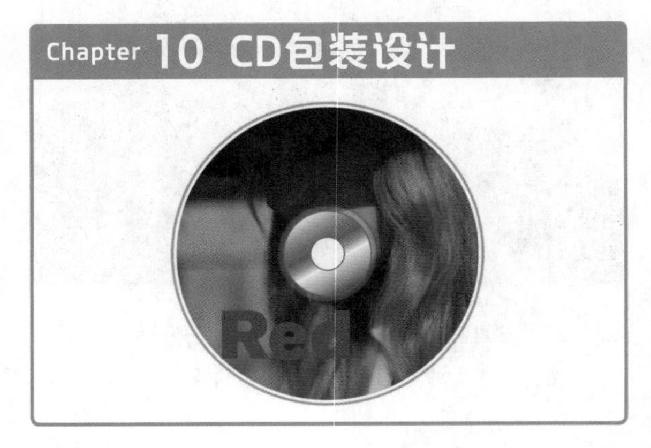

Chapter 11 书籍装帧设计

Part 01

基础知识篇

基础知识篇对Illustrator软件的基础知识和功能应用进行了全面介绍，包括图形的绘制与编辑、图形效果的应用、图形与蒙版的应用以及滤镜与效果的应用等。在介绍软件功能的同时，以丰富的实战案例对所学知识进行巩固加深，让读者全面掌握软件技术，为后续综合案例的学习奠定良好的基础。

Chapter 01 初识Illustrator

本章概述

了解Adobe Illustrator CC 2017的基础知识是学习该软件的第一步。本章首先介绍Illustrator软件的概述，然后对软件的界面、文档的基本操作以及相关辅助工具进行介绍。

核心知识点

1. 了解Illustrator软件的应用范围
2. 熟悉创建文档的操作方法
3. 掌握置入与保存文档的方法
4. 了解Illustrator辅助工具的应用

1.1 Illustrator概述

Illustrator CC 2017是美国Adobe公司研发的一款基于矢量图形制作的软件，广泛应用于印刷出版、海报书籍排版、专业插画、多媒体图像处理和互联网页面制作等领域。Adobe Illustrator是全球最著名的矢量图形软件之一，其强大的功能和体贴的用户界面深受设计师的青睐。据不完全统计，全球有37%的设计师使用Adobe Illustrator软件进行艺术设计。下图为Adobe Illustrator CC 2017的启动界面。

提示：Adobe公司

Adobe公司是著名的图形图像和排版软件的生产商，由约翰 · 沃诺克和查尔斯 · 格什克于1982年创建，其总部位于美国加州圣何塞市。Adobe公司所涉及的产品主要包括Photoshop（图像处理软件）、Audition（音频编辑和混全环境软件）、Flash（动画软件）、Indesign（排版软件）以及Illustrator（矢量图形处理软件）等等。

Adobe Illustrator不仅可以处理矢量图形，也可以处理位图图像。矢量图的创建主要来自矢量编辑软件，如Illustrator、CorelDraw以及AutoCAD等。

矢量图是根据几何特性绘制的图形，这些图形的元素是一些点、线、矩形、多边形、圆和弧线等等。矢量图文件占用内存空间较小，由于该类型图形文件包含独立的分离图像，可以自由无限制的重新组合，且放大后图像不会失真。

矢量图最大的优点是将图形缩放到任意大小或以任意分辨率打印出来都是清晰的，这是因为矢量图保存的是线条和图块信息，和分辨率无关。下左图为100%显示比例的矢量图，下右图将该矢量图放大至400%后局部的效果，可见图形依然清晰、色泽鲜亮。

因为矢量图以几何图形居多，图形可以无限放大，不变色、不模糊，因此常用于图案、标志、VI、文字等设计。

矢量图的缺点是难以形象表现细微的色彩变化以及颜色的过渡效果，无法展示丰富多彩的逼真图像效果，所以常用来制作标识、图标、Logo等简单的图形。

位图又称为点阵图，是由称作像素的点组成，图像的大小和清晰度由图像中像素的多少决定，色彩表现力强、层次丰富，可以展现非常逼真的图像效果。由于位图是由一个一个像素点组成，当放大图像时，像素点也放大了，但每个像素点表示的颜色是单一的，所以放大位图后，会出现图像模糊、马赛克等失真现象。

下图为原位图和局部放大后的对比效果，可以看到连续放大后位图图像会变得模糊。

位图最大的优点是表现色彩很丰富，但颜色信息越多，所占空间就越大；位图图像越清晰，点的空间也越大。并且，位图在缩放或旋转时容易产生失真现象。

提示：像素

像素是组成位图图像的最小单位，右图中不同颜色的小方格就是像素。一个图像文件的像素越多，细节就越能被充分表现出来，图像的质量也就越高。但会增加磁盘的占用空间，编辑和处理的速度也会变慢。

1.2 Illustrator工作界面

Illustrator的工作界面比较经典且实用，用户在使用时选择工具、使用面板和设计作品都很流畅和谐，界面设计非常人性化。

打开Illustrator软件后，可见Illustrator工作界面由菜单栏、工具栏、工具箱、面板和画板等组成。执行“文件>打开”命令，打开图形文件，如下图所示。

- **菜单栏：**菜单栏中包含9个主菜单，分别为文件、编辑、对象、文字、选择、效果、视图、窗口和帮助。每个主菜单中都包含不同类型的命令，单击任意菜单项，在弹出的下拉菜单选择所需命令，即可执行相应的操作。
- **控制面板：**控制面板主要用于设置所选工具的相关选项，其参数随着选择工具的不同而不同。
- **标题栏：**在Illustrator中打开文件时，标题栏中将显示当前文件的名称、视图比例以及颜色模式等信息。
- **绘画区域：**在该区域用户可以绘制图形，也可以通过缩放操作对绘图区域的尺寸进行调整。
- **工具箱：**工具箱中集合了Illustrator的大部分工具，其中的每个按钮都代表一个工具，有些工具按钮的右下角显示黑色的小三角，表示该工具下包含了相关系列的隐藏工具，在工具按钮上长按鼠标左键即可显示完全工具。
- **面板：**Illustrator“窗口”菜单中的命令均可以面板的形式显示，用于编辑图形或对各参数选项进行设置。面板可以编组或堆叠，从而实现面板使用和操作空间的平衡。在Illustrator工作界面的最左侧堆叠着多个面板，只需单击“展开面板”按钮，即可打开或折叠面板。
- **状态栏：**状态栏位于工作界面的最下方，用于显示文件的缩放比例和显示页面等信息。通过设置相应的选项，还可显示当前工具、日期和时间以及文档颜色配置等信息。

1.3 文档的基本操作

在Illustrator中设计品前，需要创建能承载画面的载体，即文档。本节将介绍文档的基本操作，如创建文档、置入文档、保存文档等。

1.3.1 创建文档

在Illustrator中，用户可以根据需要定义创建文档的尺寸、颜色模式和画板数量等参数，下面分别介绍创建空白文档和模板文档的方法。

1. 创建空白文档

首先启动Illustrator软件，执行“文件>新建”命令或按Ctrl+N组合键，如下左图所示。打开“新建文档”对话框，在“名称”文本框中输入文档名称，设置文档大小后，单击“高级”折叠按钮，在展开的区域可以设置文档的颜色模式、栅格效果等参数，如下右图所示。

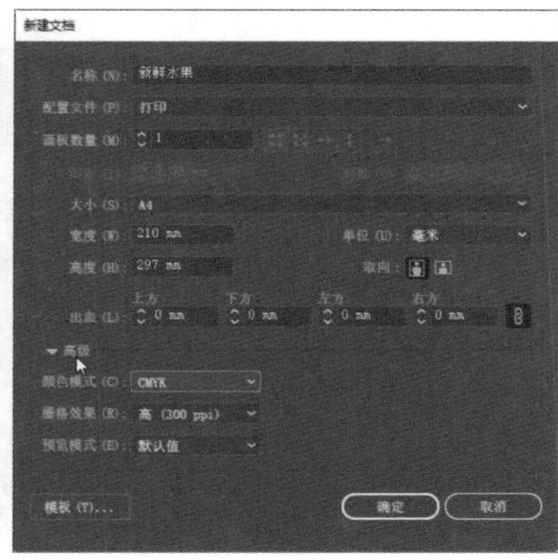

各参数设置完成后单击“确定”按钮，即可创建一个空白的新文档，如下图所示。

下面对“新建文档”对话框中各选项的具体含义进行。

- **名称：** 用户可以在该文本框中输入新建文档的名称，也可以使用默认的“未标题-1”名称，若此处不设置文档名称，在“存储为”对话框中也可以设置文档的名称。
- **配置文件：** 用户可以在“配置文件”列表中选择不同输出类型的文件选项，如“打印”、Web、“移动设备”、“胶片和视频”以及“图稿和插图”。

- **大小：** 单击“大小”右侧的下拉按钮，选择所需的选项，和“配置文件”下拉列表中的选项相对应，如设置“配置文件”为“打印”，在“大小”列表中将显示A4、A3、B4等选项；若设置“配置文件”为“移动设备”，在“大小”列表中将显示相关移动产品选项，如iPhone、iPad以及Apple Watch等。
- **画板数量/间距：** 用于指定文档中画板的数量、画板的排列方式和画板之间的间距。当“画板数量”值大于1时，右侧的按钮被激活，依次为“按行设置网格”、“按列设置网格”、“按行排列”、“按列排列”和“更改为从右至左的版面”。单击“按行设置网格”按钮，可以在“间距”数值框中设置画板之间的距离，在“列数”数值框中设置每行画板的数量。
- **宽度/高度/单位：** 用户可以通过设置这3个参数，指定新建文档的大小。在“单位”下拉列表中包括pt、“派卡”、“英寸”、“毫米”、“厘米”和“像素”等选项，系统默认以“毫米”为单位。
- **取向：** 通过单击“取向”右侧按钮来设置文档的方向，包括纵向按钮和横向按钮。
- **出血：** 用于设置新建文档每侧出血的数值，激活“使所有设置相同”按钮，“上方”、“下方”、“左方”和“右方”数值框中的是相同的；若未激活该按钮，则分别设置各方向的出血数值。
- **颜色模式：** 指定创建文档的颜色模式，在选项列表中包括CMYK和RGB两种颜色模式。CMYK颜色模式用于打印文档的设置，RGB颜色模式用于数字化浏览。
- **栅格效果：** 用于为文档中的栅格效果设置分辨率。要想使用较高的分辨率输出到高端打印机，则将此选项设置为“高”。
- **预览模式：** 用于为文档设置预览模式，包括“默认值”、“像素”和“叠印”3个选项。

2. 从模板中创建文档

Illustrator软件为用户提供多种预设的模版，如T恤、信纸、名片和CD盒等。下面介绍使用T恤模版创建文档的方法。首先执行“文件>从模板新建”命令，打开“从模板新建”对话框，选择“T恤.ait”模版选项，然后单击“新建”按钮，如下左图所示。使用选中的模版创建文档后，模版中的图形、裁剪标记和参考线等元素都将添加到新建的文档中，如下右图所示。

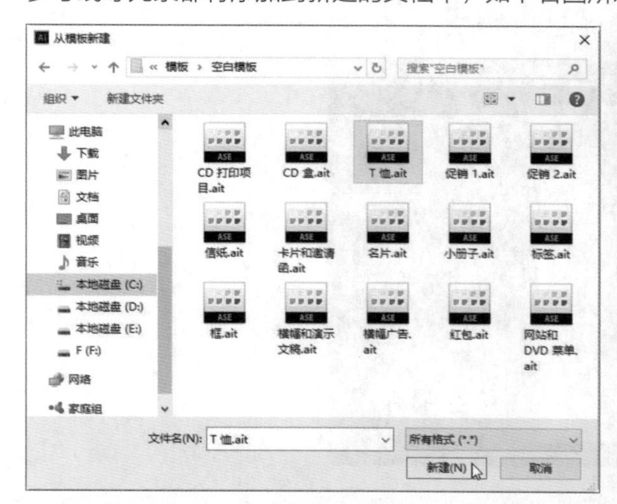

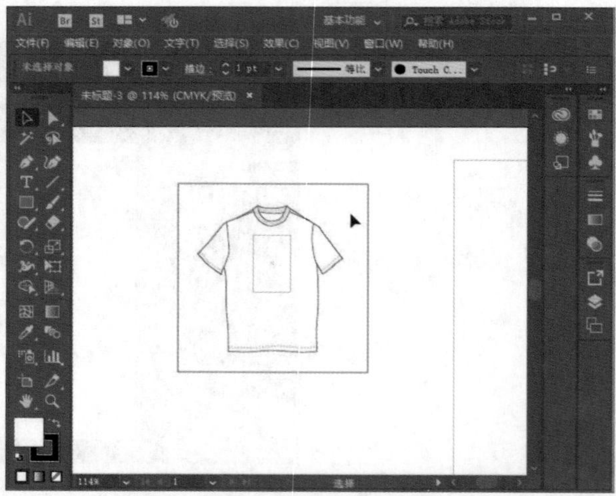

> **提示：打开“从模板新建”对话框的快捷方式**
>
> 用户除了使上述介绍的方法打开“从模板新建”对话框外，还可以按下Shift+Ctrl+N组合键，快速打开该对话框。

1.3.2 打开文档

在Illustrator软件可以打开的文档格式有很多种，不仅可以打开AI、CDR等矢量图形，也可打开JPG等位图文件。

打开Illustrator软件，执行“文件>打开”命令或按下Ctrl+O组合键，打开“打开”对话框，选择需要打开的文件，单击“打开”按钮，如下左图所示。选中的文件即会在软件中打开，如下右图所示。

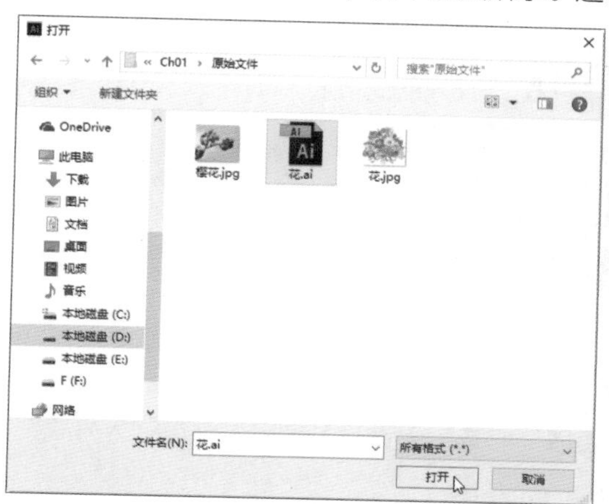

提示：打开“打开”对话框的其他方法

打开Illustrator软件，在工作界面中没有打开任何文档的情况下在灰色区域双击，即可打开“打开”对话框。

1.3.3 置入文件

使用“置入”命令可以将其他素材添加到Illustrator中，可以置入文件的格式包括AI、PSD和JPG等，下面介绍置入文件的方法。

打开Illustrator软件并创建或打开文档，执行“文件>置入”命令或按下Shift+Ctrl+P组合键，打开“置入”对话框，如下左图所示。选择需要置入的文件，取消勾选“链接”复选框，然后单击“置入”按钮，在画板上方按住鼠标左键进行拖曳将选中文件置入，如下右图所示。

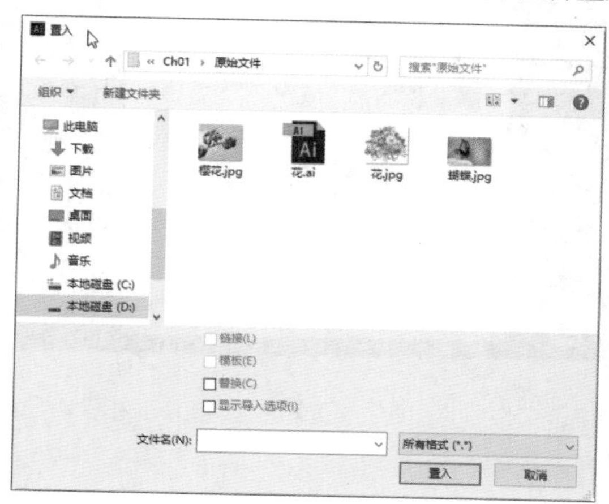

上述介绍的是以“嵌入”方式置入文件，若需要更换为“链接”方式置入文件，只需单击控制面板中“取消嵌入”按钮，如下左图所示。打开“取消嵌入”对话框，选择合适的存储位置，单击“保存”按钮即可，如下右图所示。

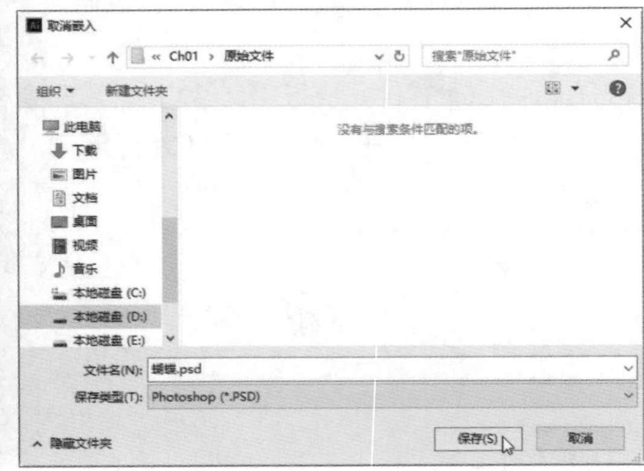

下面介绍“置入”对话框中各复选框的含义。

- **链接**：勾选该复选框，表示置入的文件和源文件是链接关系，如果源文件移动保存的位置或被删除，则Illustrator中置入的文件会自动消失。若取消勾选该复选框，表示文件以嵌入方式置入到文档中。
- **模板**：勾选该复选框，表示将置入的文件转换为模板文件。
- **替换**：若在文档中已经置入了文件，勾选该复选框，则新置入的文件会替换选中的文件。

在实际操作中，用户也可以根据需要在文档中同时置入多个文件。执行“文件>置入”命令，打开“置入”对话框，按住Ctrl键同时选择需要置入的多个文件，单击“置入”按钮，如下左图所示。在画板中使用鼠标拖曳的方式依次置入文件，在光标的右侧会显示置入文件的缩略图和参数以及当前文件的排序，如下右图所示。

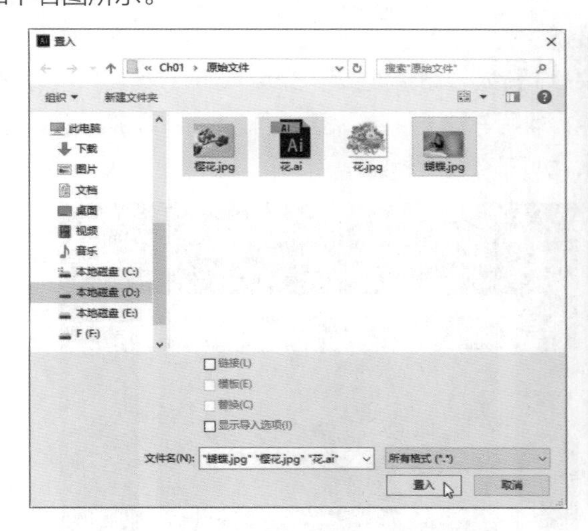

用户还可以根据需要在Illustrator中置入AutoCAD文件。AutoCAD文件包含DXF和DWG两种格式，在Illustrator中只能导入从2.5版至2007版的AutoCAD文件。

打开Illustrator软件，按下Ctrl+N组合键创建一个空白文档。执行“文件>置入”命令，打开“置入”对话框，选中需要置入的AutoCAD文件，勾选“显示导入选项”复选框，单击“置入”按钮，如下左图所示。打开“DXF/DWG选项”对话框，选中“缩放以适合画板”单选按钮后，单击“确定”按钮，如下右图所示。

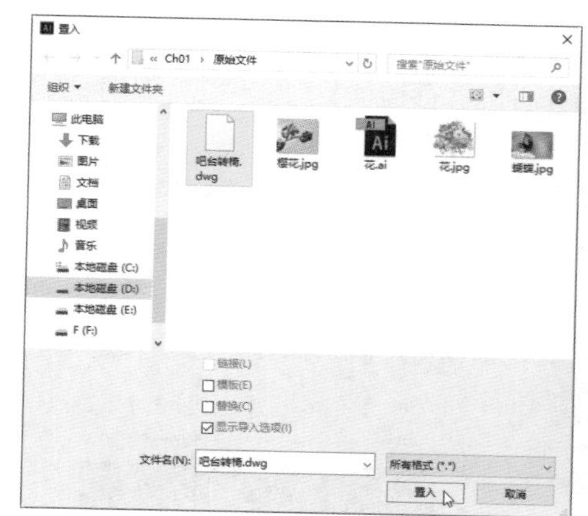

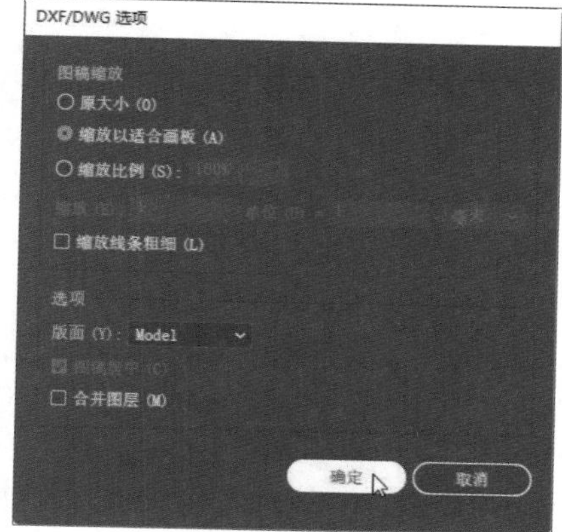

在画板中按住鼠标左键拖曳，即可将AutoCAD文件置入Illustrator中，然后用户可以根据需要使用工具箱中的相关工具对图形进行修改，如右图所示。

1.3.4 导出和保存文件

作品设计完成后，用户可以将其导出或保存，下面介绍具体操作方法。

1. 导出文件

用户可以使用“导出”命令，将文件导出为JPG、PSD、FLASH以及DWG等格式，下面以将文件导出为PSD格式为例进行介绍。打开制作好的图形文件，执行“文件>导出>导出为”命令，选择文件的导出路径后，单击“保存类型”下拉按钮，在下拉列表中选择PSD格式选项，如下左图所示。然后在“文件名”文本框中输入保存的文件名称，单击“导出”按钮，将打开“Photoshop导出选项”对话框，单击“确定”按钮，稍等片刻即可完成文件的导出操作。然后在保存的路径内查看导出效果，如下右图所示。

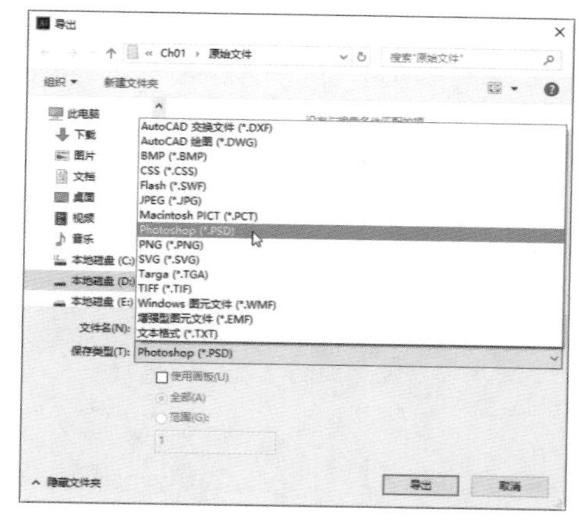

2. 存储文件

新建文档或对文件进行编辑后，需要及时地进行文件的保存操作。对文件进行保存时，除了可以保存为AI格式外，还可以保存为PDF、EPS、AIT、SVG和SVGZ格式。

执行“文件>存储”命令或按下Ctrl+S组合键，可以将文件以原有的格式和名称进行保存。如果是新建的文件，则弹出“存储为”对话框，选择保存路径后，在“文件名”文本框中输入保存文件的名称，然后单击“保存类型”下拉按钮，在下拉列表中选择文件的保存格式，单击“保存”按钮，如下左图所示。将打开“Illustrator 选项”对话框，用户可以根据需要设置文件的保存版本、选项和透明度等参数，单击“确定”按钮完成保存操作，如下右图所示。

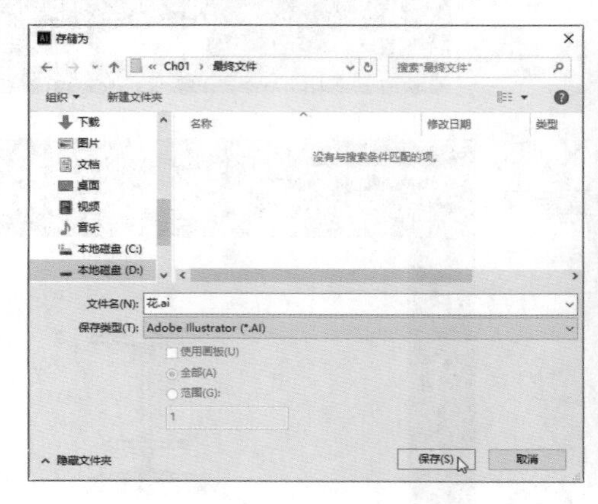

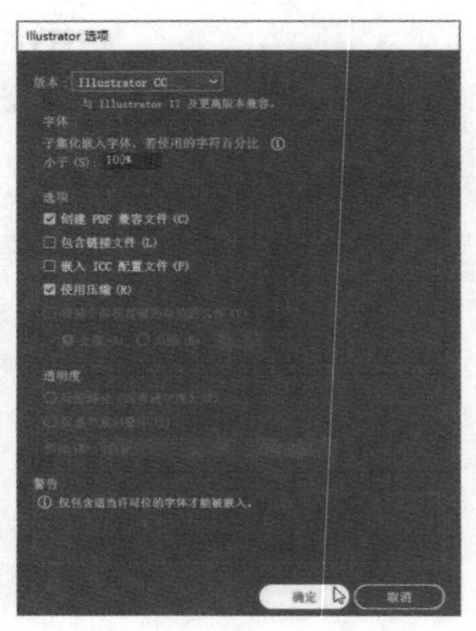

下面介绍“Illustrator 选项”对话框中各参数的含义。

- **版本：** 单击该下拉按钮，在下拉列表中选择文件兼容的Illustrator版本，需要注意旧版本不一定支持当前新版本的功能。
- **创建PDF兼容文件：** 勾选该复选框，在Illustrator文件中存储文档的PDF格式。
- **透明度：** 用于设置在选择保存早于9.0版本的Illustrator格式时，如何处理透视的对象。

执行“文件>存储为”命令，打开“存储为”对话框，在该对话框中可以设置保存文件的名称、格式以及存储位置，原文件不会被改变。

执行“文件>存储副本”命令，打开“存储副本”对话框，Illustrator将基于当前文件保存相同的副本文件，文件名称后将添加“复制”字样，用户可以修改文件的名称和保存类型，单击“保存”按钮即可，如下左图所示。

执行“文件>存储为模板”命令，将打开“存储为”对话框，选择文件的保存路径和名称后，单击“保存”按钮完成模板的保存操作，如下右图所示。

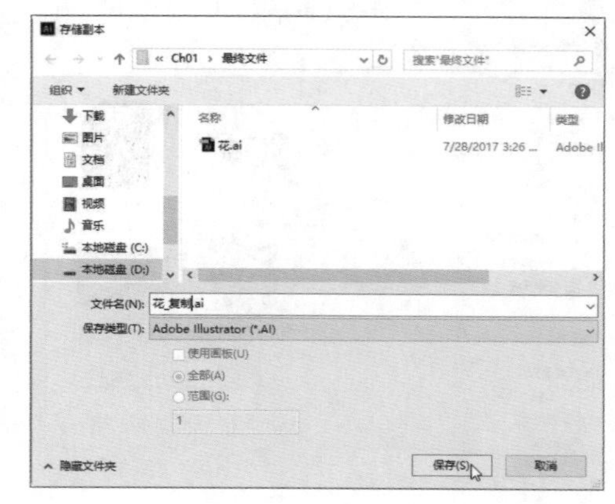

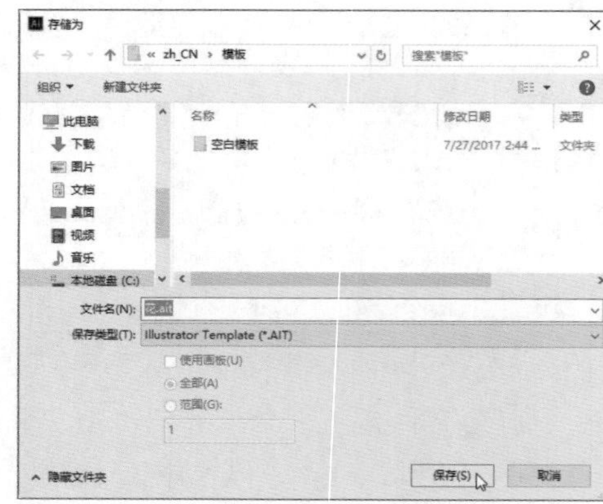

1.3.5 恢复和还原文件

用户对文档进行编辑处理后，如果对处理后的效果不满意，可以执行还原或恢复操作，然后重新对文档进行编辑。

1. 恢复文件

打开文件并对其进行编辑后，若对编辑的效果不满意，可以执行“文件>恢复”命令或按下F12功能键，将文件恢复至上次保存的状态，如下图所示。

2. 还原文件

用户在编辑图稿时，若需要撤销最后一步操作，可执行“编辑>还原”命令或按下Ctrl+Z组合键，如下左图所示。

执行“还原”命令后，若用户需要取消还原操作，可执行“编辑>重做”命令或按下Shift+Ctrl+Z组合键，如下右图所示。

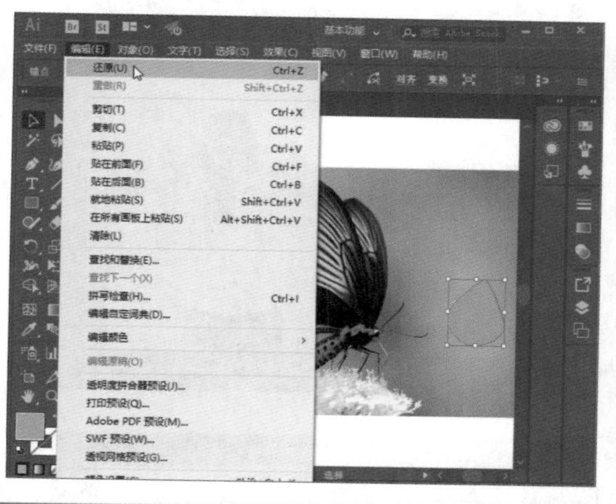

提示：关闭文件

设计完作品并保存后，用户可以关闭当前文件或退出Illustrator软件。执行“文件>关闭”命令、按下Ctrl+W组合键，或单击文档名称右侧 × 按钮，都可关闭当前文件，Illustrator软件并不退出。

执行“文件>退出”命令、按下Ctrl+Q组合键，或单击程序窗口右上角的 × 按钮，都可退出该软件。如果有文件没有保存，则弹出提示对话框，若需要保存，则单击“是”按钮；若不需保存，则单击“否”按钮；若不退出软件，则单击“取消”按钮。

1.4 辅助工具应用

使用Illustrator的辅助工具，可以帮助用户有效地进行更加精准的绘图操作，使整个操作过程更加简便轻松。常用的辅助工具包括标尺、参考线和网格等，这些辅助工具都是虚拟对象，在打印或输出时不会显现出来。

1.4.1 标尺的应用

标尺可用来度量和定位窗口中放置的对象并对对象进行精确测量。标尺位于绘图区域的顶部和左侧边缘，能够帮助用户精确地绘制、缩放和对齐对象。

打开文件素材，不显示标尺的效果如下左图所示。执行“视图>标尺>显示标尺”命令或按下Ctrl+R组合键，将在窗口顶部和左侧显示标尺，效果如下右图所示。

要设置标尺的0点，则将光标移至左上角，即水平标尺和垂直标尺相交处，按住鼠标左键拖曳至画面中需要设置0点的位置，如下左图所示。释放鼠标后，在水平和垂直标尺上的0点重新被设置，如下右图所示。

如果需要将0点位置还原，则在窗口左上角双击即可。

要设置标尺的单位，则选中标尺任意位置并单击鼠标右键，在弹出的快捷菜单中选择相应的单位选项，如右图所示。

如果不需要显示标尺，则执行“视图>标尺>隐藏标尺”命令。

1.4.2 参考线的应用

参考线可以在图中精确对齐物体，创建参考线前必须先显示标尺。本节主要介绍添加参考线、锁定参考线和清除参考线等的操作方法。

1. 添加参考线

将光标移至垂直于标尺的任意位置，按住鼠标左键并拖曳至画面中，释放鼠标即可创建垂直参考线，如下左图所示。用户可以添加多个水平和垂直参考线，如果在拖曳参考线时，按住Shift键可以使参考线与标尺上的刻度对齐，添加垂直参考线，如下右图所示。

2. 移动和删除参考线

将光标移至需要移动的参考线上，按住鼠标左键进行拖曳，拖至合适位置释放鼠标即可移动参考线，如下左图所示。

如果需要删除其中一条或部份参考线，可以按住Shift键的同时依次选中需要删除的参考线，然后按下Delete键将其删除，如下右图所示。

若用户需要将添加的参考线全部清除，则执行“视图>参考线>清除参考线”命令，如右图所示。

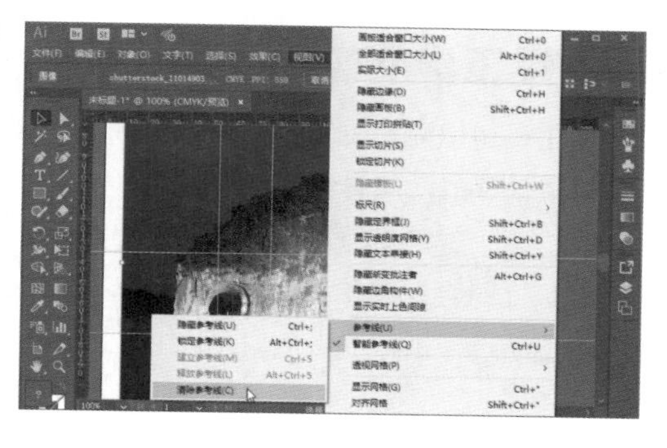

3. 锁定和隐藏参考线

执行“视图>参考线>锁定参考线”命令或按下Shift+Ctrl+;组合键，即可将所有参考线锁定，如下左图所示。将光标移至锁定后的参考线上，在右侧不显示参考线，而且锁定后的参考线不能执行移动或删除操作。如果需要解除锁定，可执行“视图>参考线>解锁参考线”命令。

执行“视图>参考线>隐藏参考线”命令或按下Ctrl+;组合键，即可将参考线隐藏，再创建的参考线也不会显示，如下右图所示。如果需要显示参考线，则执行“视图>参考线>显示参考线”命令。

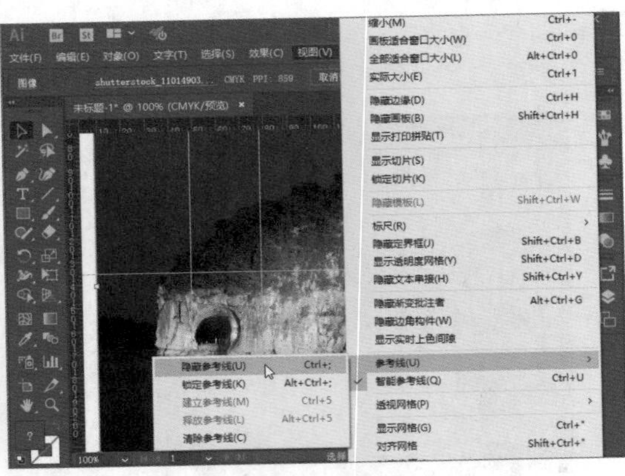

4. 将矢量图形转换为参考线

打开素材文件，使用选择工具选中矢量对象，在光标右上方会显示“路径”字样，如下左图所示。执行“视图>参考线>建立参考线”命令，即可将选中的图形创建为参考线，光标右上方将显示“参考线”字样，如下右图所示。

如果需要将转换后的参考线再转换为矢量图形，则执行“视图>参考线>释放参考线”命令。

1.4.3 度量工具的应用

使用度量工具可以测量文档中任意两点间的距离以及角度等信息，并将测量结果显示在“信息”面板上，为用户提供精确的数值参考。

打开素材文件，选择工具箱中的度量工具，将光标移至需要测量的起始点，如下左图所示。按鼠标左键进行拖曳，此时会自动弹出“信息“面板，显示两点之间的水平和垂直距离、总距离以及两点之间的角度，如下右图所示。进行拖曳测量两点之间的角度时，若按住Shift键，可以将绘制角度的范围限制在45度的倍数。

1.4.4 网格的应用

网格是分布在页面中有一定规律的参考线，用于精确定位图像，在输出打印时是不会被打印出来。执行“视图>显示网格”命令，在图稿后面显示网格，如下左图所示。显示网格后，再执行“视图>对齐网格”命令，使用选择工具移动对象时会自动对齐网格，如下右图所示。

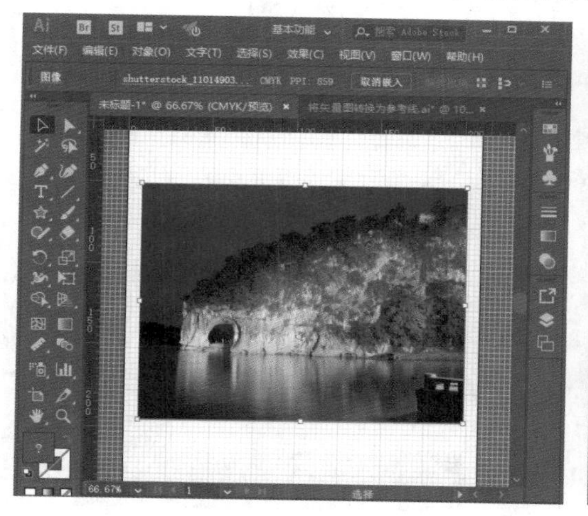

1.4.5 透明度网格的应用

执行“视图>显示透明度网格”命令，显示透明度网格如下左图所示。打开“透明度”面板，设置不透视明度为70%，查看图像的透视效果，如下右图所示。

知识延伸：排列窗口

在Illustrator中同时打开多个文档，默认情况下，各文档在文档标题栏中依次显示，用户可以执行“窗口”菜单中的相关命令对其进行相应的排列。

打开3个文档的素材文件，如下左图所示。执行“窗口>排列>平铺”命令，则打开的文件以边对边的方式显示在窗口中，如下右图所示。

选中“花.ai”文档，然后执行“窗口>排列>在窗口中浮动”命令，则选中的窗口为浮动窗口，如下左图所示。执行“窗口>排列>层叠”命令，则打开的文件从左上方向右下方以堆叠的方式显示文档窗口，如下右图所示。

执行“窗口>排列>全部在窗口浮动”命令，则所有的窗口都为浮动窗口，如右图所示。

如果将所有窗口显示文档标题栏，则执行“窗口>排列>合并所有窗口”命令。

上机实训：制作立秋插画

用户可以通过所学知识创建简单的立秋插画。本案例以树叶为主要元素突显秋天之美，下面介绍具体操作方法。

步骤 01 打开Illustrator软件，执行“文件>新建”命令，设置相关参数后单击“确定”按钮，如下左图所示。

步骤 02 即可创建空白文档，然后执行“文件>置入”命令，如下右图所示。

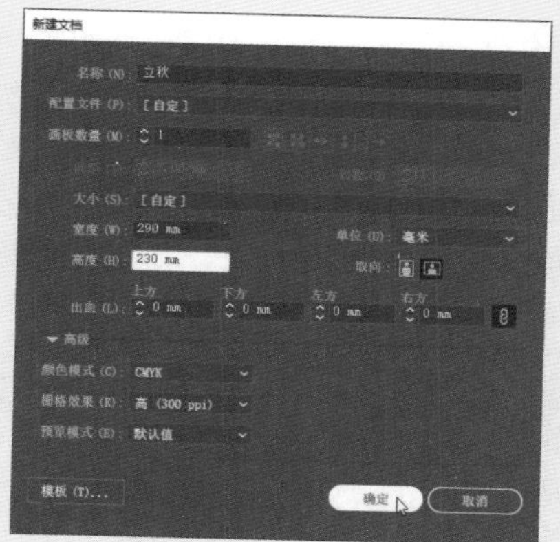

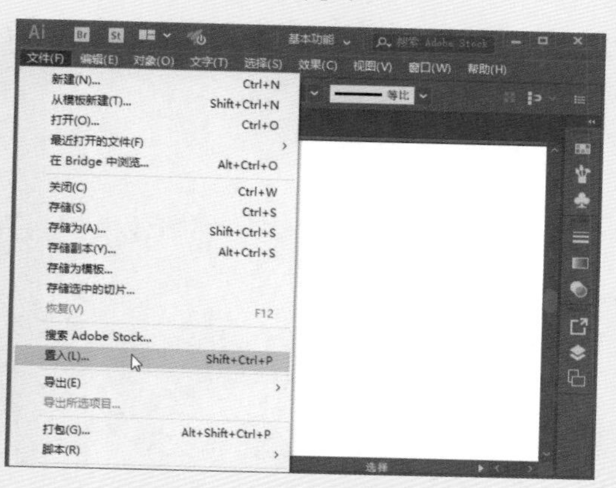

步骤 03 打开“置入”对话框，选择合适的素材，单击“置入”按钮，如下左图所示。

步骤 04 将图片置入文档中并调整和页面一样大小，如下右图所示。

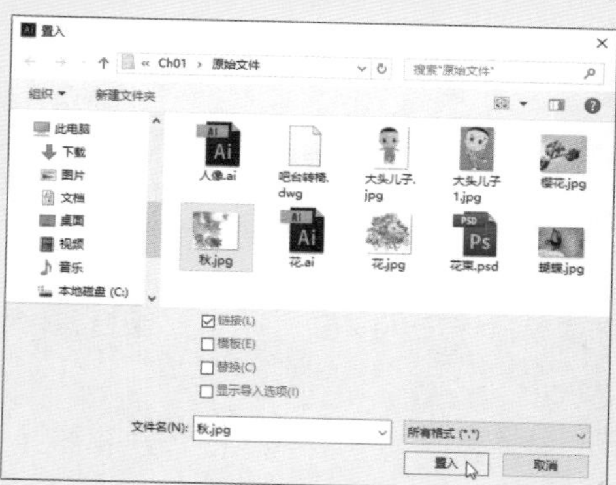

步骤 05 使用直排文字工具在画面右侧输入文字并设置字体字号，如下左图所示。

步骤 06 执行“文件>存储”命令，打开“存储为”对话框，设置保存路径、文件名和保存类型，单击“保存”按钮，如下右图所示。

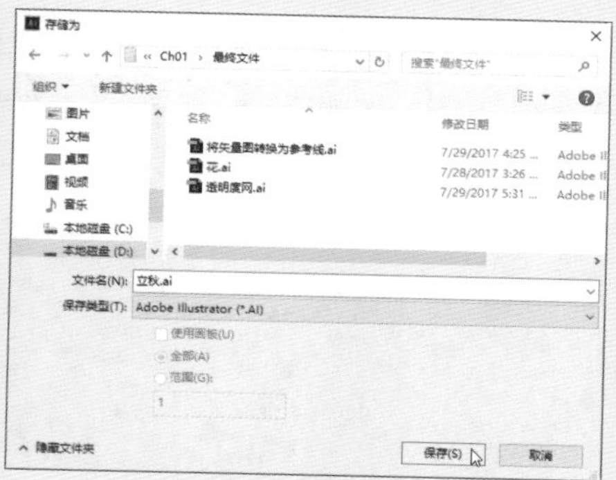

课后练习

1. 选择题

（1）在Illustrator中置入文件的快捷键是（　　）。

A. Ctrl+N　　B. Ctrl+O

C. Shift+Ctrl+P　　D. Alt+Ctrl+P

（2）作品制作完成后，要将其保存为PSD格式文件，需要执行（　　）命令，并在打开的对话框中设置保存格式为PSD。

A.“文件>存储”　　B．“文件>导出>导出为”

C. “文件>置入”　　D.“文件>存储副本”

（3）文档创建完成后，若需要设置文档的颜色模式，应该执行（　　）命令，修改颜色模式后在文档窗口标题栏右侧显示颜色模式。

A.“文件>新建”　　B.“文件>文档设置”

C. “文件>文件信息”　　D.“文件>文档颜色模式”

（4）下列选项中，属于Illustrator辅助工具的有（　　）几种。

A. 标尺　　B. 参考线

C. 网格　　D. 对齐点

2. 填空题

（1）Illustrator是美国________公司研发的一款基于矢量图形制作的软件，是全球最著名的矢量图形软件之一。

（2）执行________命令或按下________组合键，可打开“打开”对话框。

（3）在Illustrtor中若需要对对象进行对齐、编辑和变换等操作时，可以执行________命令启用智能参考线。

（4）在Illustrator中按下________组合键，可以显示或隐藏标尺；按下________组合键；可以显示或隐藏智能参考线。

（5）创建一个可以在iPhone手机上使用的文档，则在“新建文档”对话框中应将“配置文件”设置为________选项。

3. 上机题

创建新文档，置入所需文件，最后对文档进行保存。

（1）打开Illustrator软件，执行“文件>新建”命令，在打开的对话框中设置文档参数。

（2）执行“文件>置入”命令，将素材文件置入窗口中并调整其大小和位置。

（3）执行“文件>存储”命令，在“存储为”对话框中选择文件的保存路径。

（4）输入文件名称并设置保存格式，执行保存操作。

Chapter 02 图形的绘制

本章概述

本章将介绍Illustrator工具箱中绘制矢量图形的各工具的应用，使用这些工具可以方便地绘制出线段、矩形、多边形、圆形以及星形等。此外，还对基本几何图形的绘制方法、高级绘图工具的应用以及图形的选择方法进行了详细介绍。

核心知识点

❶ 掌握各种绘图工具的应用
❷ 熟悉几何图形的绘制方法
❸ 掌握钢笔工具的应用
❹ 掌握对象选择的方法

2.1 线形和网格的绘制

Illustrator中提供了多种线型和网格的绘制工具，如直线段工具、弧形工具、螺旋线工具、矩形网格工具和极坐标网格工具。

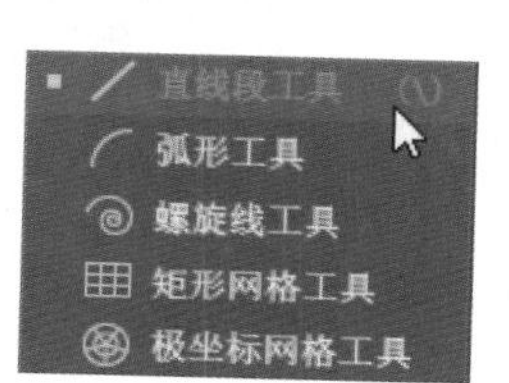

2.1.1 直线段工具

直线段工具主要用于在绘图区域绘制直线。在工具箱中选择直线段工具，在画板中将光标定位在需要绘制直线的起始位置，然后按住鼠标左键并拖曳，如下左图所示。此时光标的右下角显示了绘制直线的长度和角度，拖曳至结束位置释放鼠标，即可绘制一条直线段，如下右图所示。

如果用户需要创建指定长度和角度的直线，可以通过“直线段工具选项”对话框实现。选择直线段工具，在画板上单击，即可打开该对话框，在“长度”和“角度”数值框中输入相应的数值，单击“确定”按钮即可在选中的点上创建设置的直线，如右图所示。

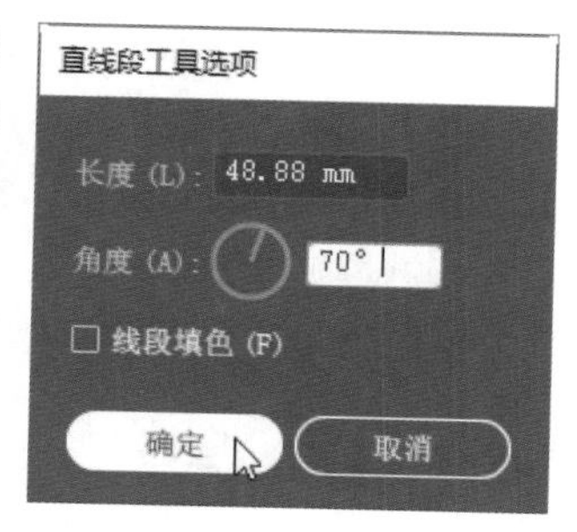

绘制直线段时，用户可以借助Shift和Ctrl键进行直线绘制。按住Shift键，可以绘制出45度角的倍数的直线；按住Ctrl键，可以绘制以单击的点为中心向两侧延伸的直线。

2.1.2 弧线工具

弧线工具主要用于在绘图区域创建弧线，或绘制精确弧度的弧线对象。选择工具箱中的弧线工具，在画板中将光标定位在需要绘制弧线的起始位置，然后按住鼠标左键进行拖曳绘制弧形，如下左图所示。如果在绘制弧线时按键盘上的X键，可以切换弧线的方向，如下右图所示。

若需绘制闭合的图形，则需在绘制弧线时按下键盘上的C键，如下左图所示。若需绘制精确的弧线，则选中弧线工具并在画面中单击，打开“弧线段工具选项”对话框，设置各项参数后单击“确定”按钮，如下右图所示。

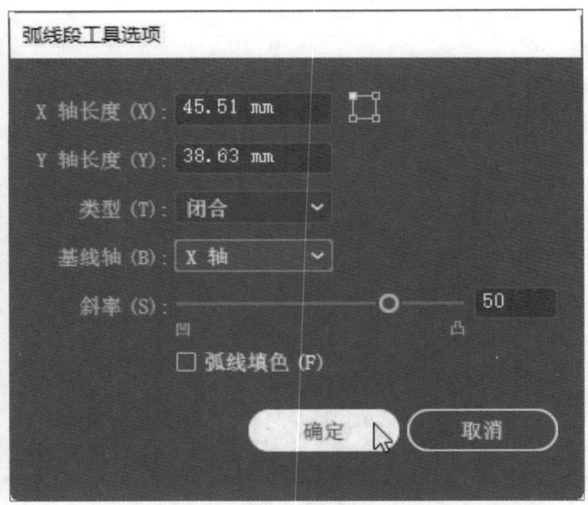

下面介绍“弧线段工具选项”对话框中各参数的含义。

- **X/Y轴长度：** 设置弧线的长度和高度值。
- **参考点定位器：** 选中参考点定位器上的空心方块，来设置弧线的参考点。
- **类型：** 设置弧线是开放还是闭合，单击下拉按钮，在列表中选择相应的选项。
- **基线轴：** 设置绘制弧线的基线轴为X轴还是Y轴，单击右侧下拉按钮，在列表中选择相应的选项即可。
- **斜率：** 设置弧线的斜率方向，可以通过拖动滑块设置，也可以在右侧数值框内输入相应的数值。
- **弧线填色：** 勾选该复选框，可使用当前填充颜色为弧线闭合区域填充颜色。设置“类型”为“开放”后，勾选“弧线填色”复选框，效果如下左图所示。设置“类型”为“闭合”后，勾选“弧线填色”复选框，效果如下右图所示。

提示：绘制固定角度的弧线

在绘制弧线时，鼠标拖曳的方向不同，绘制弧线的弧度也不同，当水平或垂直拖曳时，绘制的是直线。如果在绘制时按住Shift键，可以绘制固定角度的弧线。

在绘制弧线时，按下键盘上的上、下方向键，可以调整弧线的斜率。

2.1.3 螺旋线工具

螺旋线工具用于创建螺旋线。选择工具箱中的螺旋线工具，在画面中拖曳鼠标绘制螺旋线，如下左图所示。在绘制螺旋线时按下R键，可以切换螺旋线的方向，如下右图所示。

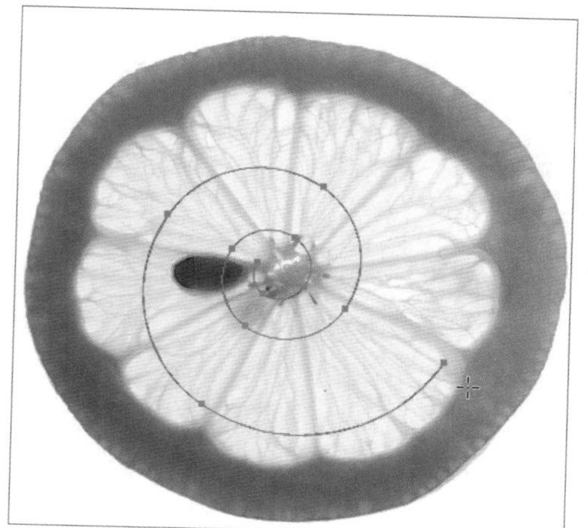

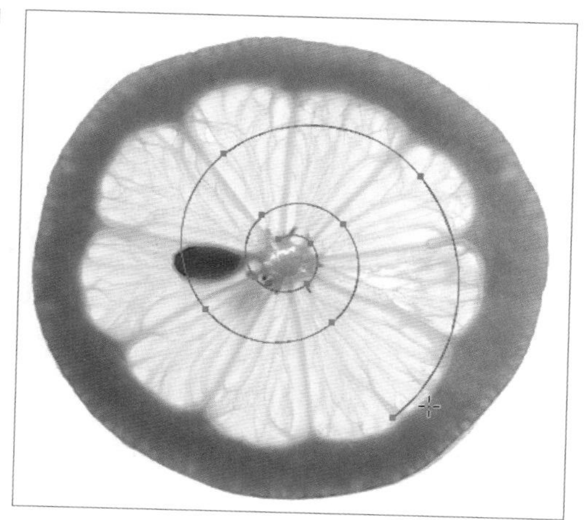

在绘制螺旋线时，如果需要精确设置螺旋线的半径和段数，则在工具箱中选择螺旋线工具，然后在画面中单击打开“螺旋线”对话框，设置各项参数后单击“确定”按钮，如右图所示。

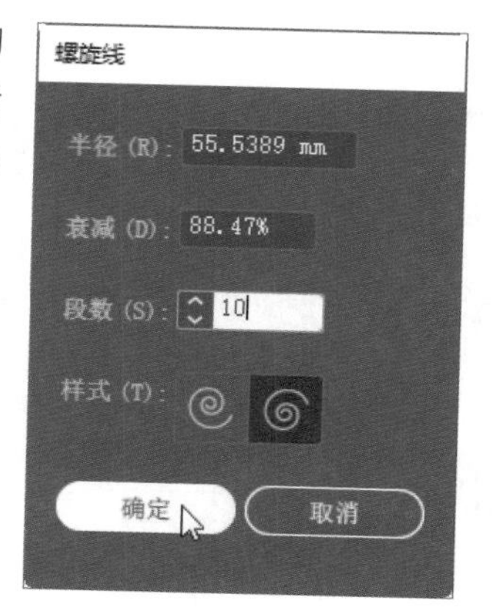

下面介绍“螺旋线”对话框中各参数的含义。

- **半径：** 在右侧数值框中输入相应的数值，单位为毫米，表示从中心到螺旋线最外侧点的距离，数值越大，螺旋线的范围越大。
- **衰减：** 用于设置螺旋线的每一螺旋相对于上一螺旋的量。下左图是衰减值为90%的效果，下右图是衰减值为50%的效果。

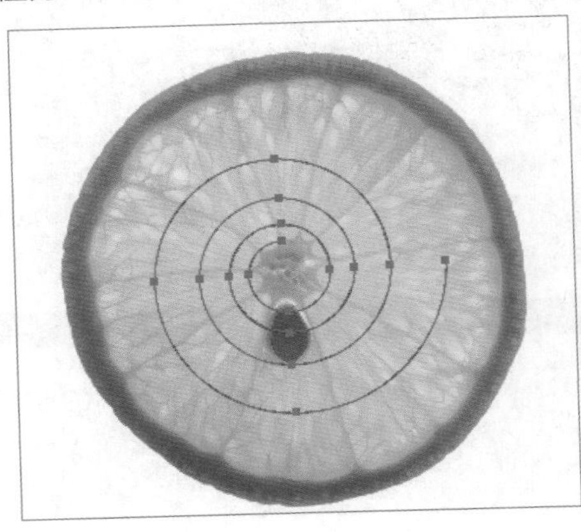
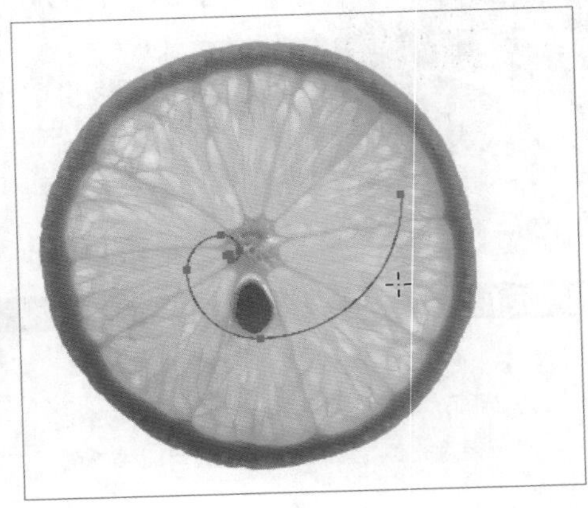

- **段数：** 用于设置螺旋线的螺旋数量。下左图是段数为8的效果，下右图是段数为20的效果。

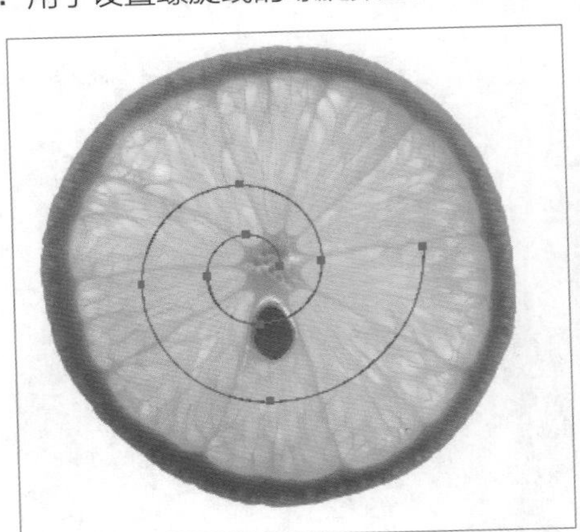
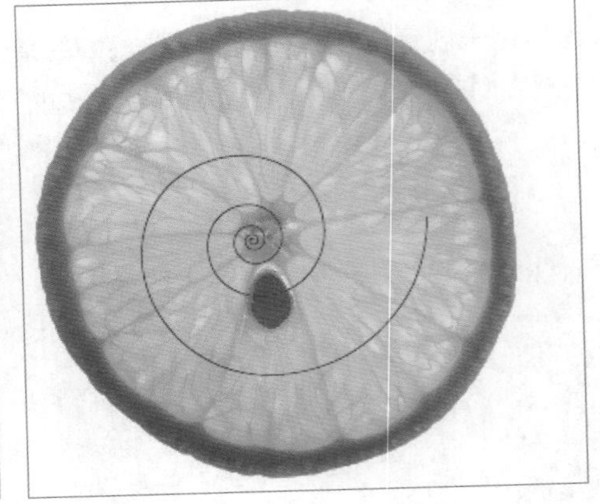

- **样式：** 用于设置螺旋线的方向。

在绘制螺旋线时，配合键盘上的相关按键，可以得出不同的效果。按住Ctrl键可调整螺旋线的紧密程度，如下左图所示。按下键盘上的上、下方向键，可增加或减小螺旋。当螺旋线的段数设置为15，下右图为按向下方向键减少螺旋线的效果。

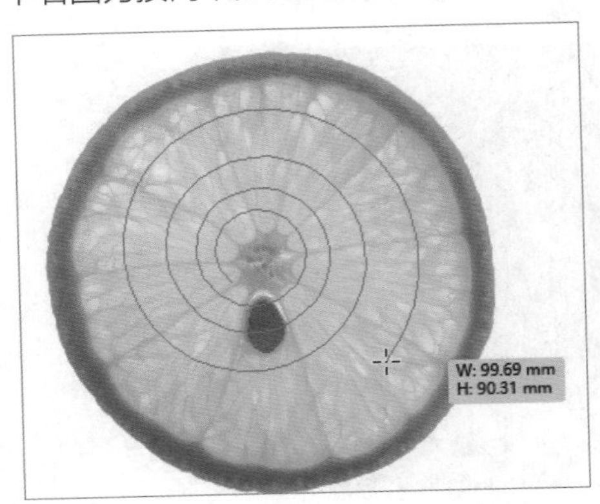

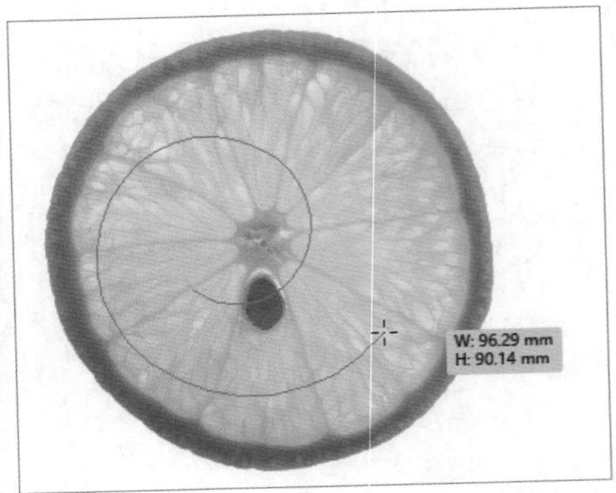

2.1.4 矩形网格工具

矩形网格工具用于绘制带有网格的矩形。选择工具箱中的矩形网格工具，在画面中沿对角线方向进行拖曳，至合适的位置释放鼠标左键，效果如下左图所示。如果需要绘制精确的矩形网格，可以单击需要绘制矩形网格的一个角点位置，打开“矩形网格工具选项”对话框，设置矩形网格的各参数后，单击“确定”按钮来创建矩形网格，如下右图所示。

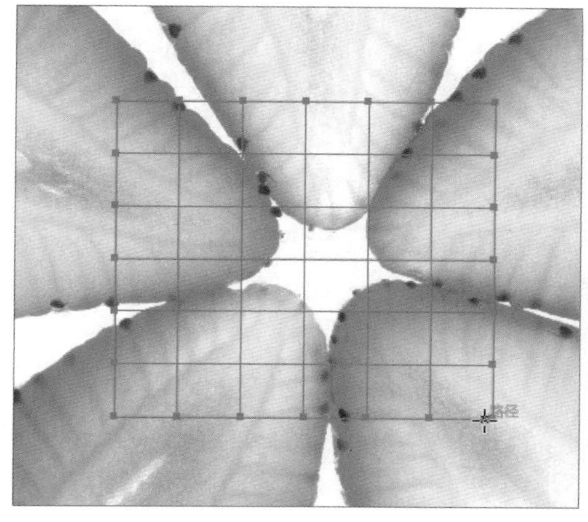

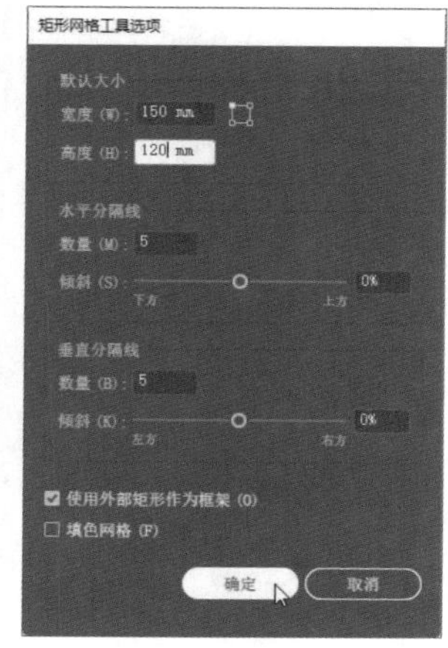

下面介绍“矩形网格工具选项”对话框中各参数的含义。

- **宽度/高度：** 在数值框中输入相应的数值，设置矩形网格的宽度和高度。
- **“水平分隔线”选项区域：** 在“数量”数值框中输入所需数值，可以设置从网格顶部到底部之间的水平分隔线数量。“倾斜”值决定水平分隔线的间距是倾向于底部还是顶部。当“倾斜”值为0%时，水平分隔线的间距相同；当“倾斜”值为负数时，网格的间距从下至上逐渐变窄，该值为-100%时效果如下左图所示。当“倾斜”值为正数时，网格的间距从上到下逐渐变窄，该值为100%时效果如下右图所示。

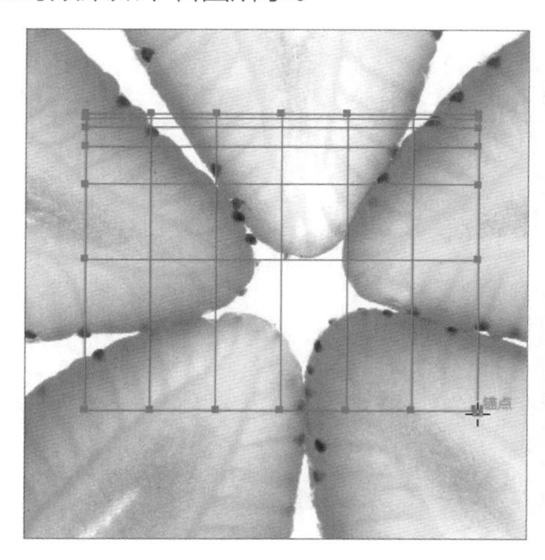

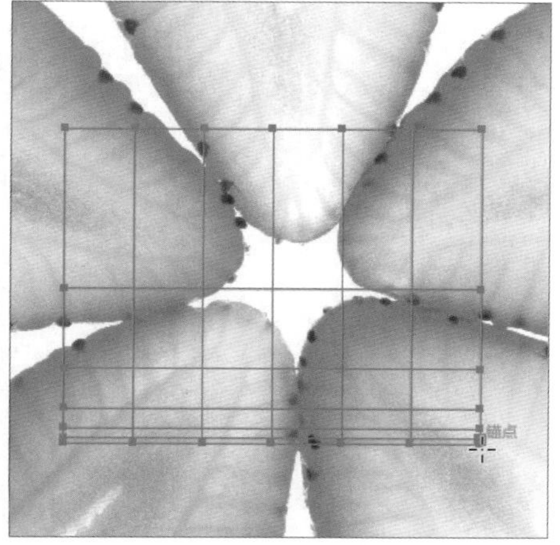

- **“垂直分隔线”选项区域：** 在“数量”数值框中输入所需数值，设置从网格左侧到右侧之间垂直分隔线的数量。“倾斜”的值决定垂直分隔线的间距是倾向于左侧还是右侧。当“倾斜”值为0%时，垂直分隔线的间距相同；当“倾斜”值为负数时，网格的间距从左至右逐渐变窄，该值为-100%时，效果如下左所示。当“倾斜”值为正数时，网格的间距从右到左逐渐变窄，该值为100%时，效果如下右图所示。

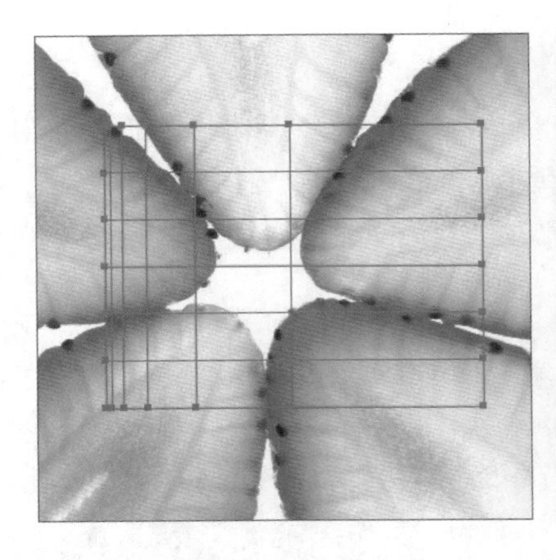
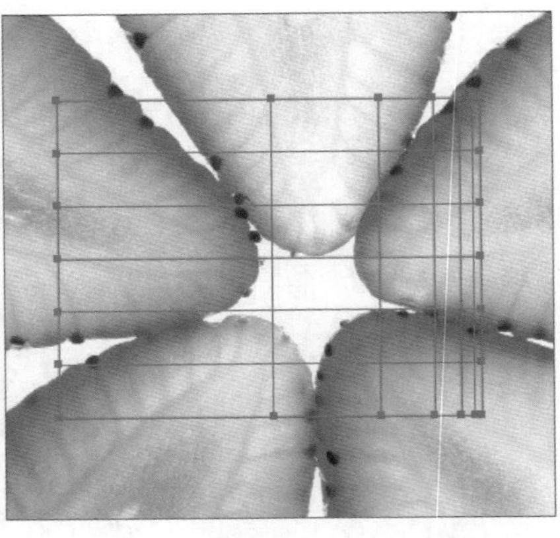

- **使用外部矩形作为框架：**勾选该复选框后，将以单独的矩形对象替换顶部、底部等线段。
- **填色网格：**勾选该复选框，将在网格线上应用锚边颜色，如下图所示。

2.1.5 极坐标网格工具

极坐标网格工具用于绘制同心圆以及按指定参数确定的放射线段。选择工具箱中的极坐标网格工具，在画面中按住鼠标左键拖曳至合适位置释放鼠标左键，如下左图所示。在绘制极坐标网格时，若按住Shift键，可绘制圆形的网格，如下右图所示。

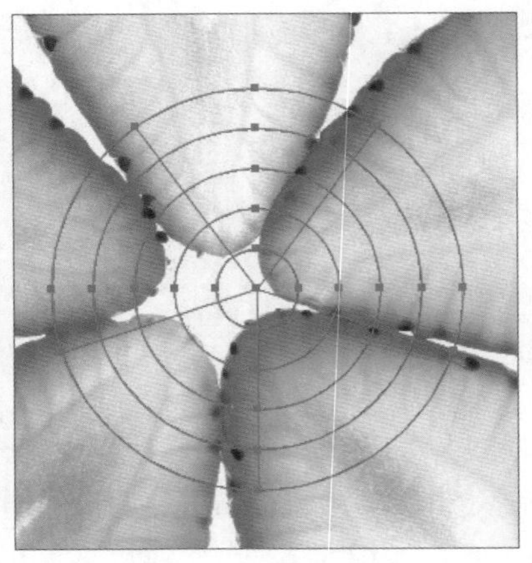

如果需要绘制精确的极坐标网格，则选择极坐标网格工具，单击需要绘制极坐标网格的一个角点位置，打开“极坐标网格工具选项”对话框，设置各选项参数后单击“确定”按钮，如下左图所示。

下面介绍“极坐标网格工具选项”对话框中各参数的含义。

- **宽度/高度：** 在数值框中输入相应的数值，设置极坐标网格的宽度和高度。
- **参考点定位器：** 在参考点定位器上单击空心方块，可以设置绘制网格起始点的位置。
- **“同心圆分隔线”选项区域：** 在“数量”数值框中输入相应的数值，可设置网格中圆形同心圆分隔线的数量。“倾斜”的值决定同心圆分隔线倾向于网格内侧还是外侧。当“倾斜”的值为0%时，同心圆分隔线的间距相同；当“倾斜”值为负数时，同心圆分隔线向中心聚拢，该值为-100%时，效果如下中图所示。当“倾斜”值为正数时，同心圆分隔线向边缘聚拢，该值为100%时，效果如下右图所示。

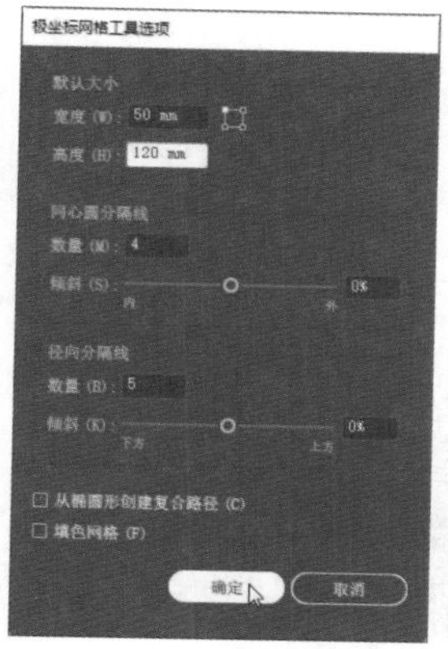

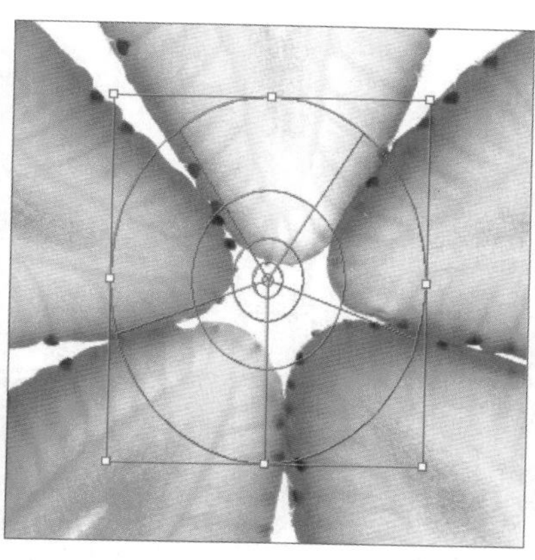
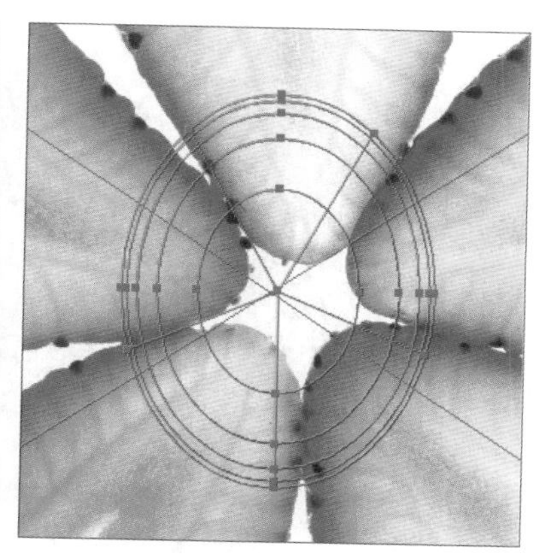

- **“径向分隔线”选项区域：** 在“数量”数值框中输入相应的数值，设置在网格中心和边缘之间出现径向分隔线的数量。“倾斜”的值决定径向分隔线倾向于逆时针还是顺时针方向。当“倾斜”的值为0%时，径向分隔线的间距相同；当“倾斜”值为负数时，径向分隔线向顺时针方向聚拢，该值为-100%的效果如下左图所示。当“倾斜”值为正数时，径向分隔线向逆时针方向聚拢，该值为100%的如下右图所示。

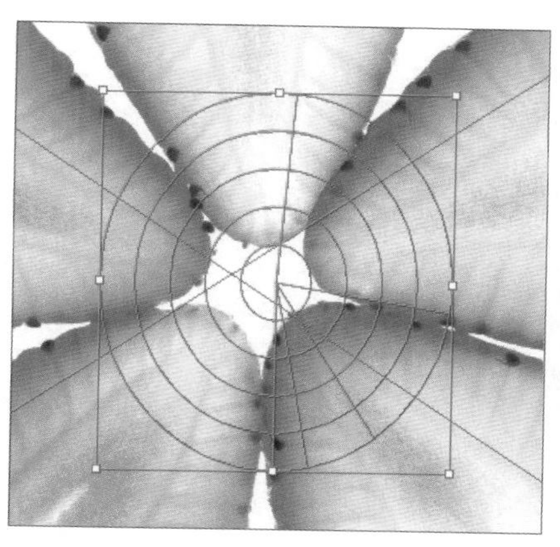

- **从椭圆形创建复合路径：** 勾选该复选框，可以将同心圆转换为独立的复合路径。
- **填色网格：** 勾选该复选框后，将在网格线上应用锚边颜色。

提示：绘制极坐标网格的技巧

在绘制极坐标网格时，按住Ctrl键可以单击点为中心绘制网格；按下键盘上的上、下键，可增加或减少同心圆的数量；按下键盘上的左、右键，可以减少或增加分隔线；按下X键，则同心圆逐渐向网格中心聚拢；按下C键，则同心圆逐渐向边缘扩散；按下V键，则分隔线会逐渐向顺时针方向聚拢；按下F键，则分隔线向逆时针方向聚拢。

2.2 基本几何图形的绘制

Illustrator提供了基本几何图形绘制工具，用户可以直接使用这些工具在画板中绘制矩形、椭圆形、多边形或星形等几何图形。

2.2.1 矩形工具

使用矩形工具可以创建矩形或正方形。在工具箱中选择矩形工具，在画面中单击并拖曳鼠标左键，创建的矩形如下左图所示。如果需要创建指定大小的矩形，则选择矩形工具后在画面中单击，打开“矩形”对话框并设置相关参数，单击“确定”按钮，如下右图所示。

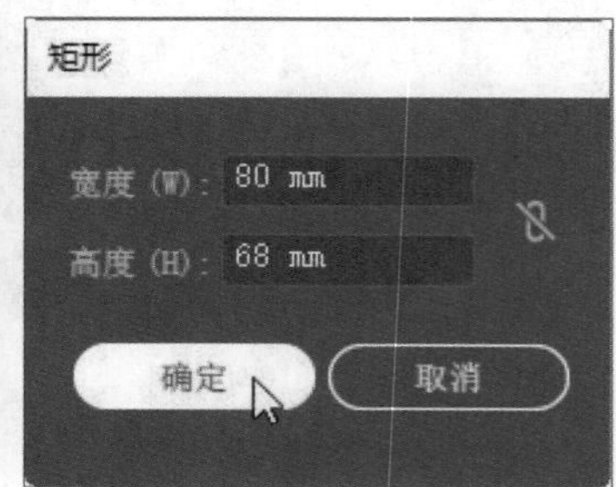

在绘制矩形时按住Alt键，即可以单击点为中心点向外绘制矩形；若按住Shift键，即可绘制正方形；若按住Alt+Shift组合键，则可由单击点为中心向外绘制正方形。

2.2.2 圆角矩形工具

使用圆角矩形工具可以创建圆角矩形或圆角正方形。在工具箱中选择圆角矩形工具，在画面中单击并拖曳鼠标左键即可创建圆角矩形，如下左图所示。如果需要创建指定大小和圆角半径的圆角矩形，则选择矩形工具后在画面中单击，打开“圆角矩形”对话框并设置圆角矩形的相关参数，单击“确定”按钮即可，如下右图所示。

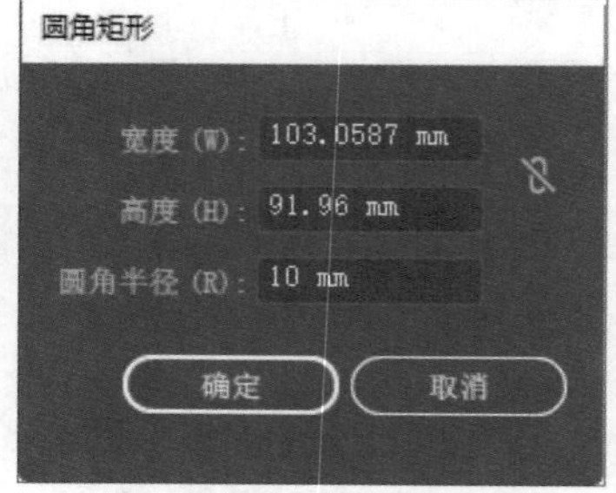

在绘制圆角矩形时，按Alt和Shift键的绘制效果和矩形工具相同，此处不再介绍。若按键盘上的向上键，可增加圆角半径直至成为圆形，下左图为按向上键绘制圆角矩形的效果。若按向左或向右键，可以在方形和圆形之间切换，下右图为按向左键绘制的效果。

2.2.3 椭圆工具

使用椭圆工具可以创建椭圆形或圆形。在工具箱中选择椭圆工具，在画面中单击并拖曳鼠标左键至合适位置，若绘制的形状为用户需要的，释放鼠标左键即可，如下左图所示。在绘制椭圆形时，若按住Alt键，可以单击点为中心点绘制椭圆；若按住Shift键，可绘制正圆形，效果如下右图所示。

2.2.4 多边形工具

使用多边形工具可以创建大于或等于3条边的多边形。选择工具箱中的多边形工具，在画面中单击并拖曳鼠标左键创建多边形，如下左图所示。在绘制多边形时，可以移动光标进行旋转图形。如果需要指定多边形为固定的边，可以单击绘制多边形的中心，打开“多边形”对话框，设置多边形的边数后单击“确定”按钮，如下右图所示。

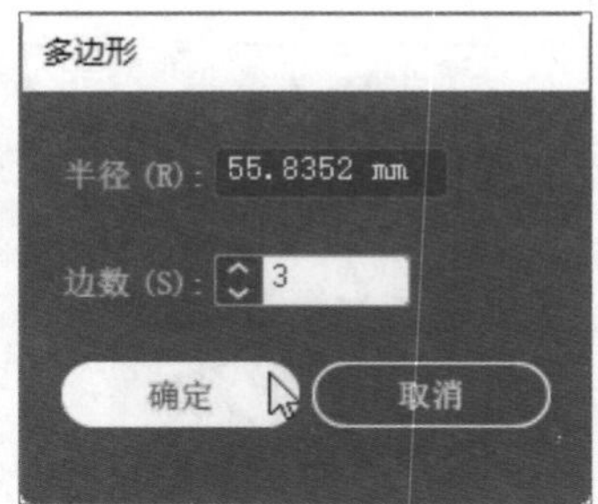

提示：快速调整多边形的边

使用多边形工具在画面中绘制多边形时，使用键盘上的向上键可以快速增加边，而向下键可以减少边。当多边形的边增加到足够多时，将绘制出圆形；当减少边时将绘制三角形，如右图所示。

2.2.5 星形工具

使用星形工具可以绘制不同角数的星形。在工具箱中选择星形工具，在画面中单击并拖曳鼠标左键绘制星形，默认为五角星形状，如下左图所示。在绘制多边形时，可以移动光标进行旋转图形。如果需要创建指定角数的星形，则选择星形工具后在画面中单击打开“星形”对话框，设置要绘制星形的各项参数并单击“确定”按钮，如下右图所示。

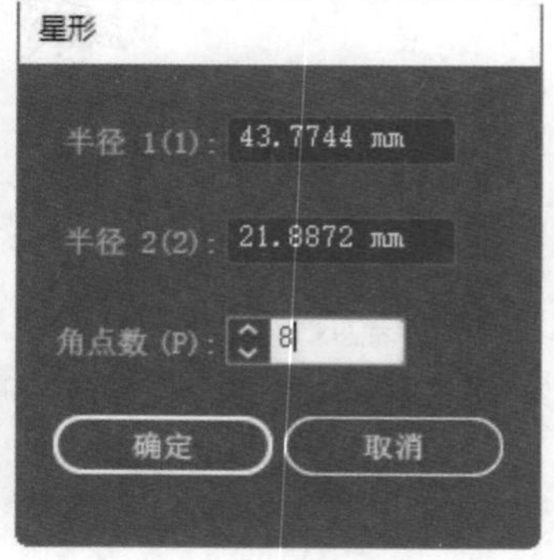

下面介绍“星形”对话框中各参数的含义。

- **半径1**：设置从星形中心到星形最内侧点的距离。
- **半径2**：设置从星形中心到星形最外侧点的距离，如果“半径1”和“半径2”设置的值相同，则创建的图形为多边形。将半径设置为50mm，角点数设置为6，效果如下左图所示。
- **角点数**：通过微调按钮设置星形的角点数，设置角点数为8的效果如下右图所示。

提示：创建星形的技巧

在创建星形时可以配合键盘上的相关按键进行绘制。按Shift键可以固定星的角度，移动光标时也不会旋转；按Alt键可以调整星形拐角的角度；按向下或向下键，可以增加或减少星形的角点数。

2.2.6 光晕工具

使用光晕工具可以制作出光辉闪耀的效果。在工具箱中选择光晕工具，在画面左上角单击并按住鼠标左键拖曳至合适位置，释放鼠标即可创建光晕效果，如下左图所示。同样的方法在光晕右下角再创建一个小的光晕形状，使光晕效果更逼真，如下右图所示。

若需要设置光晕效果的更多参数，则选择光晕工具后在画面中单击，打开“光晕工具选项”对话框，如右图所示。在该对话框中设置光晕的相关参数，如果需要恢复默认值，则按下Alt键，此时对话框中的“取消”按钮将变为“重置”按钮，单击该按钮即可。

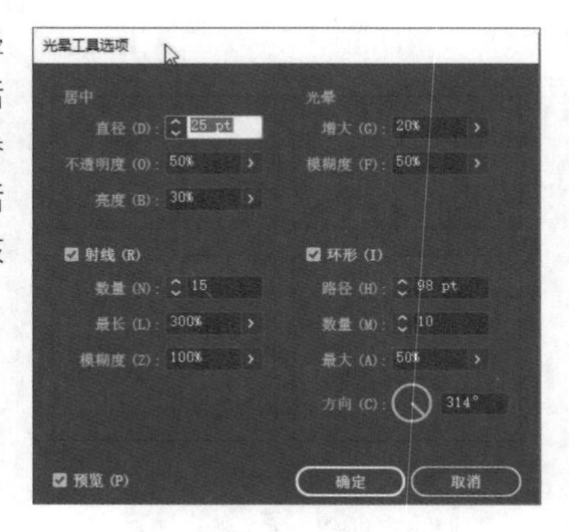

下面介绍“光晕工具选项”对话框中各参数的含义。

- **“居中”选项区域：** 该选项区域主要用于设置光晕闪光中心的直径、不透明度和亮度值。设置直径为100pt，效果如下左图所示。
- **“光晕”选项区域：** 该选项区域中的“增大”选项用于设置光晕围绕控制点的辐射程度。“模糊度”选项用于设置光晕的模糊程度。设置“增大”值为100%时，效果如下右图所示。

- **“射线”选项区域：** 该选项区域中的“数量”选项用于设置光晕光线的数量；“最长”选项用于设置光线的长度；“模糊度”值用于设置光晕在图形中的模糊程度。设置“最长”值为150%的效果如下左图所示。
- **“环形”选项区域：** 该选项区域中的“路径”选项用于设置光环所在的路径的长度值；“数量”选项用于设置光环在图形中的数量；“最大”选项用于设置光环的大小比例；“方向”选项用于设置光环在图形中的旋转角度。设置“路径”为100pt的效果如下右图所示。

2.3 高级绘图工具的应用

介绍完一些基本图形的绘制工具后，本节将介绍一些高级绘图工具的应用，使用这些工具可以绘制更为复杂的图形，如铅笔工具、钢笔工具、画笔工具和橡皮擦工具等。

2.3.1 铅笔工具组

使用铅笔工具组中的工具可以绘制任意形状的开放或闭合线条，该工具组包括铅笔工具、平滑工具以及路径橡皮擦工具等。

1. 铅笔工具

使用铅笔工具可以在画板中绘制不规则的线条，就像用铅笔在纸上绘图一样。使用铅笔工具不仅可以绘制闭合或开放的路径，还可以将已经存在的曲线节点作为起点，绘制出一条延伸的新曲线。

打开Illustrator软件并创建文档，选择工具箱中的铅笔工具，在画面中按鼠标左键并拖曳，绘制完成后释放鼠标左键完成线条的绘制，如下左图所示。若绘制闭合的线条，则在绘制时按住Ctrl键，当铅笔右下角变为小圆形时，释放鼠标左键，即可创建闭合的平滑线条，如下右图所示。

使用铅笔工具时，用户可以在“铅笔工具选项”对话框中设置锚点数量、路径长度等参数。在工具箱中双击铅笔工具按钮，即可打开“铅笔工具选项”对话框，如右图所示。

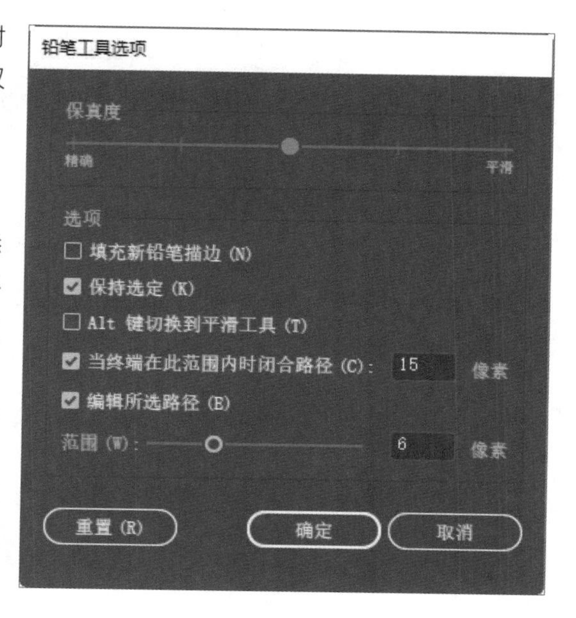

下面介绍该对话框中各参数的含义。

- **保真度**：用于控制鼠标移动多大距离才向路径添加新锚点。该滑块向右滑动时，绘制的线条越平滑，复杂度也越低；该滑块向左滑动时，绘制的线条越接近光标的路径，会生成更多的锚点。
- **保持选定**：勾选该复选框，绘制线条后，该线条处于选中状态。
- **编辑所选路径**：勾选该复选框，可以使用铅笔工具修改所选路径；取消勾选该复选框，铅笔工具不能修改路径。

- **范围**：用户可以拖曳滑块或在数值框中输入像素值，从而设置光标与路径达到什么距离时，才能使用铅笔工具编辑路径。只有勾选“编辑所选路径”复选框时该选项才能使用。

提示：使用铅笔工具修改路径形状

使用铅笔工具在画面中绘制任意路径，如下左图所示。然后将光标移至路径附近，当铅笔光标右下角的星号消失时，按住鼠标左键修改绘制的路径，绘制完成后释放鼠标左键，即可完成路径的修改，如下右图所示。

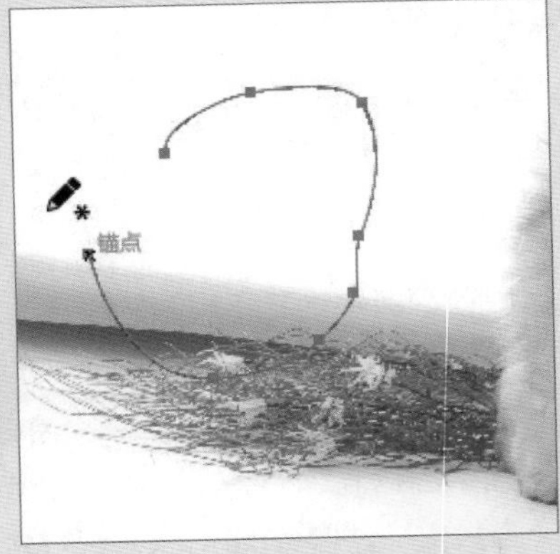

2. 平滑工具

使用铅笔工具绘制路径时，会出现锯齿状的不平滑现象。此时可以使用平滑工具对绘制的路径进行适当调整，使路径更平滑。在画面中绘制不规则的路径，选中工具箱中的平滑工具，当光标变为圆形时，选中不平滑的尖锐部分并向下拖曳，如下左图所示。可见该区域变得平滑了，用户可以反复向同方向拖曳，效果如下右图所示。

3. 路径橡皮擦工具

使用路径橡皮擦工具可以将矢量路径和锚点擦除。选择工具箱中路径橡皮擦工具，当光标变为✎形状时，移至需要擦除的路径上，按住鼠标左键沿着路径拖曳至合适位置，释放鼠标左键，效果如右图所示。

2.3.2 钢笔工具组

钢笔工具是Illustrator软件中非常重要的工具，使用该工具可以绘制直线、曲线和各种图形。在钢笔工具组中包括钢笔工具、添加锚点工具、删除锚点工具和锚点工具。

1. 钢笔工具

钢笔工具是非常实用的矢量绘图工具，可以绘制路径和图形。使用钢笔工具绘图后，可以通过控制锚点的位置来更改路径或图形。选择工具箱中的钢笔工具，其控制栏如下图所示。

转换： 手柄： 锚点：

要绘制直线路径，则选择工具箱中的钢笔工具，在画面中单击创建第一个锚点，如下左图所示。然后拖动鼠标继续在画面中单击创建第二个锚点，释放鼠标即可创建两个锚点之间的直线路径，如下右图所示。

提示：直线绘制技巧

使用钢笔工具绘制直线时，按住Shift键可绘制角度为45度倍数的直线。

使用钢笔工具绘制曲线时，将光标定位在绘制直线后的第3个锚点处，按住鼠标左键并拖曳，如下左图所示。预览曲线效果，满意后释放鼠标，效果如下右图所示。

要使用钢笔工具绘制转角的曲线，则首先在画面中绘制一条曲线，如下左图所示。将光标移至方向点上，按住鼠标左键的同时按住Alt键，然后向相反方向拖曳，如下右图所示。

然后将光标定位在第3个锚点上，拖曳鼠标创建转角曲线，如下左图所示。预览转角曲线的效果，满意后释放鼠标，效果如下右图所示。

2. 添加锚点工具

使用添加锚点工具为绘制的路径添加锚点，可以进一步对路径进行控制。选择添加锚点工具，在绘制的路径上单击，如下左图所示。即可完成添加锚点的操作，如下右图所示。

3. 删除锚点工具

使用删除锚点工具可以删除路径上已有的锚点，从而改变路径的形状。选择工具箱中的删除锚点工具，将光标移至需要删除的锚点上，如下左图所示。单击即可删除选中的锚点，图形的形状也发生了相应的变化，如下右图所示。

4. 锚点工具

使用锚点工具可将角点和平滑点相互转换。要将平滑点转换为角点，则选择锚点工具后，选中需要转换为角点的锚点，如下左图所示。然后单击鼠标左键，效果如下右图所示。

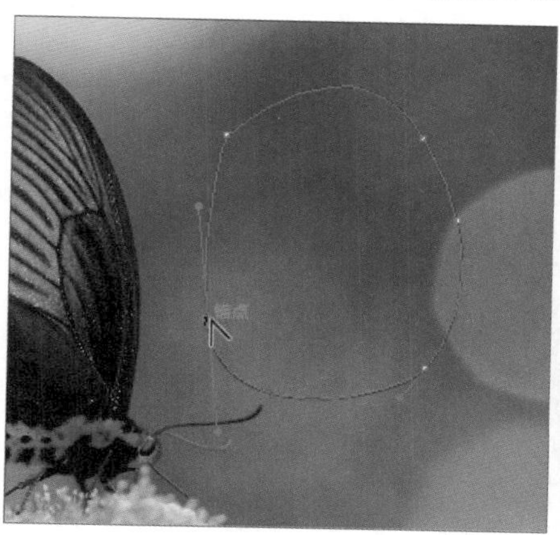

要将角点转换为平滑点，则使用锚点工具选择锚点并拖曳，如下左图所示。拖至合适的位置释放鼠标左键，效果如下右图所示。

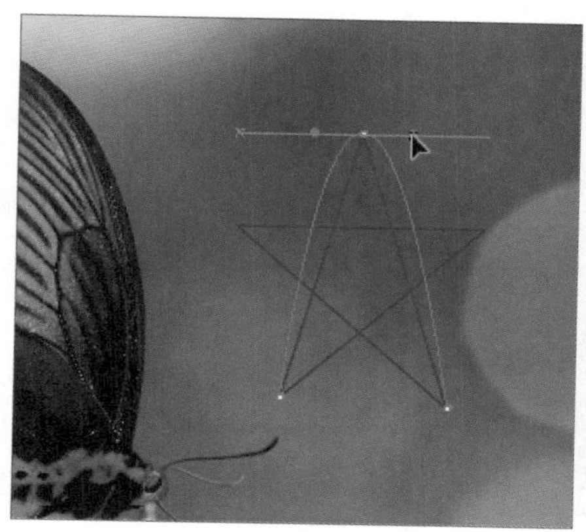

实战练习 制作卡通棒冰

学习完前面的知识，用户应该对形状工具有一个全面的认识了。下面我们以制作卡通冰棒的案例，介绍钢笔工具、形状工具等绘图工具的具体应用，具体操作过程如下。

步骤 01 打开Illustrator软件，创建一个空白文档，参数设置如下左图所示。

步骤 02 选中圆角矩形工具并在画面中单击，打开“圆角矩形”对话框，参数设置如下右图所示。

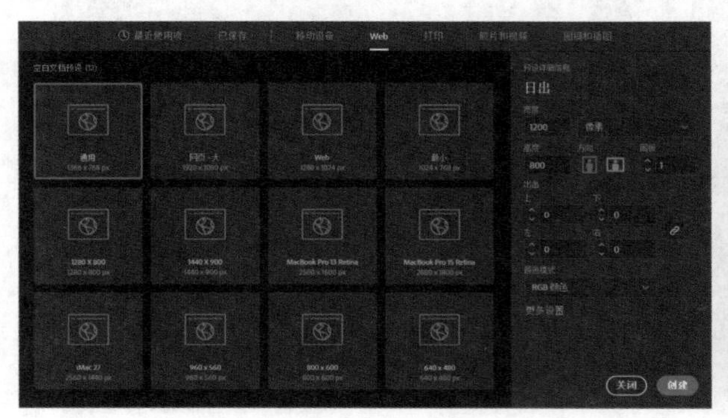

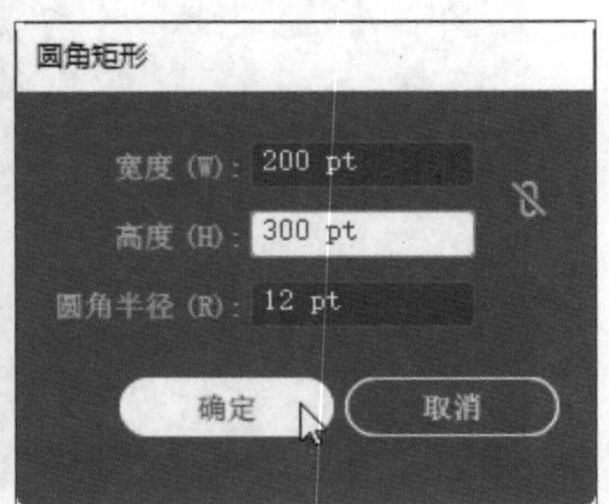

步骤 03 使用选择工具选中创建的矩形，将出现四个圆点，如下左图所示。

步骤 04 使用直接选择工具，分别选中上面两个小圆圈，按住Shift键的同时按住鼠标左键向下拖曳，制作一个半圆效果，如下右图所示。

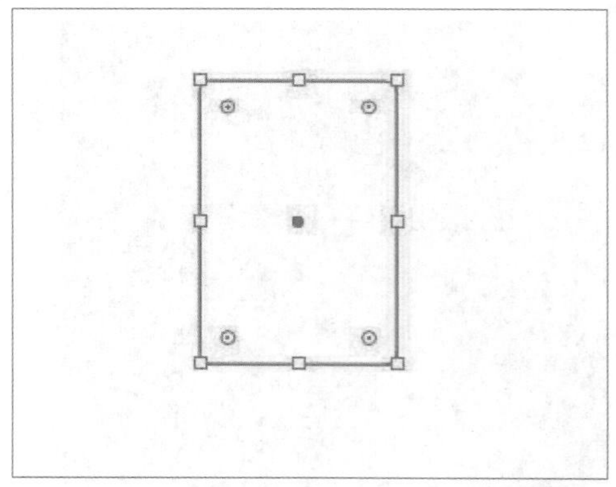

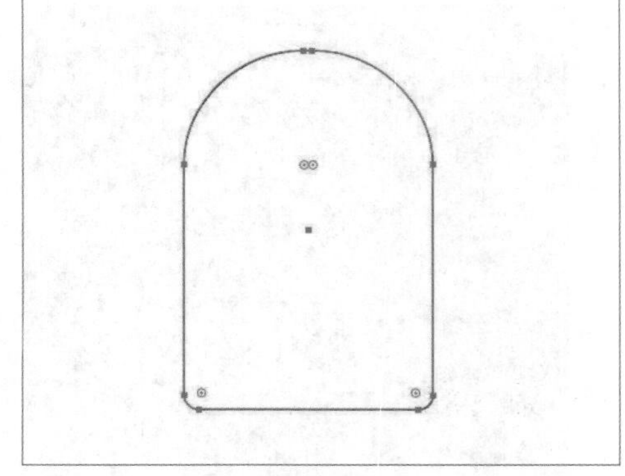

步骤 05 选中形状，设置描边的宽度为8px。选择添加锚点工具，在需要缺口的位置添加三个锚点，如下左图所示。

步骤 06 选择直接选择工具，选中三个锚点的中间锚点并按Delete键执行删除操作，效果如下右图所示。

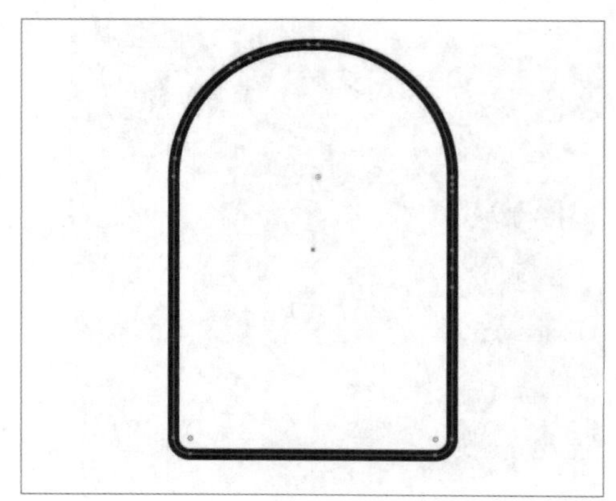

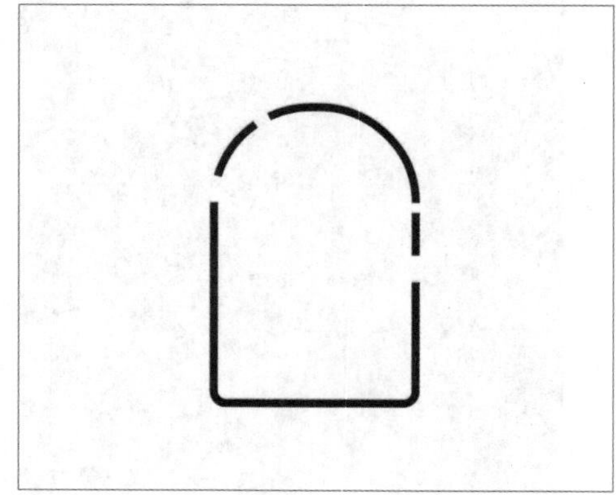

步骤 07 此时缺口的端点太生硬，需要将其转换为圆角，则执行“窗口>描边”命令，在“描边”面板中将端点和边角都设置为圆角，如下左图所示。

步骤 08 复制一个形状并设置为无描边，将复制的形状填充为蓝色#6EA8FF，并稍微向右下方移动，效果如下右图所示。

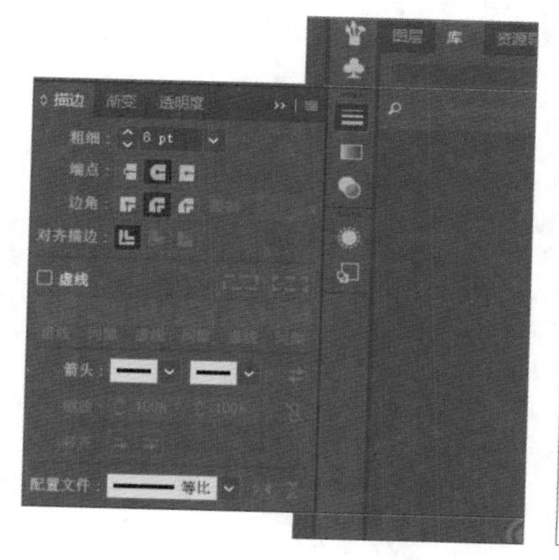

步骤 09 根据相同的方法在下面绘制一个小的棒冰形状，填充颜色为蓝色#5894F5，选中该形状并右击，执行“排列>置于顶层”命令，如下左图所示。

步骤 10 选择椭圆工具，绘制正圆形并填充黑色。使用直接选择工具，选择正圆顶点的锚点并将其删除，完成半圆的嘴形绘制，效果如下右图所示。

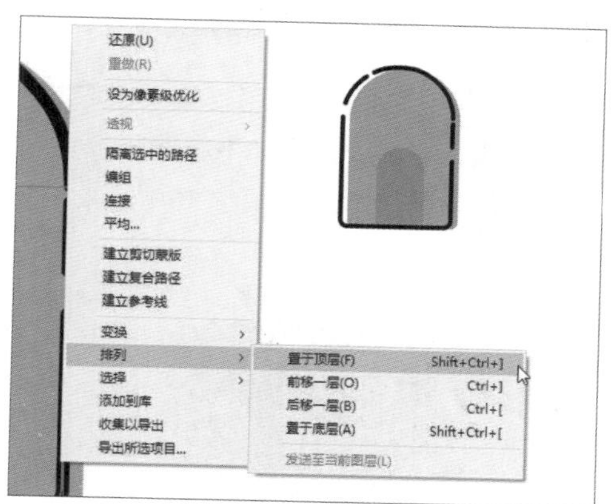

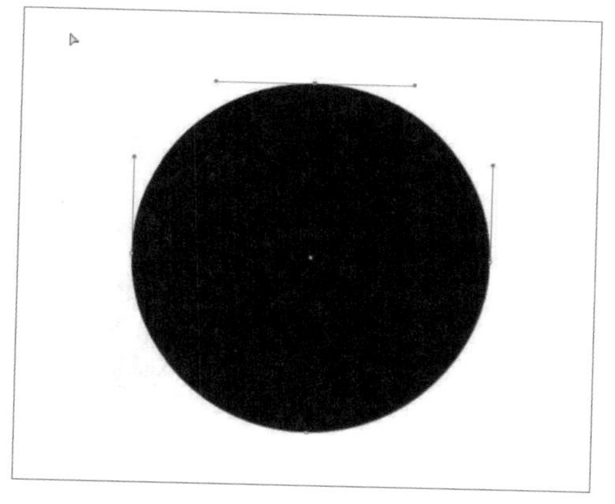

步骤 11 根据需要绘制棒冰的其他五官元素，并填充相应的颜色，效果如下左图所示。

步骤 12 最后使用工具箱中的形状工具绘制一些装饰小元素，使画面更美观，效果如下右图所示。

2.3.3 画笔工具

使用画笔工具可以绘制出各种各样的笔触效果，如毛笔、钢笔和油画笔等等。画笔工具其实就是为所绘制的路径进行锚边，添加不同风格的外观。选择工具箱中的画笔工具后，其控制栏如下图所示。

1. 画笔工具的应用

选择画笔工具，在控制栏中单击“锚边”按钮，在打开的面板中可以设置锚边的“粗细”、“端点”、“边角”、“对齐锚边”以及“箭头”等参数，如下左图所示。单击“变量宽度配置文件”按钮，在打开的面板中设置画笔的宽度，如下中图所示。单击“画笔定义”按钮，在打开的面板中设置笔触的样式，如下右图所示。

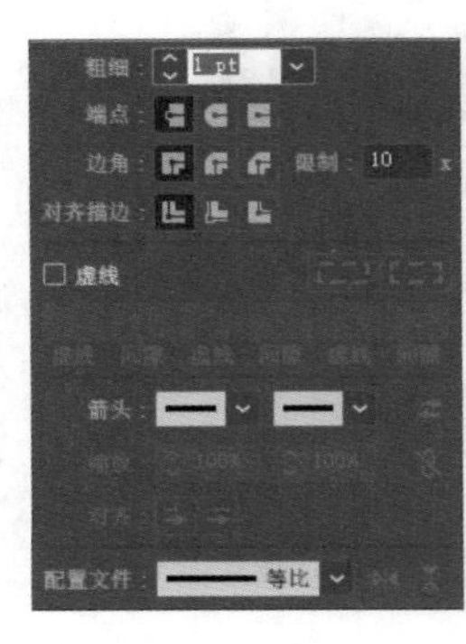

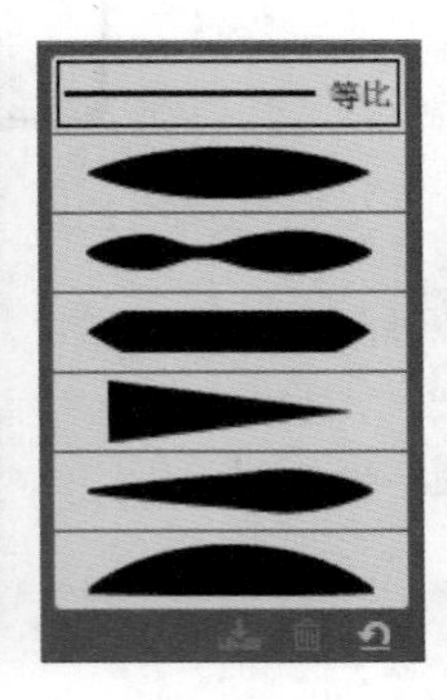

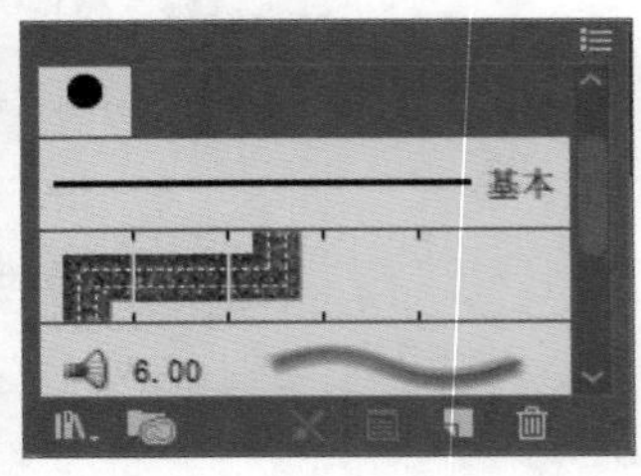

画笔样式设置完成后，在画面中按住鼠标左键进行绘制，然后释放鼠标即可，效果如下左图所示。选中绘制的路径，单击“画笔定义”按钮，在打开的面板中重新设置笔触，效果如下右图所示。

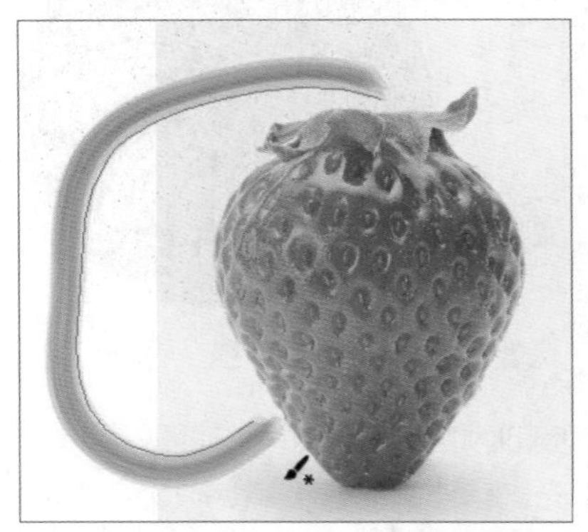

提示：设置画笔笔触

上述介绍的是单击控制栏中的“画笔定义”按钮，在打开的面板中设置画笔笔触。用户还可以执行“窗口>画笔”命令，在打开的“画笔”面板中也可以设置画笔笔触效果，如右图所示。

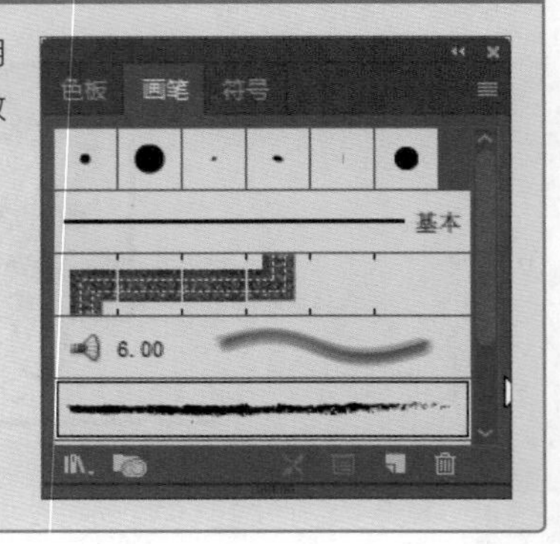

2. 画笔库的应用

在Illustrator中提供了多种多样的画笔样式，如图像画笔、毛刷画笔、矢量包和箭头等，用户可以直接使用，也可以将喜欢的图像添加至画笔库中备用。

选择画笔工具，单击控制栏中的“画笔定义”按钮，在打开的面板中单击“画笔库菜单”按钮，在下拉列表中选择“图像画笔>图像画笔库”选项，在打开的面板中选择合适的笔触选项，如下左图所示。关闭该面板，在画面中按住鼠标左键并拖曳进行绘制后，释放鼠标左键即可，效果如下右图所示。

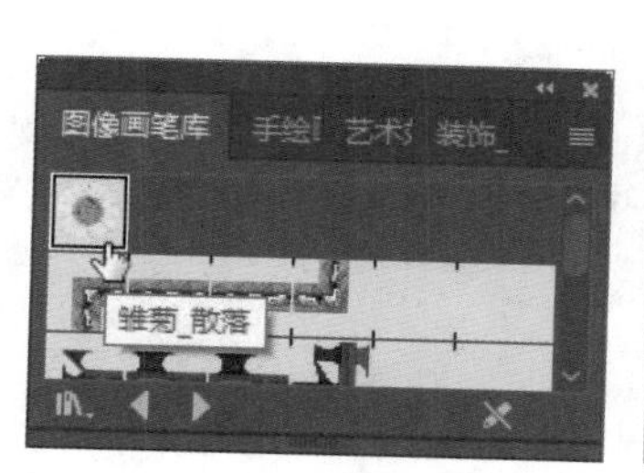

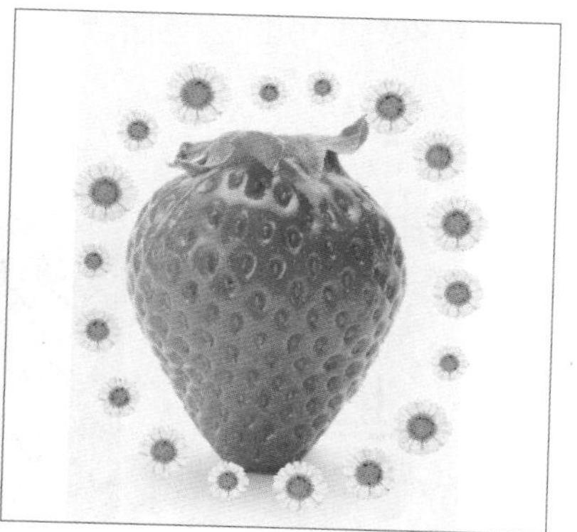

要想将喜欢的图像用作画笔笔触，则将图像置入Illustrator文档中并选中，执行“窗口>画笔”命令，单击“画笔”面板右下角的“新建画笔”按钮，如下左图所示。打开“新建画笔”对话框，选择“散点画笔”单选按钮，单击“确定”按钮，如下右图所示。

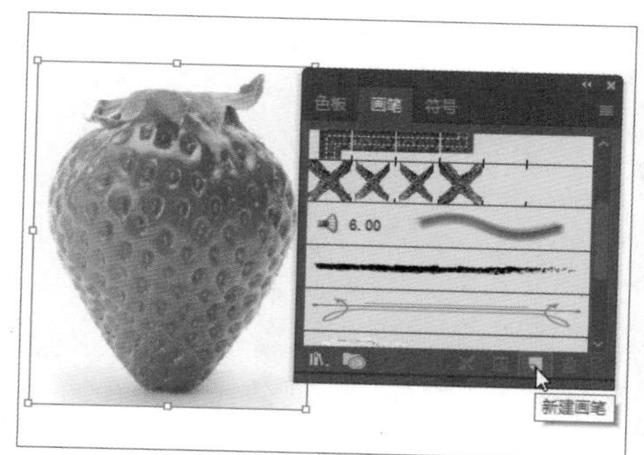

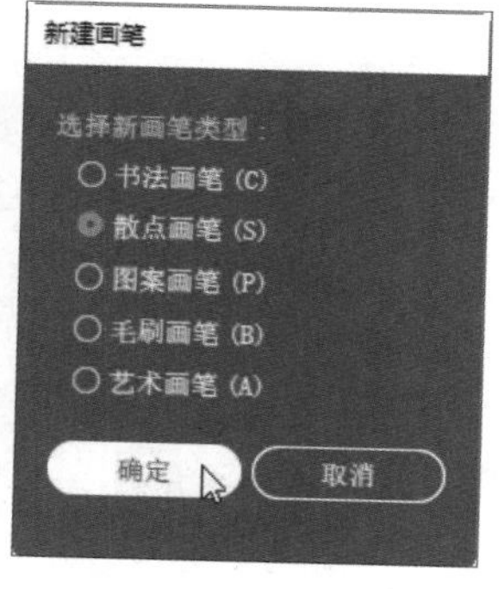

打开“散点画笔选项”对话框，在“名称”文本框中定义画笔名称，设置“大小”和“间距”参数后，选择“旋转相对于”为“路径”，其他参数保持不变，单击“确定”按钮，如下左图所示。

返回文档中，选择创建的画笔，然后在画面中绘制路径，效果如下右图所示。

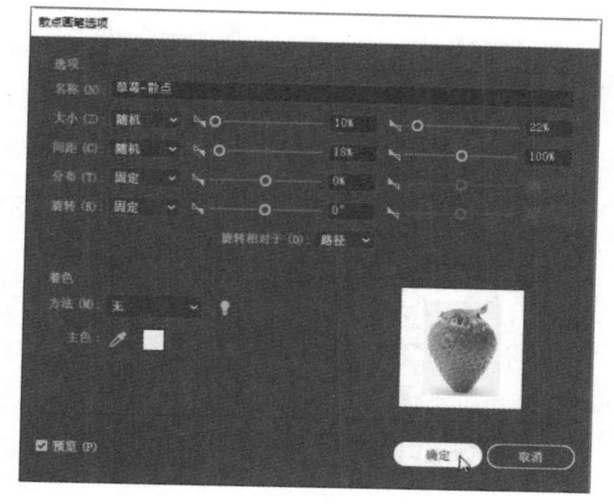

2.3.4 橡皮擦工具组

使用橡皮擦工具组中的工具可以擦除或分割矢量对象，主要包括橡皮擦工具、剪刀工具和刻刀工具。下面将分别介绍这3种工具的使用方法。

1. 橡皮擦工具

使用橡皮擦工具可以擦除矢量对象上任意位置的图像。选择橡皮擦工具，在画面中的矢量图上按住鼠标左键进行拖曳，即可擦除该区域，如下左图所示。用户还可以双击橡皮擦工具按钮，打开“橡皮擦工具选项”对话框，对橡皮擦工具的笔尖、圆度和大小等参数进行设置，如下右图所示。

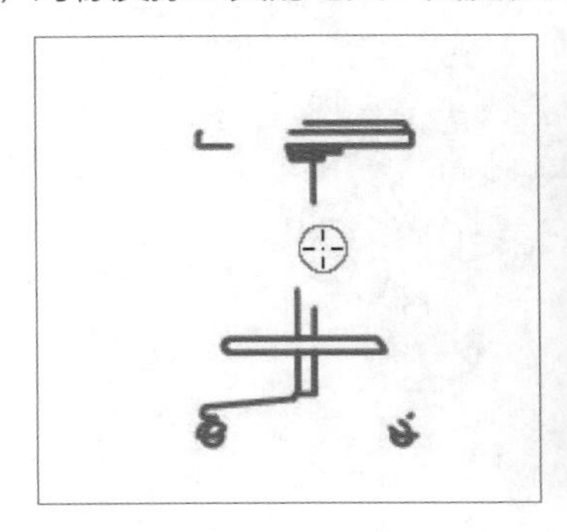

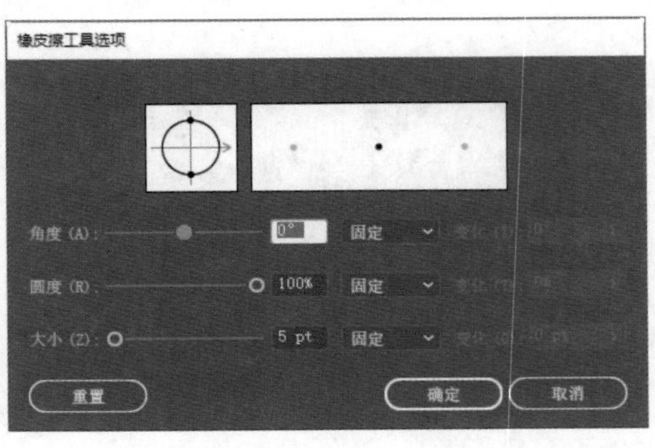

2. 剪刀工具

使用剪刀工具可以对矢量图形进行分割。选中矢量图形，在工具箱中选择剪刀工具，在矢量图的路径上单击，然后在其他位置再次单击，如下左图所示。使用选择工具将其分开，效果如下右图所示。

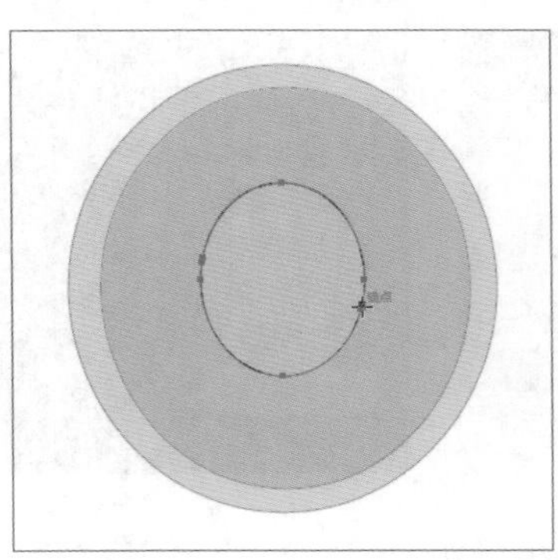

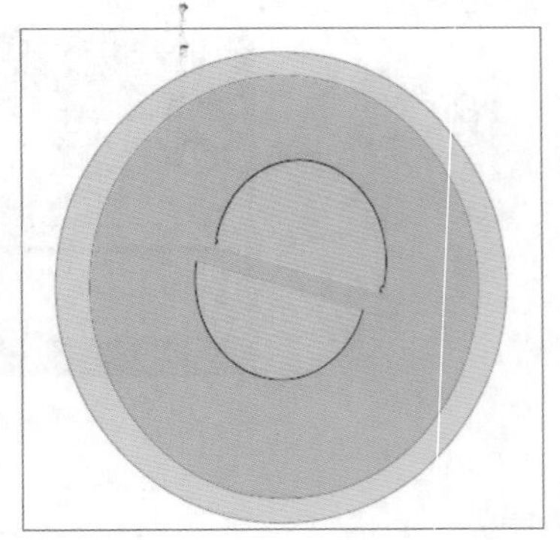

3. 刻刀工具

使用刻刀工具可以对路径或矢量图形进行分割处理。选择刻刀工具，在画面中的矢量图上按住鼠标左键进行拖曳即可，如下左图所示。使用选择工具将被剪切的部分拖曳至分离，效果如下右图所示。

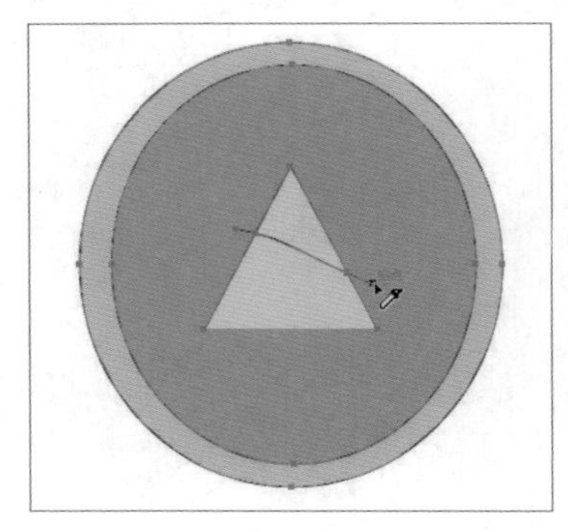

2.4 对象的选择

在编辑对象前必须先将其选中，在Illustrator中提供了多种选择对象的方法，下面介绍选择工具、直接选择工具、编组选择工具、魔棒工具和套索工具的使用方法。

2.4.1 选择工具

使用选择工具可以选择图形、路径以及文字等对象。选择工具箱中的选择工具，将光标移至需要选择的对象上并单击，选中的对象周围出现矩形并显示8个控制点，如下左图所示。如果需要调整对象的大小，可拖曳控制点；若需要移动对象，则选中对象后按鼠标左键进行拖曳即可。

按住Shift键，依次选中对象，可以选择不连续的对象，如下右图所示。如果需要选中连续的对象，可按住鼠标左键进行框选。

选择多个对象后，如果需要取消选择部分对象，可以按住Shift键，依次选中需要取消的对象即可。若全部取消选中，只需在页面空白区域单击即可。

2.4.2 直接选择工具

使用直接选择工具可以选择对象上的锚点，拖曳锚点可改变对象的形状。选择工具箱中的直接选择工具，然后将光标移至需要选择的路径上并单击，即可选中该路径，如下左图所示。如果在路径上按住鼠标左键并进行拖曳，可更改路径的形状，如下右图所示。

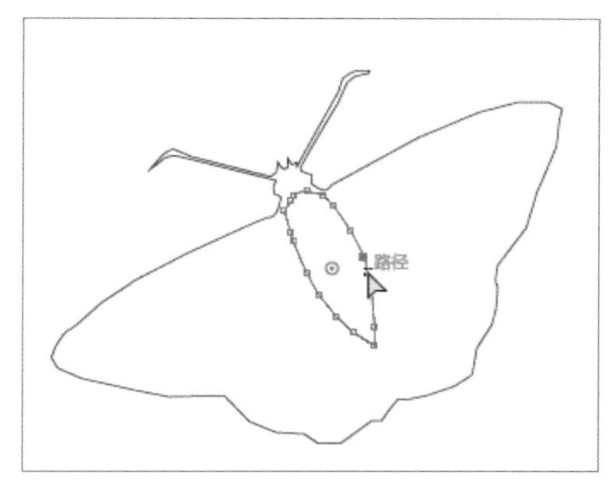

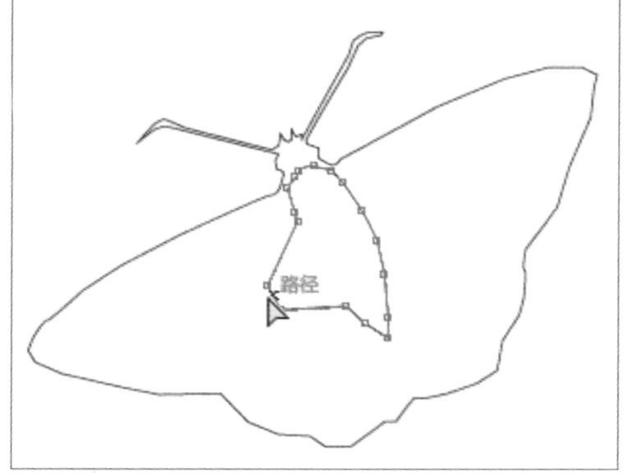

使用直接选择工具选中锚点后，可拖曳移动锚点，来更改对象的形状。使用直接选择工具选中锚点后，按下键盘上的Delete键，可将锚点删除。

2.4.3 编组选择工具

使用编组选择工具可以在不取消分组的情况下分别选择组内的对象。使用选择工具选中其中一个对象时，可见选中组中的所有对象，如下左图所示。选择编组选择工具，然后选中任意一个对象，效果如下右图所示。如果使用编组选择工具双击组内的任意一个对象，即可全选组中的所有对象。

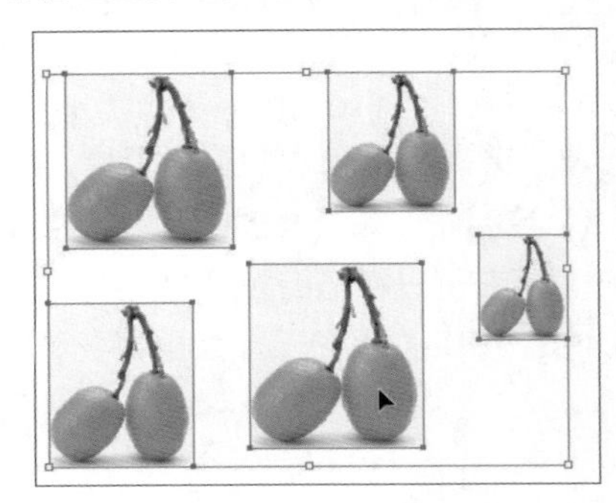

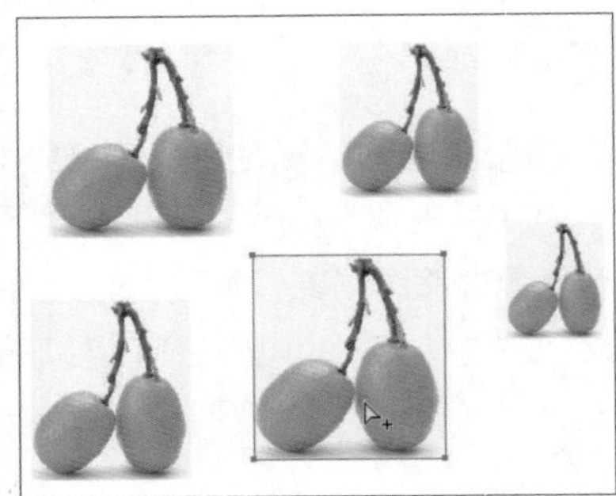

2.4.4 套索工具

使用套索工具可以通过框选的方式选中任意对象，并且可以选中区域内所有锚点和路径。选择工具箱中的套索工具，使用鼠标拖曳的方法对需要选中的对象进行框选，如下左图所示。释放鼠标即可选中对象，效果如下右图所示。

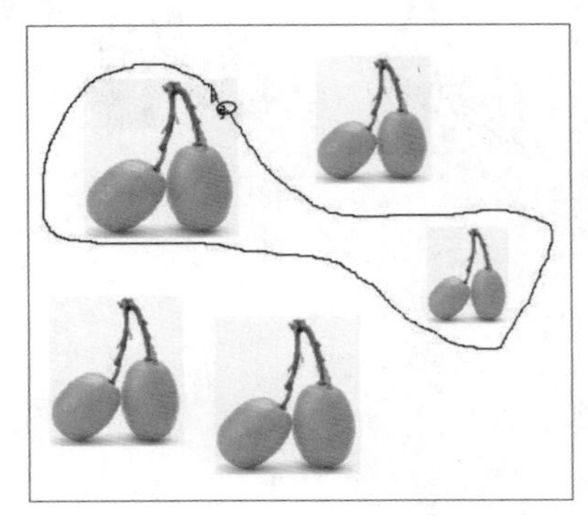

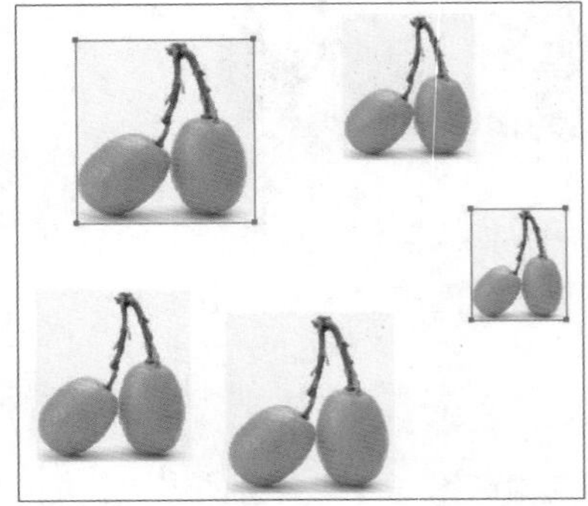

2.4.5 魔棒工具

使用魔棒工具可以同时选择相同填充颜色、描边颜色、描边粗细、不透明度或混合模式等属性。选择工具箱中的魔棒工具，当光标变为魔棒形状时，将光标移至需要选择的对象上，如下左图所示。单击即可选中相同属性的所有对象，如下右图所示。

用户可以在“魔棒”面板中勾选相应的复选框，来设置选择对象的属性和范围。在工具箱中双击魔棒工具按钮或执行“窗口>魔棒”命令，打开“魔棒”面板，如右图所示。

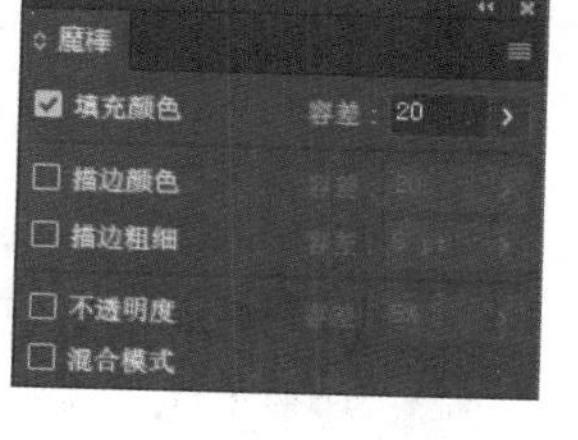

下面介绍“魔棒”面板中各参数的含义。

- **填充颜色：** 勾选该复选框，可以设置选择具有相同填充颜色的对象，“容差”的值根据颜色模式不同而不同。

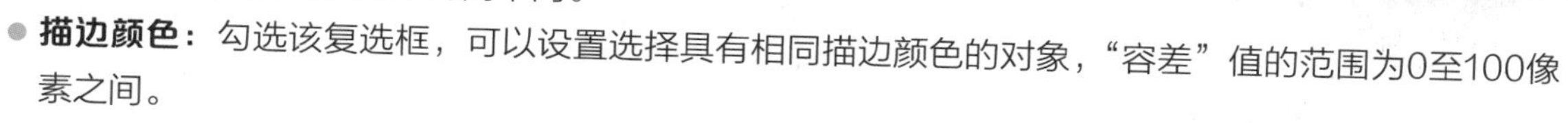

- **描边颜色：** 勾选该复选框，可以设置选择具有相同描边颜色的对象，“容差”值的范围为0至100像素之间。
- **描边粗细：** 勾选该复选框，可以设置选择具有相同描边粗细的对象，“容差”值的范围为0至1000点之间。
- **不透明度：** 勾选该复选框，可以设置选择具有相同不透明度的对象，“容差”值的范围为0至100%之间。
- **混合模式：** 勾选该复选框，可以设置选择具有相同混合模式的对象。

知识延伸：图像描摹

在Illustrator中可以使用图像描摹功能将位图转换为矢量图。打开Illustrator软件，置入位图图片，如下左图所示。选中置入的图片，执行“窗口>图像描摹”命令，打开“图像描摹”面板，如下右图所示。

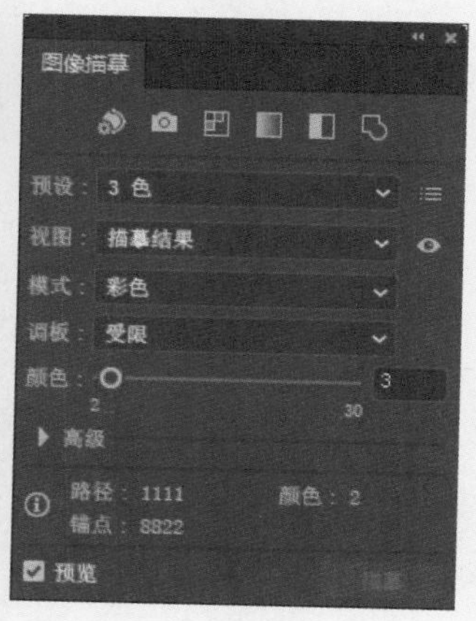

单击“预设”下拉按钮，在下拉列表中选择描摹选项。选择“3色”选项，效果如下左图所示；选择“16色”选项，效果如下中图所示；选择“灰阶”选项，效果如下右图所示。

选择“预设”为“黑白徽标”选项，效果如下左图所示；选择“低保真度照片”选项，效果如下中图所示；选择“线稿图”选项，效果如下右图所示。

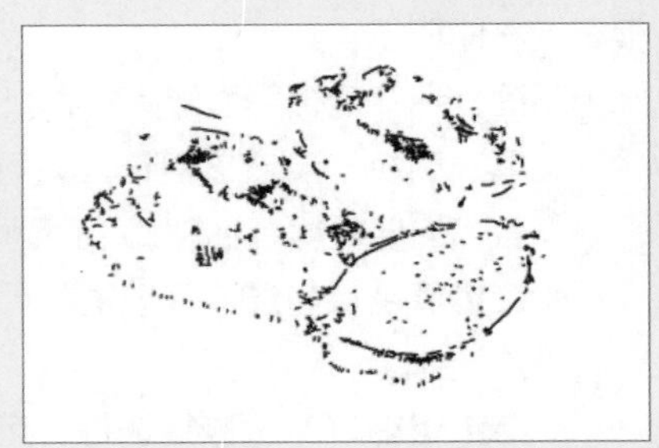

上机实训：制作波纹元素

通过本章知识的学习，相信用户已经掌握了几何图形的绘制方法。下面通过制作波纹元素作品，进一步学习各种形状工具的使用方法，具体操作步骤如下。

步骤 01 首先创建一个空白文档，使用钢笔工具绘制一条不规则的曲线，效果如下左图所示。

步骤 02 继续使用钢笔工具在第一条曲线的下方绘制第二条不规则曲线，效果如下右图所示。

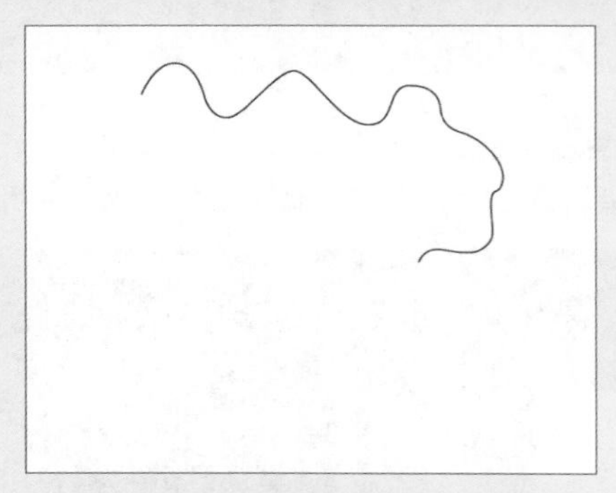
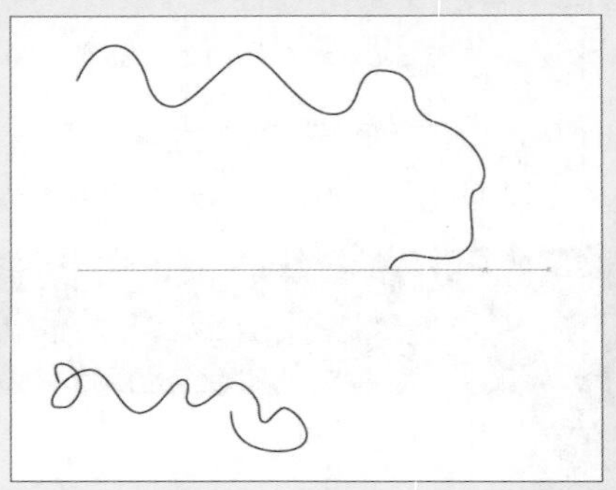

步骤 03 选择混合工具，分别选择第一条曲线和第二条曲线的第一个锚点，将出现第三条曲线，如下左图所示。

步骤 04 双击混合工具按钮，在打开的“混合选项”对话框中设置“间距”为“指定的步数”，并输入100。然后设置“取向”为“双齐路径”，如下右图所示。

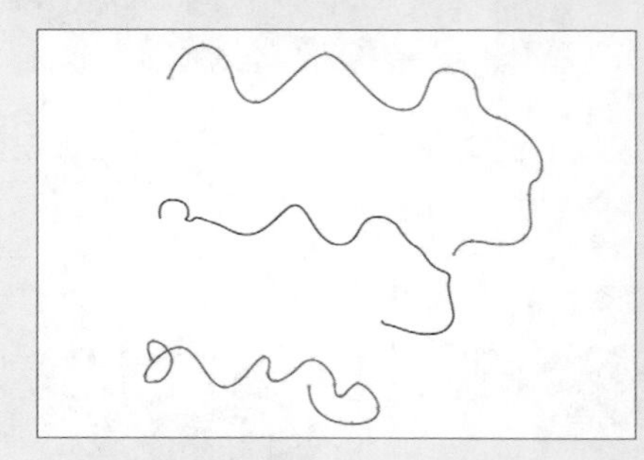
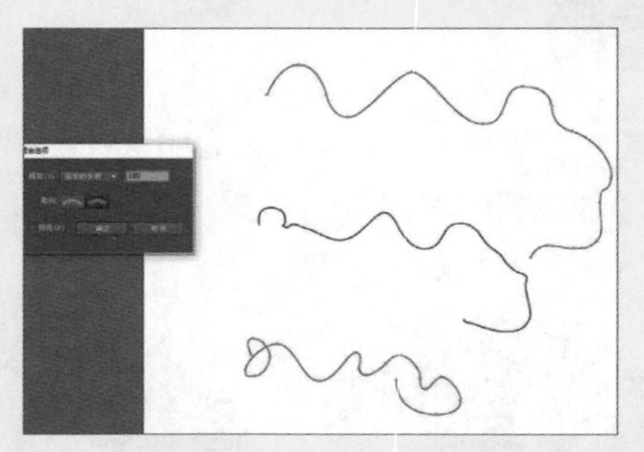

步骤 05 设置完成后单击“确定”按钮，效果如下左图所示。

步骤 06 设置其描边渐变颜色分别为#e1a8fe、#4aa7fd、#71f2c6。然后使用钢笔工具在形状的左侧绘制一条曲线，如下右图所示。

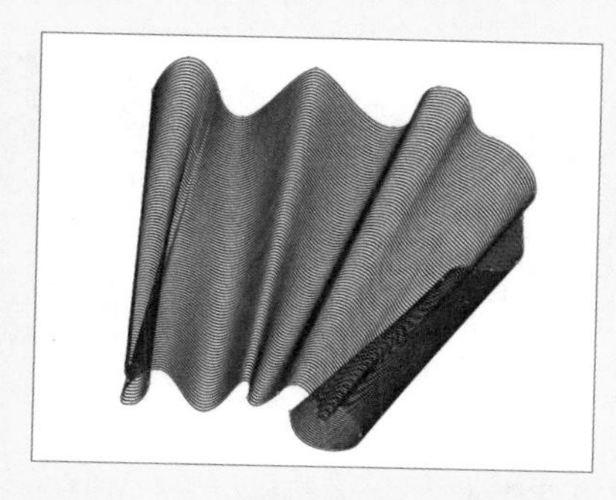

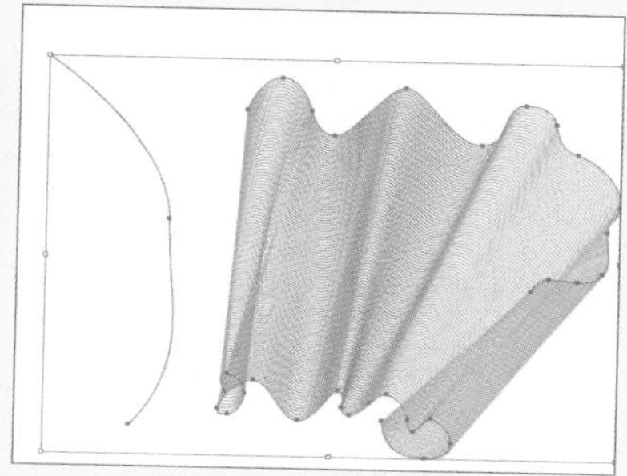

步骤 07 选中所有图形，执行“对象>混合>替换混合轴”命令，如下左图所示。

步骤 08 设置替换混合轴后，效果如下右图所示。

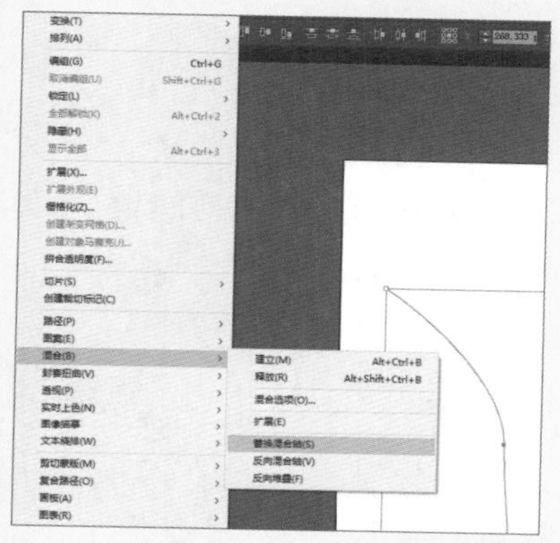

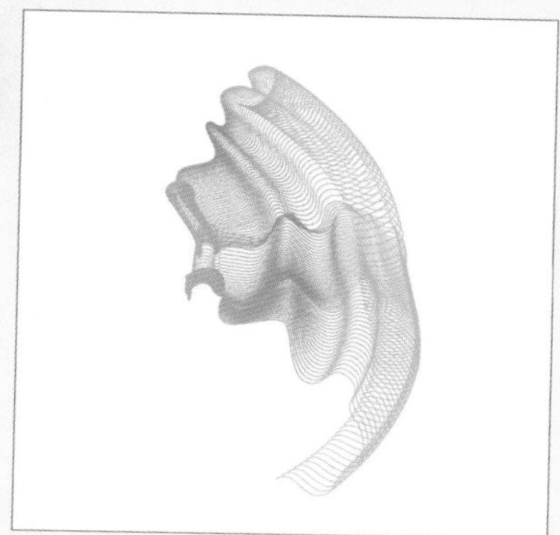

步骤 09 选择矩形工具，绘制和画布一样大小的矩形，填充为黑色，右击矩形，在弹出的快捷菜单中选择“排列>置于底层”命令，如下左图所示。

步骤 10 将矩形置于底层作为背景后，适当调整波纹元素的大小并旋转，效果如下右图所示。

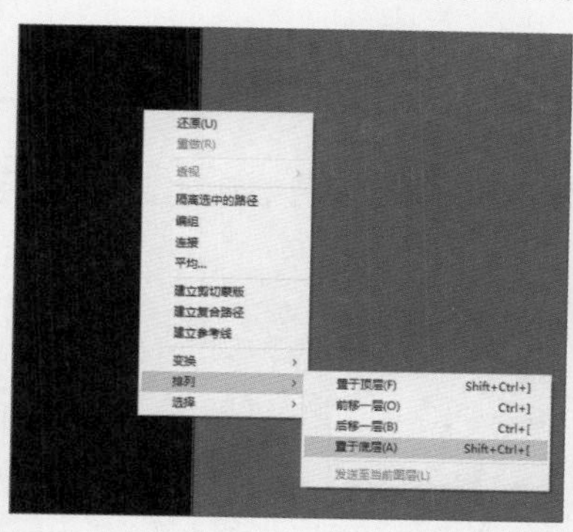

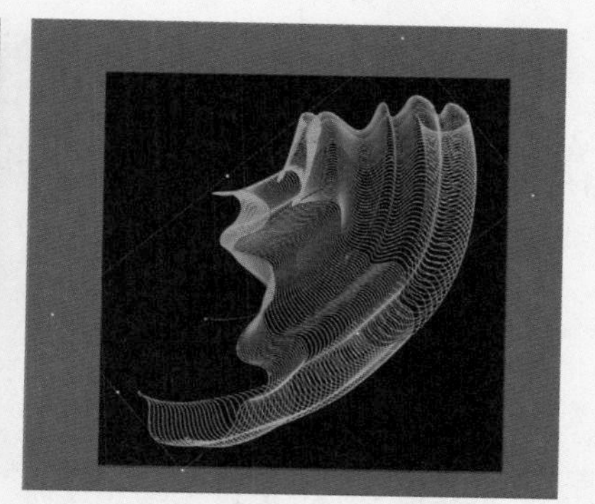

步骤 11 选择工具箱中的文字工具，输入相关文字并设置文字的格式。至此，波纹元素制作完成，最终效果如右图所示。

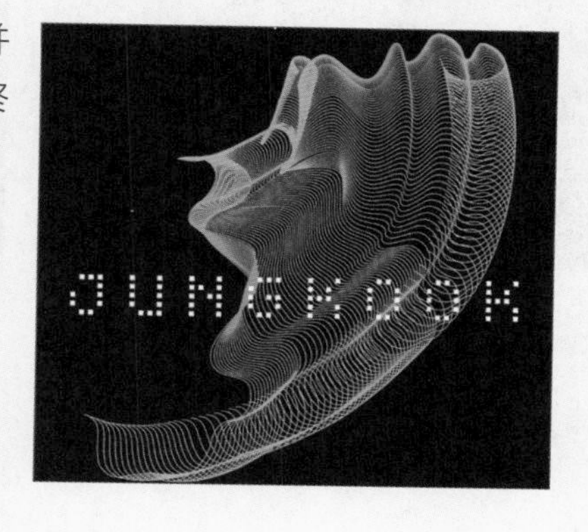

课后练习

1. 选择题

（1）在Illustrator中绘制弧线时，按（　　）键可以绘制闭合的路径；按（　　）键可以绘制固定角度的弧线。

A. N、Shift　　B. O 、Ctrl　　C. Shift、P　　D. C、Shift

（2）创建图形后，若需要将平滑点转换为角点，可以使用（　　）工具。

A. 钢笔工具　　B. 添加锚点工具　　C. 删除锚点工具　　D.锚点工具

（3）在Illustrator中使用（　　）工具，可以选择路径或锚点并进行拖曳；使用（　　）工具，可以选择编组内的某些对象。

A. 选择、编组选择　　B. 套索、魔棒

C. 直接选择、编组选择　　D. 直接选择、套索

（4）在Illustrator软件中，除了执行“窗口>画笔”命令外，还可以按（　　）功能键，打开“画笔”面板。

A. F5　　B. F7　　C. F9　　D. F8

2. 填空题

（1）在Illustrator软件中使用椭圆工具绘制图形时，按________键可以绘制正圆形，按________键可以绘制以单击点为中心的正圆形。

（2）在“极坐标网格工具选项”对话框中设置同心圆分割线时，设置倾斜的值为________，同心圆分隔线向中心聚拢。

（3）使用钢笔工具绘制直线时，按________键可绘制角度为45度倍数的直线。

（4）在绘制螺旋线时，按________键可以更改螺旋线的方向，按________键可以增加螺旋线的圈数。

3. 上机题

利用本章所学知识，使用铅笔工具、钢笔工具以及各种形状工具绘制日出插画效果。效果图中填充的颜色仅供参考。

Chapter 03 图形的编辑

本章概述

在Illustrator中绘制图形后，用户可以使用相应的工具或命令对图形进行编辑，如对象的变换、对象的变形以及对象的混合等，本章主要对Illustrator的图形编辑进行详细地介绍。

核心知识点

❶ 了解路径和锚点的概念
❷ 熟悉编辑路径和锚点的方法
❸ 掌握对象的变换和变形操作
❹ 熟悉混合对象的应用

3.1 路径与锚点概述

在Illustrator中绘制图形时，绘制的矢量图形的基本组成元素是路径和锚点，掌握路径和锚点的应用对编辑图形是非常重要的。

3.1.1 初识路径和锚点

路径是使用绘图工具绘制的直线或曲线段，使用路径可以勾勒出物体的轮廓。为了满足用户各种绘图的需要，路径可以是开放的，如下左图所示。也可以是闭合的，下右图选中了闭合的路径。Illustrator软件中的绘图工具都可以创建路径，如矩形工具、多边形工具、椭圆工具、星形工具、钢笔工具、铅笔工具和画笔工具等。

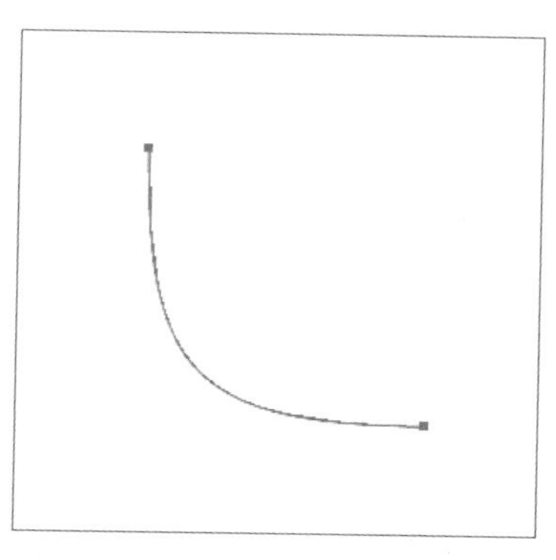
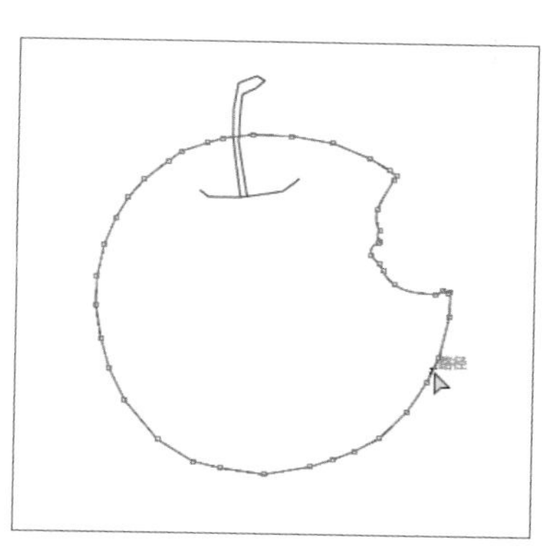

锚点是路径的基本元素，每条线段的两端均有锚点，使用直接选择工具可以选中锚点并拖曳调整线段的形状，如下左图所示。曲线上的锚点还包含方向线和方向点，与曲线相切的直线为方向线，方向线两边的点为方向点，如下右图所示。

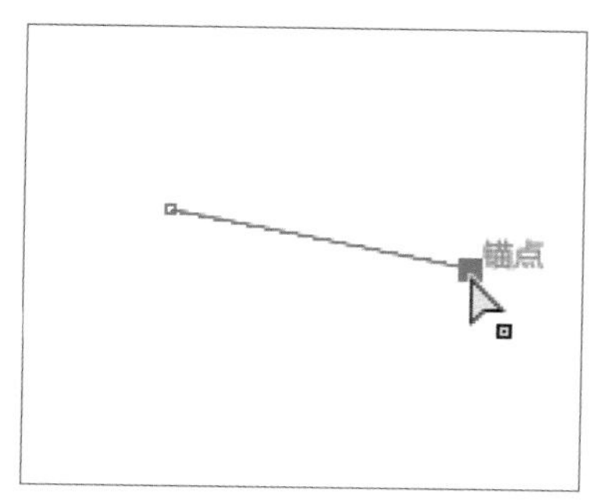

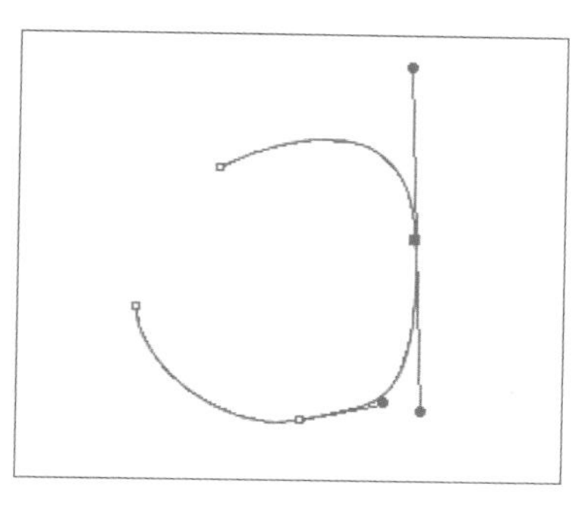

锚点分为平滑点和角点两种类型，平滑的曲线由平滑点连接，如下左图所示。角点连接直线和转角曲线，如下右图所示。

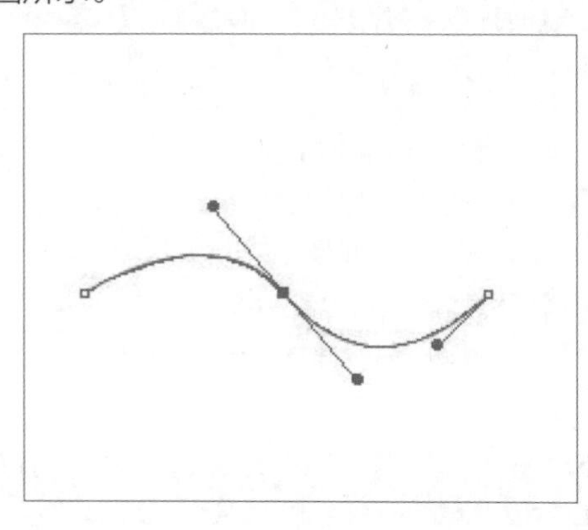
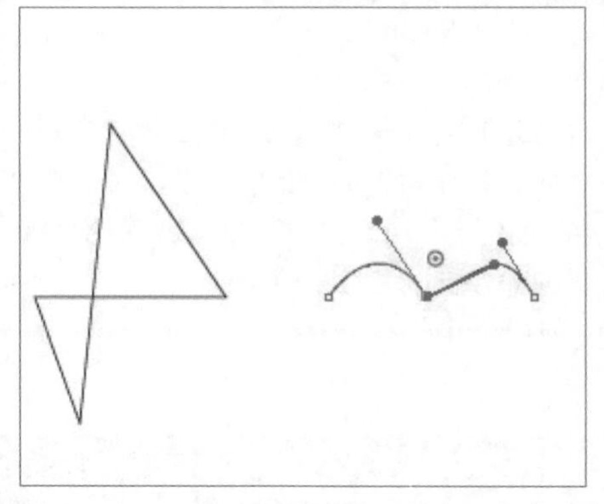

3.1.2 方向线和方向点的应用

绘制曲线时，选择锚点会显示方向线和方向点。在文档中绘制一条曲线，如下左图所示。使用直接选择工具选中方向点并进行拖曳，不仅可以改变同方向曲线的大小，还可以改变曲线的形状，如下右图所示。

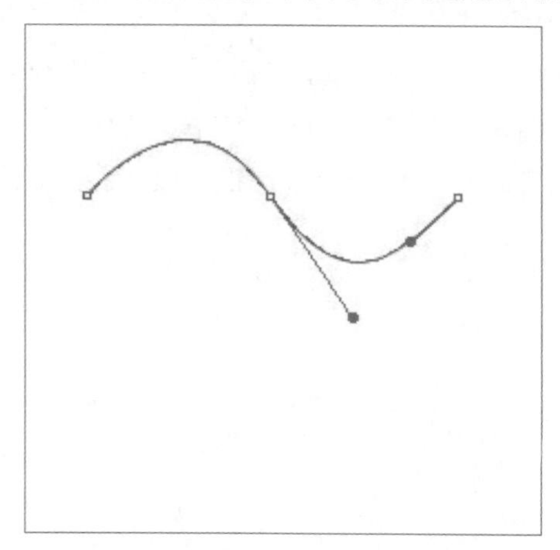
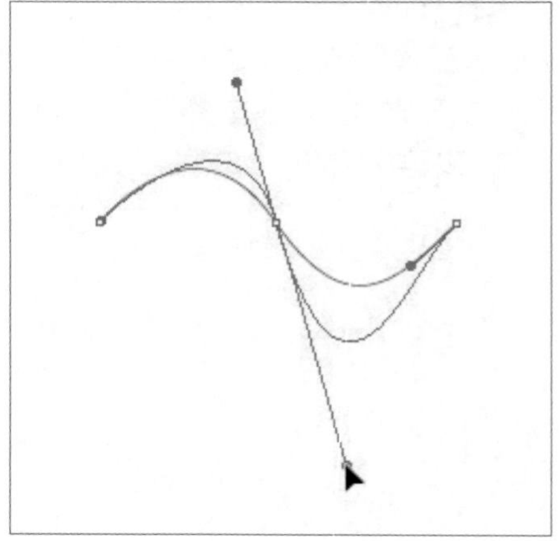

方向线的长度决定曲线的弧度，当方向线变短时，曲线的弧度将变小；当方向线变长时，曲线的弧度会变大。拖动方向点旋转时，方向线以锚点为中心进行旋转，并更改曲线的形状。

使用锚点工具移动平滑点的方向点时，只调整同方向曲线的弧度和形状，如下左图所示。若对角点的方向线进行移动，无论是使用直接选择工具还是锚点工具，都只能更改同方向曲线，如下右图所示。

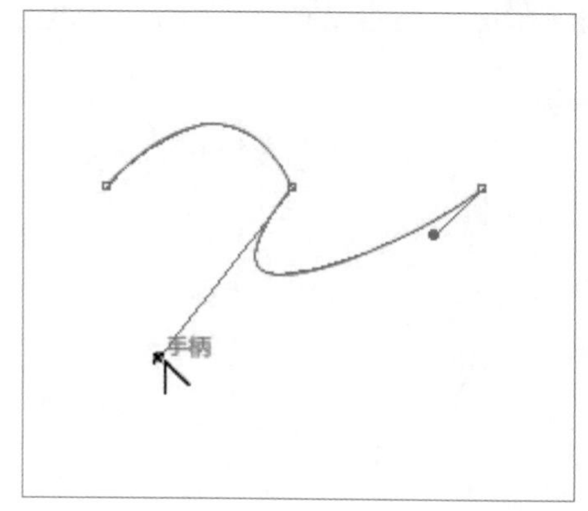

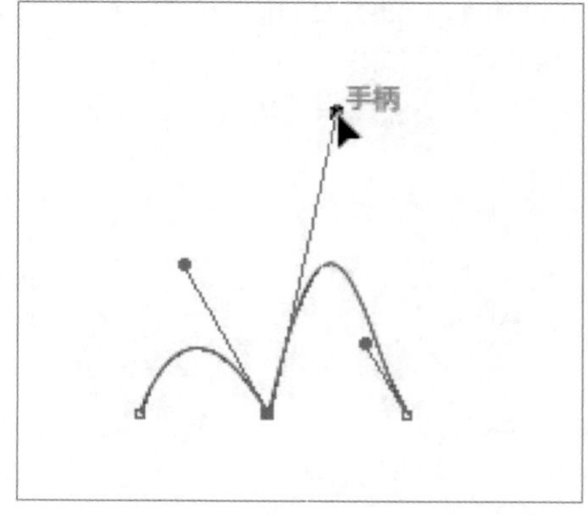

3.2 路径和锚点的编辑

创建路径后，用户可以进一步对其进行编辑操作。上一节介绍使用直接选择工具拖曳锚点来改变路径的操作，本节将介绍锚点的基本操作，以及使用“对象>路径”子菜单中的命令对路径进行编辑的操作方法。

3.2.1 连接路径

使用“连接”命令可以将绘制的开放路径闭合。打开文档，使用钢笔工具绘制一个开放的曲线，如下左图所示。选中绘制的曲线，执行“对象>路径>连接”命令或者按下Ctrl+J组合键，即可将路径连接，如下右图所示。

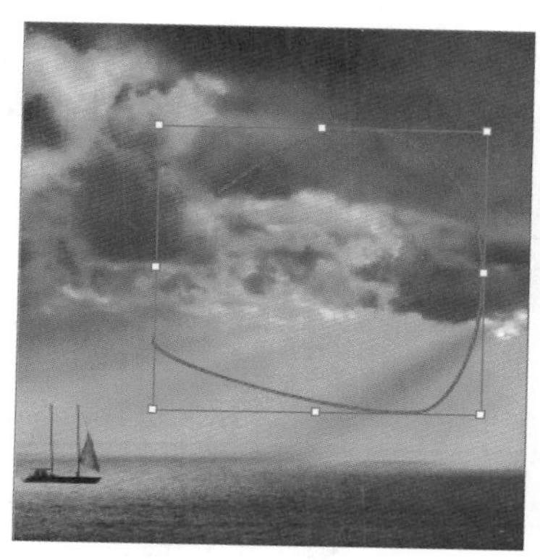

3.2.2 轮廓化描边

使用“轮廓化描边”命令可以将路径独立出来，并可以填充颜色。在画面中绘制五角星并填充颜色后，选中该对象，如下左图所示。然后执行“对象>路径>轮廓化描边”命令，选中描边并进行拖曳，可见描边被分离出来，如下中图所示。

此时描边作为独立的对象存在，选中该描边，在控制栏中可以设置填充的颜色以及描边的颜色和大小，为了突出描边，将该图放大显示，效果如下右图所示。

3.2.3 偏移路径

使用“偏移路径”命令可以对路径进行扩大或缩小操作。选择路径，然后执行“对象>路径>偏移路径”命令，打开“偏移路径”对话框，进行参数设置后，单击“确定”按钮，如下左图所示。返回文档中，可见选中的路径向外扩大了，为扩大的路径填充黄色以突出效果，如下右图所示。

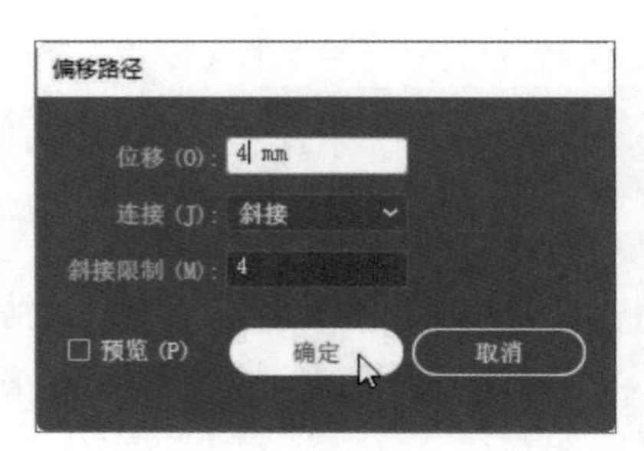

下面介绍“偏移路径”对话框中各参数的含义。

- **位移：**用于设置偏移后的路径离原路径的距离。该值为正时，路径向外扩展；该值为负时，路径向内收缩，收缩效果如下左图所示。
- **连接：**用于设置拐角处的连接方式，单击下拉按钮，其下拉列表中包括“斜接”、“圆角”和“斜角”3种选项。选择“斜角”选项的效果如下右图所示。

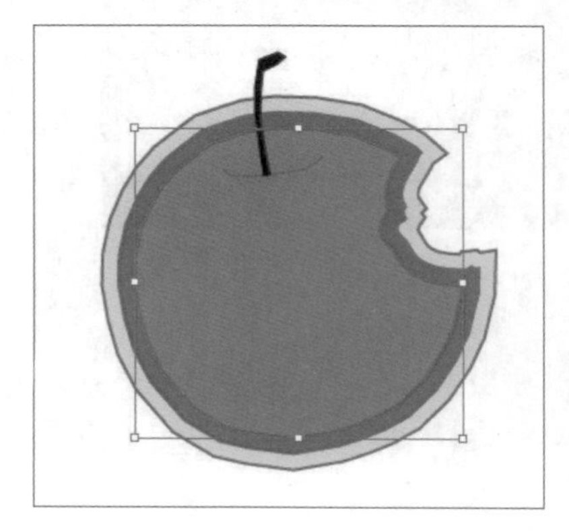

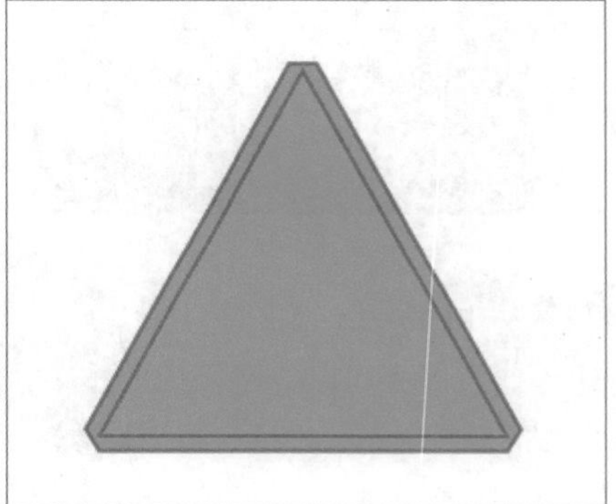

3.2.4 简化路径

使用“简化”命令可以清除锚点过多路径上的多余锚点。选择路径，可见锚点相当多，如下左图所示。执行“对象>路径>简化”操作，打开“简化”对话框，设置“曲线精度”为70%，单击“确定”按钮，如下中图所示。可见选中的路径上的锚点少了很多，效果如下右图所示。

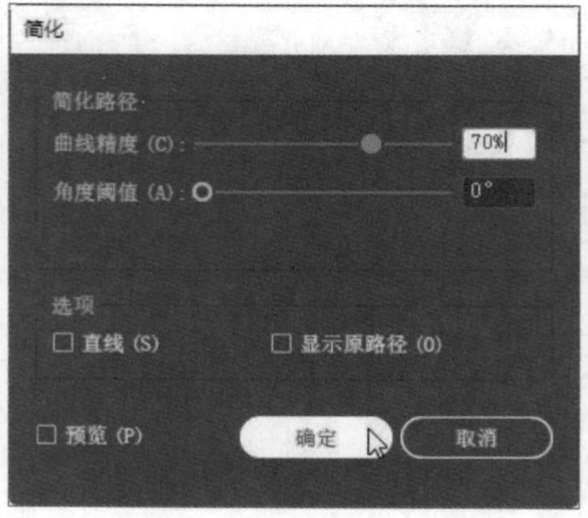

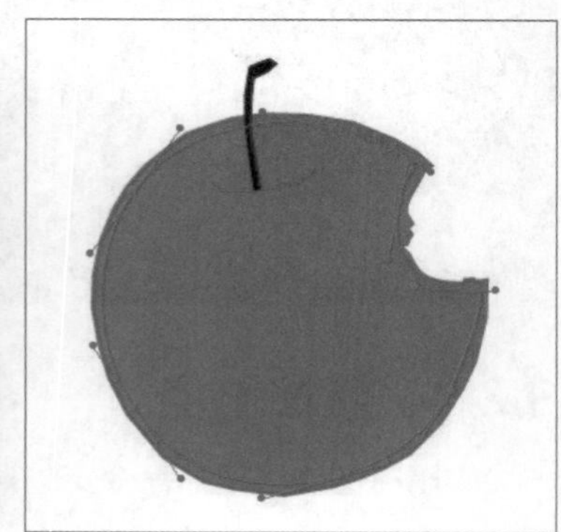

下面介绍“简化”对话框中各参数的含义。

- **曲线精度**：用于设置简化后路径和原路径的相似程度。该值越高，简化后路径与原路径越相似；该值越低，简化的程度越大。
- **角度阈值**：用于设置角的平滑度。当“角度阈值”为50度时，可见路径上的各角比原路径更平滑了，如下左图所示。
- **直线**：勾选该复选框，在选中路径的锚点之间用直线连接，如下右图所示。
- **显示原路径**：勾选该复选框，简化路径后显示原始路径。

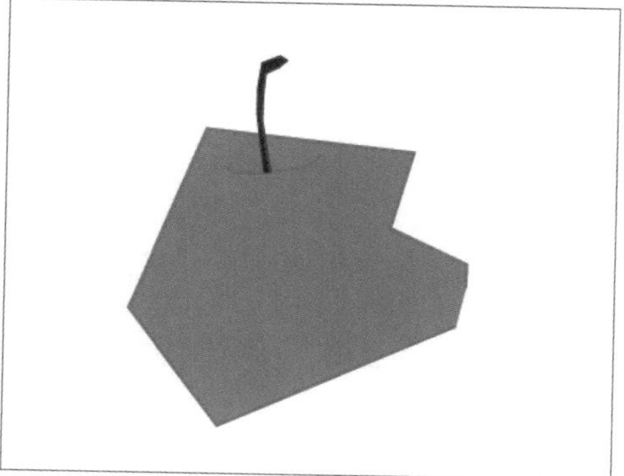

3.2.5 添加锚点

用户可以使用“添加锚点”命令为选中的路径添加锚点。在文档中创建五角星，五角星上的锚点如下左图所示。执行“对象>路径>添加锚点”命令，即可均匀地在选中的路径上添加锚点，如下右图所示。

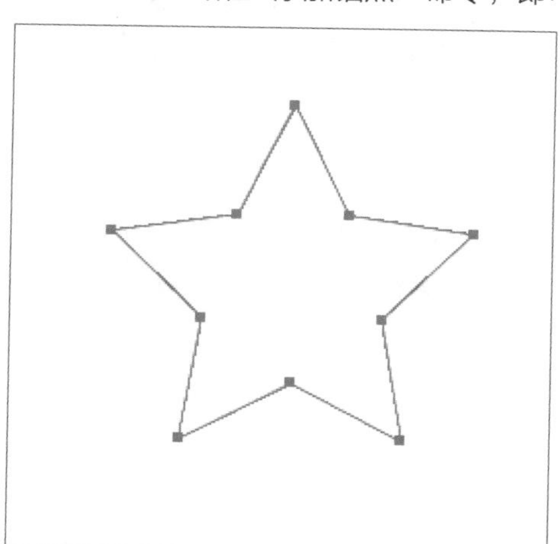

提示：移除锚点

选中路径后，执行“对象>路径>移去锚点”命令或直接按下键盘上的Delete键，即可移除选中的锚点，同时该路径也被移去。

3.2.6 将路径分割为网格

使用“分割为网格”命令可以将封闭的路径对象转换为网格。选中需要分割为网格的路径，如下左图所示。执行“对象>路径>分割为网格”命令，打开“分割为网格”对话框，分别在“行”和“列”选项区域设置“数量”值，如下右图所示。

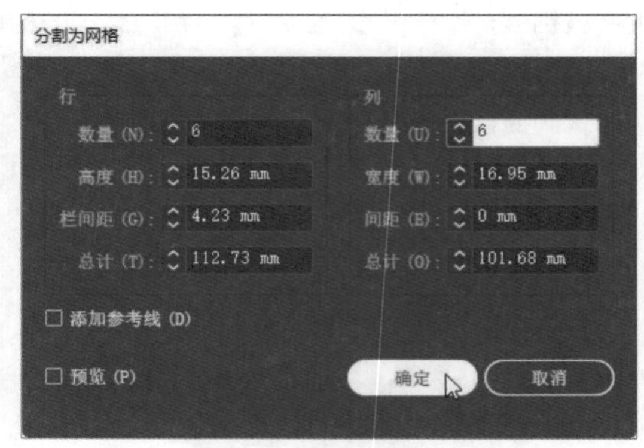

设置完成后单击“确定”按钮，查看将选中的路径转换为网格对象的效果，如下左图所示。用户可以对网格进行填充，并且每个网格都是一个独立对象，可以将任意网格移动或删除，如下右图所示。

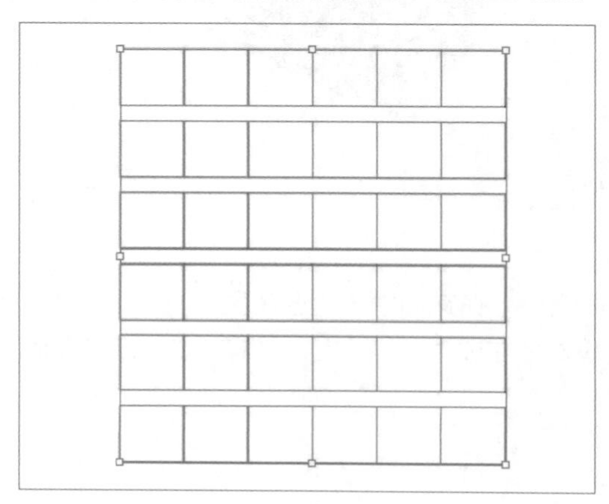

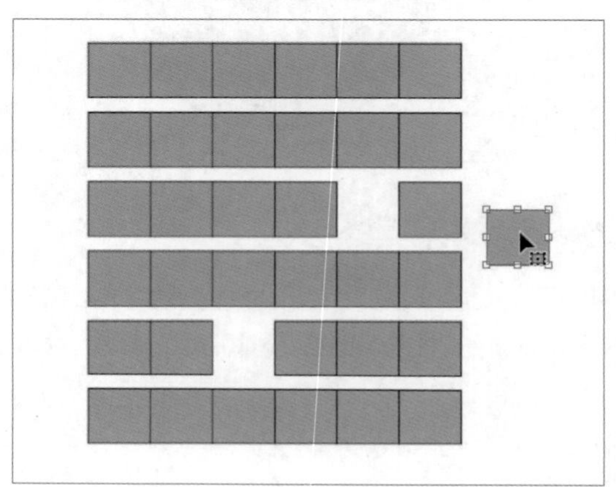

下面介绍“分割为网格”对话框中各参数的含义。

- **数量**：在数值框中输入数值或单击微调按钮，可设置行或列的数量。
- **高度/宽度**：用于设置行或列的大小。
- **栏间距/间距**：用于设置行与行或列与列之间的距离。
- **总计**：设置行与列间距和数值总和的尺寸。
- **添加参考线**：勾选该复选框，按照相应的表格自定义参考线。

3.3 对象的变换

变换对象就是将画面中的对象进行移动、旋转、镜像、自由变换、封套扭曲和整形等操作，用户可以通过相应的命令或使用工具箱中的工具实现上述操作。

3.3.1 移动对象

如果需要将对象移至大概的位置，可以使用选择工具完成。打开文档，选择工具箱中的选择工具，将光标移至需要移动的对象上，按住鼠标左键并拖曳至合适位置释放鼠标，如下左图所示。选中需要移动的对象，按下键盘上的方向键也可移动对象。

如果需要精确地移动对象，则执行“对象>变换>移动”命令或按下Shift+Ctrl+M组合键，打开“移动”对话框，然后设置移动对象的位置、距离和角度等参数，如下右图所示。

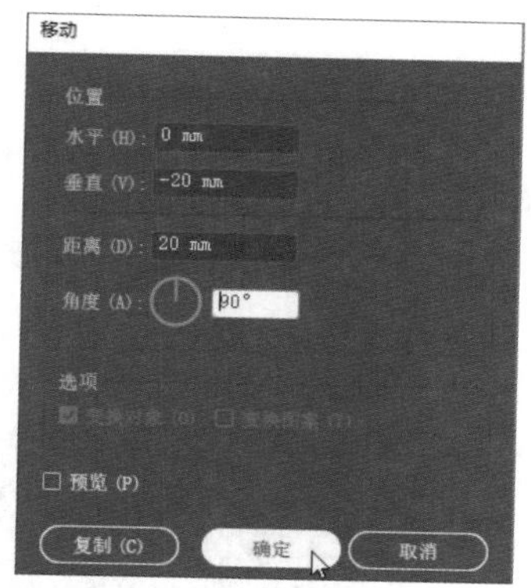

提示：移动对象的技巧

使用选择工具移动对象时，若按住Alt键，则可复制对象；若按住Shift键，则可按水平、垂直或对角线方向移动对象。

3.3.2 旋转对象

对象的旋转操作和移动操作相同，既可以精确旋转也可以非精确旋转。进行对象的非精确旋转时，可以使用选择工具或旋转工具进行旋转。选择对象，使用选择工具将光标移至选中对象的任意控制点，当光标变为↷形状时，按住鼠标左键并拖曳，执行旋转操作，光标右侧将显示旋转的角度，如下左图所示。

选择旋转工具，当光标变为⁘形状时，按住鼠标左键旋转对象，在光标右侧将显示旋转角度，如下右图所示。

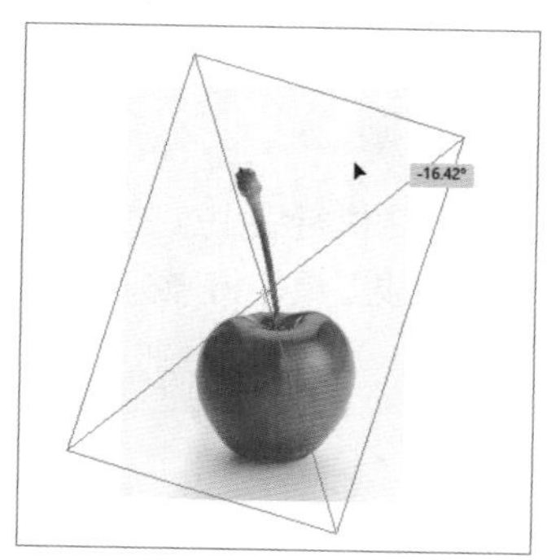

若要精确旋转对象，则选中对象并执行“对象>变换>旋转”命令，打开“旋转”对话框，如下左图所示。在“角度”数值框中输入数值，单击“确定”按钮即可旋转对象，若单击“复制”按钮，可复制并旋转对象，如下右图所示。

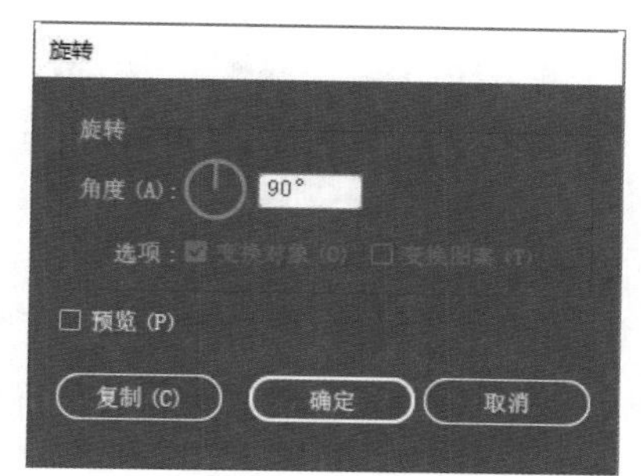

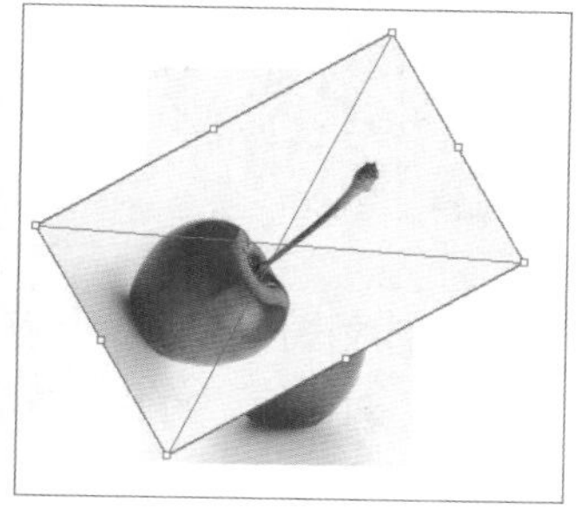

3.3.3 镜像对象

镜像对象是将选中的对象在水平或垂直方向进行翻转。镜像对象操作可以通过“镜像”对话框实现，打开该对话框的方法有两种，第一种是执行“对象>变换>对称”命令；第二种是双击工具箱中的镜像工具按钮。

打开Illustrator软件，选中需要镜像的对象，如下左图所示。执行“对象>变换>对称”命令，打开“镜像”对话框。选中“垂直”单选按钮后，单击“复制”按钮，如下中图所示。镜像后的效果如下右图所示。

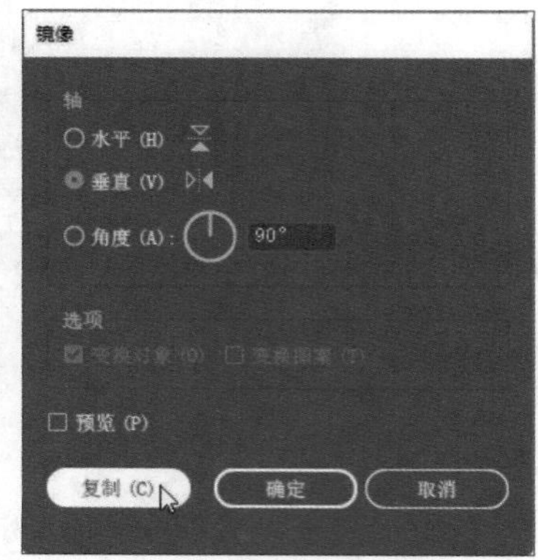

提示：镜像工具的使用技巧

使用镜像工具在画板中单击确定镜像轴上的一点，然后再单击，选中的对像将基于两点之间的轴进行翻转。
选中对象后，使用镜像工具在画板任意位置单击并拖曳，即可自由镜像对象；按住Shift键并拖曳鼠标，可限制旋转角度为35度的倍数并镜像对象。

3.3.4 比例缩放对象

比例缩放是对选中的对像执行缩小或放大操作。使用选择工具选中需要缩放的对象，如下左图所示。然后选中工具箱中的比例缩放工具，将光标移需选中的区域内，按住鼠标左键进行拖曳，即可缩放对象，如下右图所示。

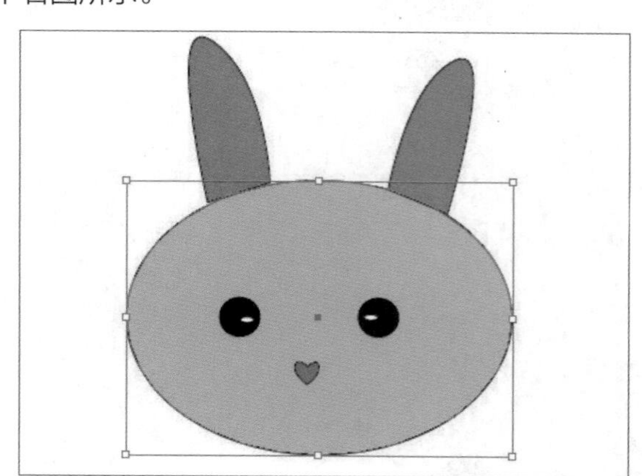

要对选中对象执行精确缩放操作，则选中对象后，执行“对象>变换>缩放”命令，或双击比例缩放工具按钮，打开“比例缩放”对话框，如下左图所示。选中“等比”单选按钮，并设置值为110%，单击“确定”按钮，效果如下右图所示。

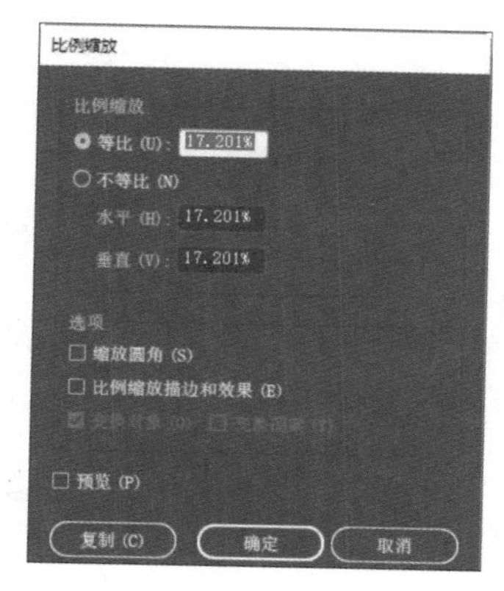

3.3.5 倾斜对象

使用倾斜工具可对选中对象执行倾斜操作。使用选择工具选中对象，如下左图所示。选择工具箱中的倾斜工具，按住鼠标左键并拖曳，对选中对象执行倾斜操作，效果如下中图所示。

用户也可以使用“倾斜”对话框执行倾斜操作，选中对象，执行“对象>变换>倾斜”命令，或双击倾斜工具按钮，打开“倾斜”对话框，设置各项参数后单击“确定”按钮，如下右图所示。

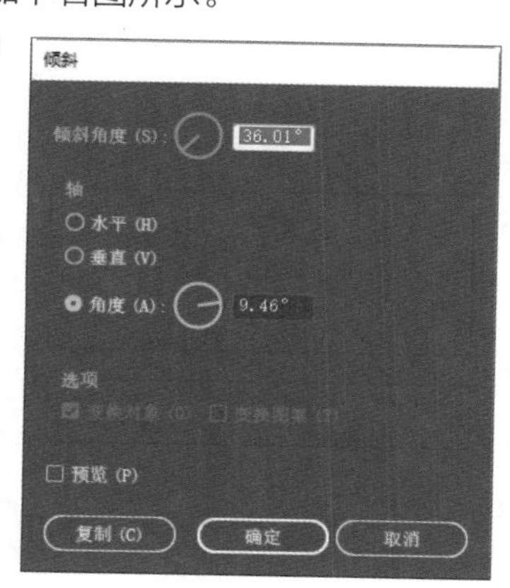

实战练习 制作酷炫字体效果

学习了对象变换的相关操作后，下面将介绍制作酷炫字体效果的操作方法，具体步骤如下。

步骤 01 首先执行“文件>新建”命令，在打开的“新建文档”对话框中单击“更多设置”按钮，打开“更多设置”对话框，设置新建文档的参数，如下左图所示。

步骤 02 在页面中绘制一条直线，然后双击旋转工具按钮打开“旋转”对话框，设置旋转角度为20度，然后单击“复制”按钮，如下右图所示。

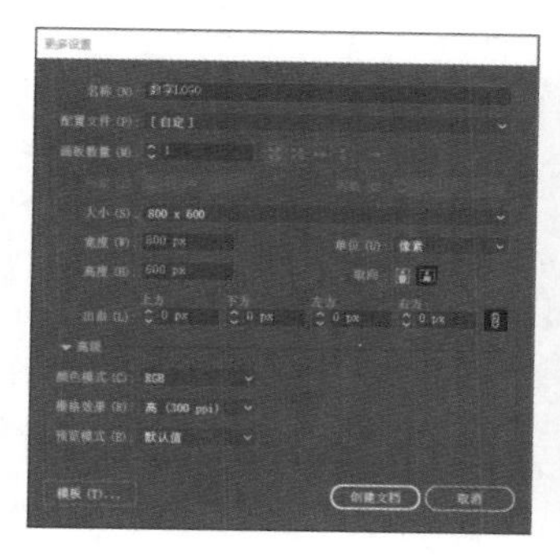

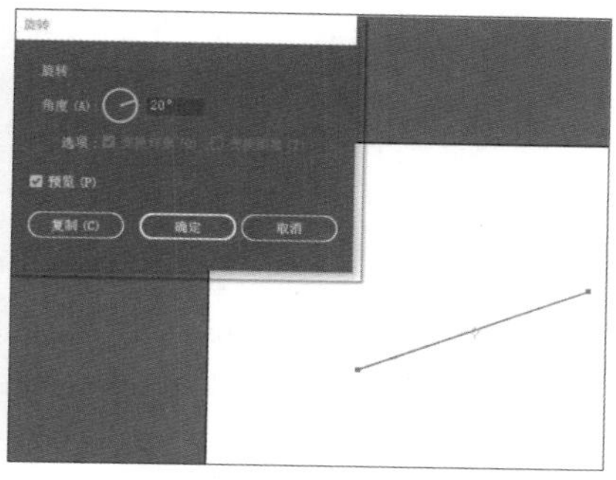

步骤 03 按7次Ctrl+D组合键，复制绘制的直线并全选，按下Ctrl+G组合键执行编组操作，如下左图所示。

步骤 04 使用椭圆工具绘制一个正圆，使其与之前的图形居中对齐，效果如下右图所示。

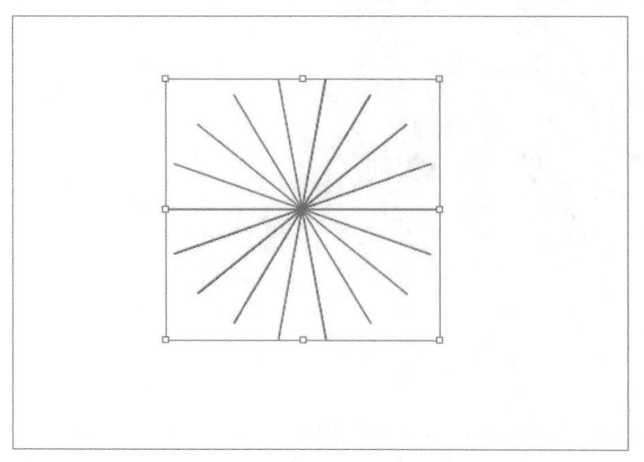

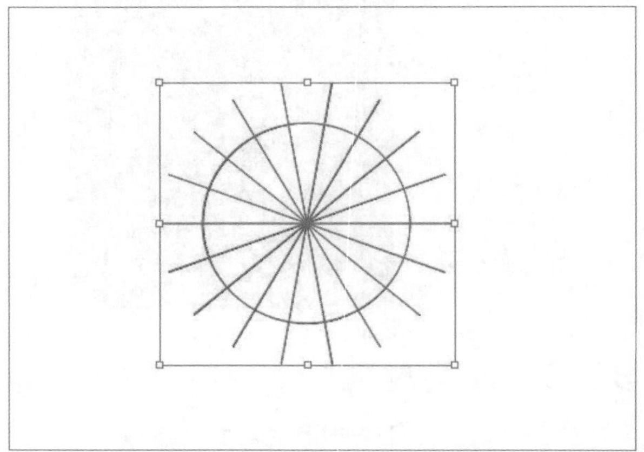

步骤 05 执行“窗口>路径查找器”命令，在打开的“路径查找器”面板中单击“分割”按钮，如下左图所示。

步骤 06 取消编组，为分离出来的图形填充颜色后，按下Ctrl+G组合键编组，如下右图所示。

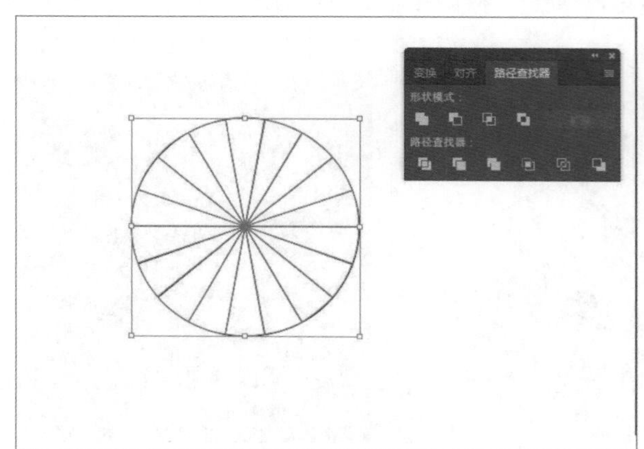

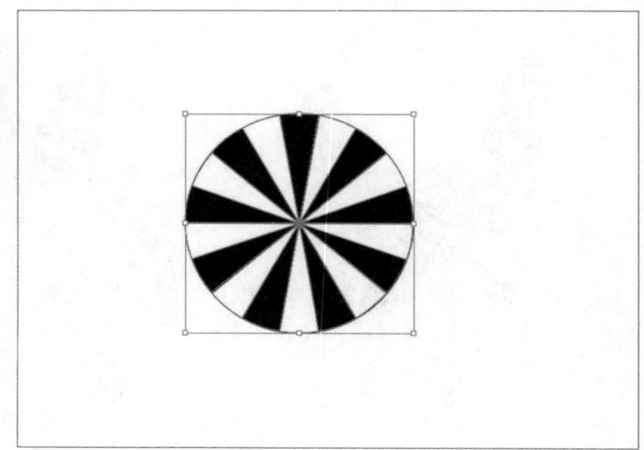

步骤 07 使用钢笔工具，绘制一条S形状的曲线，如下左图所示。

步骤 08 复制一个之前绘制的图形，分别将两个图形放在S曲线的两端，如下右图所示。

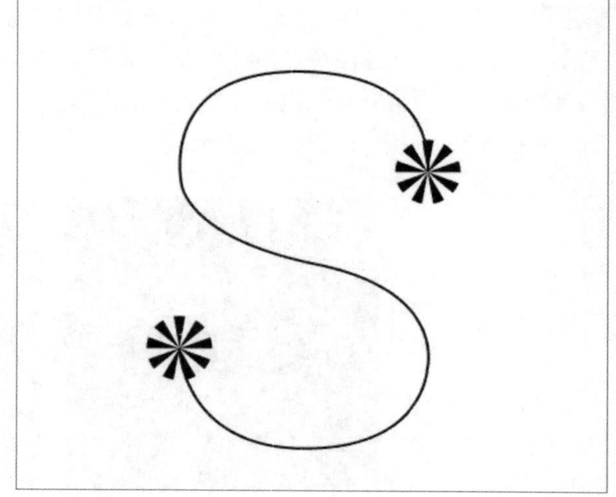

步骤 09 选中两个图形，双击混合工具按钮，在弹出的“混合选项”对话框中设置“间距”为“指定的距离”选项，值为0.28px，单击“确定”按钮，如下左图所示。

步骤 10 执行“对象>混合>建立”命令，效果如下右图所示。

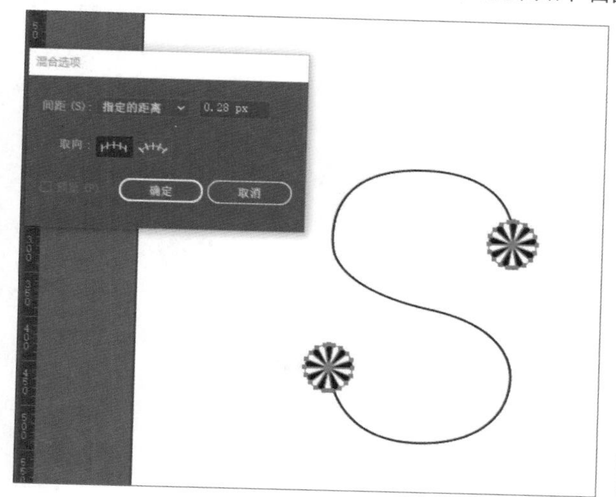

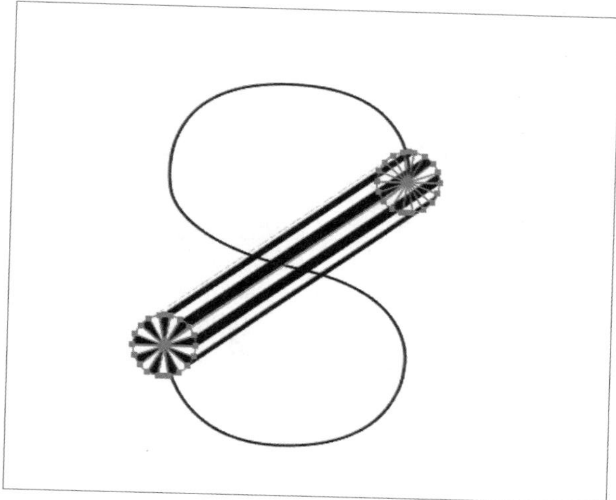

步骤 11 选中混合后的图形和S曲线，然后执行“对象>混合>替换混合轴”命令。至此，酷炫字体制作完成，最终效果如右图所示。

3.3.6 整形工具

使用整形工具可以在选中的路径上添加锚点并拖曳锚点改变形状。使用选择工具选中路径后，选择工具箱中的整形工具，将光标移至路径上单击添加锚点，如下左图所示。然后按住鼠标左键拖曳，即可更改路径的形状，效果如下右图所示。

3.3.7 自由变换对象

使用自由变换工具可以对对象进行扭曲、透视变换和自由变换等操作。使用选择工具选中对象后，选中工具箱中的自由变换工具，将光标移至对象定界框中央的控制点，可以调整对象的长度和宽度，如下左图所示。当光标移至对象的4角的控制点上，可以同时调整长度和宽度，还可以旋转对象，如下右图所示。

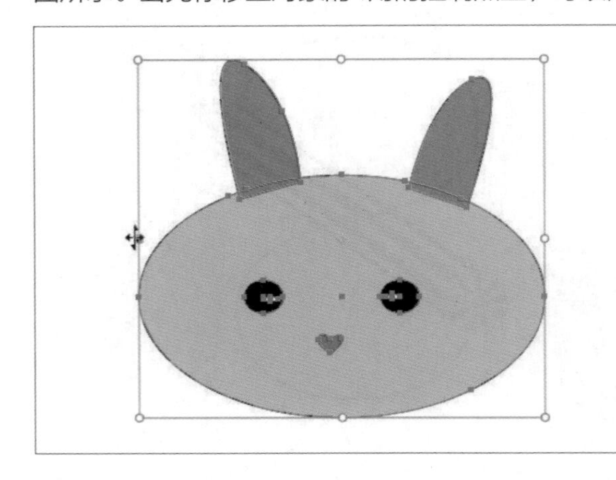

选中透视扭曲工具，选中边角的控制点并按住鼠标左键进行拖曳，如下左图所示。

拖曳至合适位置释放鼠标，可将对象进行透视扭曲操作，效果如下右图所示。

选择自由扭曲工具，单击右上角的控制点并向外拖曳，效果如下左图所示。按住Alt键的同时按住右上角控制点并向内拖曳，对角将同时向内倾斜，效果如下右图所示。

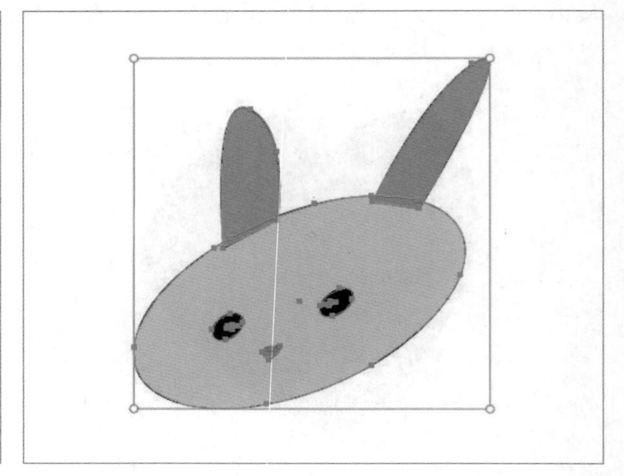

3.3.8 封套扭曲

Illustrator软件为用户提供最具可控性的变形功能，即封套扭曲功能。封套扭曲功能提供了“用变形建立”、“用网格建立”和“用顶层对象建立”3种变形方法。

1. 用变形建立封套扭曲

用变形建立封套扭曲时，Illustrator提供了15种预设的封套形状，用户直接使用即可。使用选择工具选中文字，如下左图所示。执行“对象>封套扭曲>用变形建立”命令，打开“变形选项”对话框，如下右图所示。

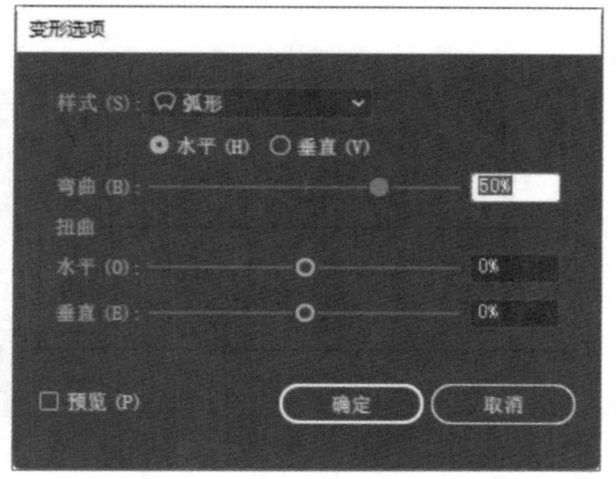

在“变形选项”对话框中单击“样式”下拉按钮，在下拉列表中选择“弧形”选项，单击“确定”按钮查看变形后的效果，如下图所示。

下面介绍“变形选项”对话框中各参数的含义。

- **样式：** 单击该下拉按钮，在下拉列表中选择需要的变形样式选项。下左图为选择“下弧形”选项的效果，下中图为选择“凸出”选项的效果，下右图为选择“挤压”选项的效果。

- **弯曲：** 该选项用于设置扭曲的程度，值越大，表示选中对象扭曲程度也越大。
- **“扭曲”选项区域：** 通过设置“水平”和“垂直”的值，创建透视扭曲的效果。下左图为“水平”值为50%，“垂直”值为20%的效果；下中图为“水平”值为-50%，“垂直”值为-20%的效果；下右图为“水平”值为50%，“垂直”值为-20%的效果。

2. 用网格创建封套扭曲

用网格创建封套扭曲是在对象上创建网格，然后通过调整网格的形状来对选中对象进行扭曲。该方法创建封套扭曲随意性强，没有预设样式，用户可以根据需要对对象进行扭曲变形。

使用选择工具选中对象，如下左图所示。执行“对象>封套扭曲>用网格建立”命令，打开“封套网格”对话框，设置网格的行数和列数后单击“确定”按钮，如下右图所示。

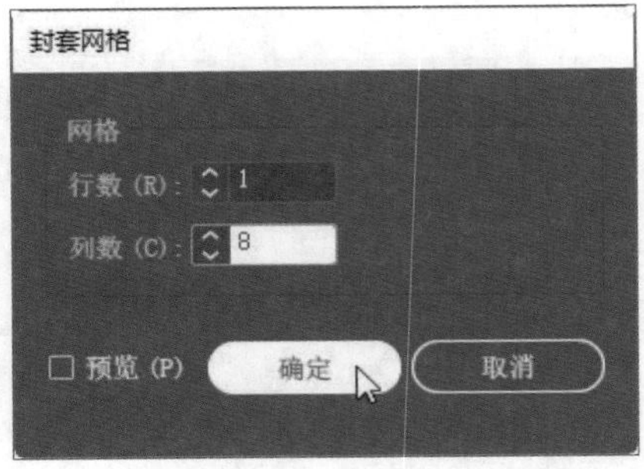

在选中的对象上将出现1行8列的网格，选择工具箱中的直接选择工具，选中左边第一个网格并进行拖曳，从而调整对象的形状，如下左图所示。根据相同的方法对其他文字进行扭曲操作，效果如下右图所示。

3. 用顶层对象建立封套扭曲

顶层对象建立封套扭曲是在对象上方放置矢量图形，然后用该图形的基本轮廓扭曲底层对象的形状。

打开Illustrator软件，使用椭圆工具在图形上方绘制椭圆，然后使用选择工具选中所有图形，如下左图所示。

执行“对象>封套扭曲>用顶层对象建立”命令，顶层对象将被隐藏，而底层对象将产生扭曲效果，如下右图所示。

3.4 对象的变形

Illustrator软件为用户提供了可以方便快速地对图形进行变形、扭曲等操作的工具，包括宽度工具、变形工具、旋转扭曲工具和膨胀工具等。

3.4.1 宽度工具

使用宽度工具可以调整路径的宽度。选择矢量图形，选择工具箱中的宽度工具，将光标移至对象的路径上，按住鼠标左键并进行拖曳，可见路径变宽了，光标右下角显示宽度和连线的距离，如下左图所示。拖曳至合适的位置释放鼠标即可，效果如下右图所示。

3.4.2 变形工具

使用变形工具可以使对象按光标移动的方向产生变形效果。选中需要变形的对象后，选择工具箱中的变形工具，然后在图形上按住鼠标左键并拖曳，如下左图所示。可见选中的区域发生了变化，释放鼠标即可完成变形操作，效果如下中图所示。

变形工具的笔尖大小可以通过“变形工具选项”对话框进行调整，双击变形工具按钮即可打开该对话框，然后对“宽度”、“高度”以及“角度”等相关参数进行设置，如下右图所示。对对象进行变形操作时，用户可以按住Alt键的同时按住鼠标左键拖曳进行调整，也可以按住Shift+Alt键进行等比例调整。

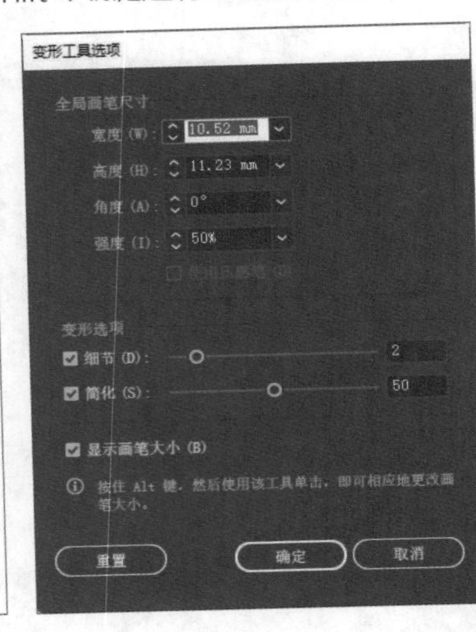

3.4.3 旋转扭曲工具

使用旋转扭曲工具可以为对象创建旋涡状的变形效果。使用该工具进行旋转扭曲时，按住鼠标左键的时间越长，产生的漩涡越多。

在工具箱中选择旋转扭曲工具，然后在企鹅的鼻子上单击，效果如下左图所示。用户也可以拖动鼠标，产生拉伸并旋转的效果，如下右图所示。

默认情况下，旋转扭曲的方向是逆时针的，用户可以根据需要设置旋转的方向。双击旋转扭曲工具按钮，打开“旋转扭曲工具选项”对话框，设置“旋转扭曲速率”的值为负数，单击“确定”按钮，如下左图所示。返回画面中进行旋转扭曲操作，可见旋转的方向更改了，如下右图所示。

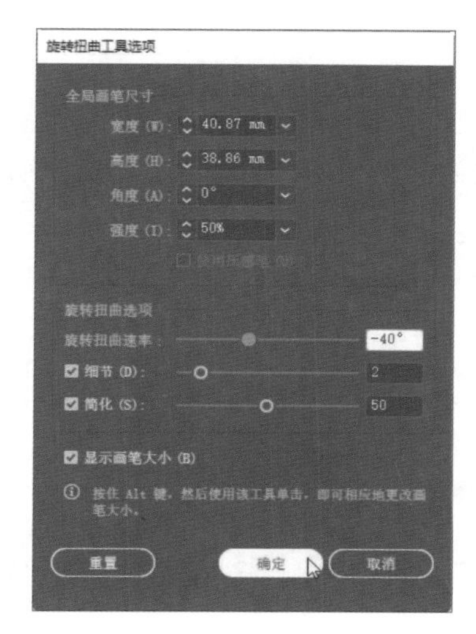

3.4.4 缩拢工具

使用缩拢工具可以使对象产生向内收缩的效果。选择工具箱中的缩拢工具，将光标移至对象上并单击，如下左图所示。按住鼠标左键的时间越长，缩拢程度越大，效果如下右图所示。

3.4.5 膨胀工具

膨胀工具和缩拢工具所产生的效果是相反的，可以使对象产生向外膨胀的效果。

选择工具箱中的膨胀工具，按住Alt键调整笔尖的大小，然后在图形上按住鼠标左键，如下左图所示。

按住鼠标左键的时间越长，膨胀效果越明显，效果如下中图所示。按住鼠标左键的同时若进行拖曳，将产生拉伸膨胀的效果，如下右图所示。

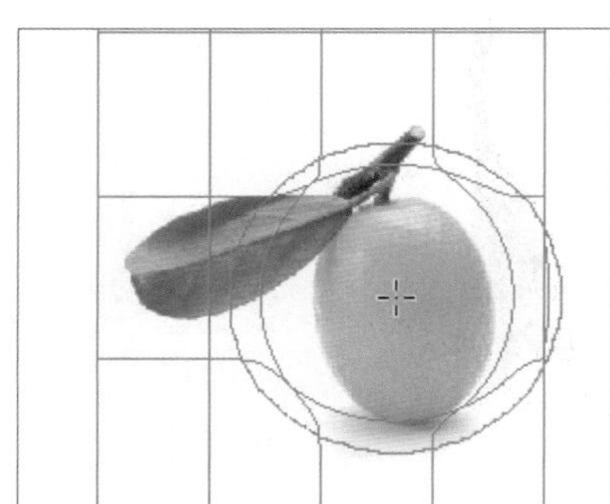

3.4.6 扇贝工具

使用扇贝工具可以设置对象产生锯齿的效果。选择工具箱中的扇贝工具，调整笔尖大小后，将光标移至圆形对象的中心点并按住鼠标左键，如下左图所示。按住鼠标左键的时间越长，产生锯齿的程度越大，效果如下右图所示。

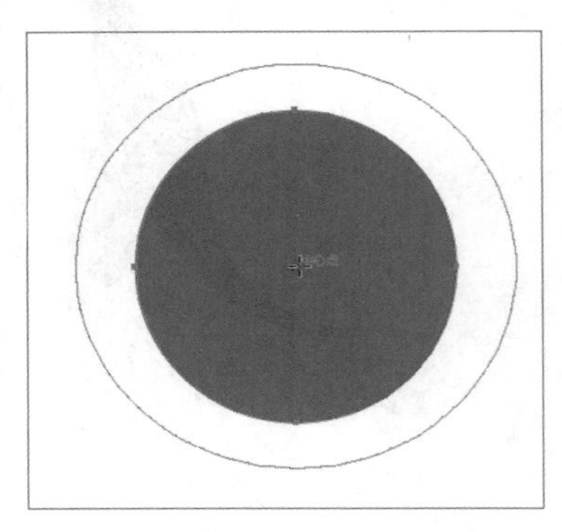
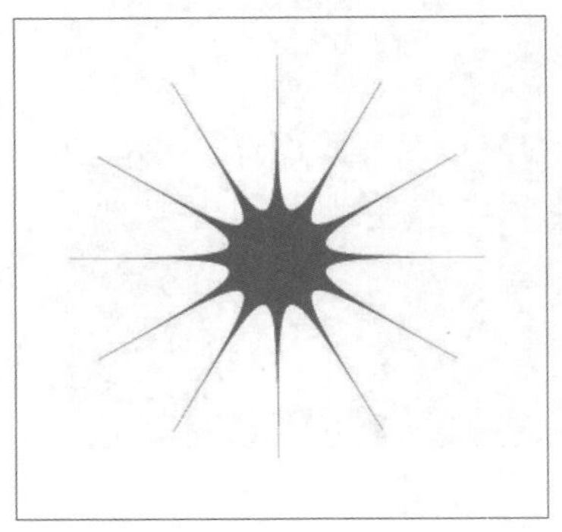

用户可以双击扇贝工具按纽，在打开的“扇贝工具选项”对话框中设置相关参数。在对话框中其他参数保持不变的情况下，若只勾选“画笔影响锚点”复选框，对圆形执行扇贝操作的效果如下左图所示。若只勾选“画笔影响内切线手柄”复选框，对圆形执行扇贝操作的效果如下中图所示。若只勾选“画笔影响外切线手柄”复选框，对圆形执行扇贝操作的效果如下右图所示。

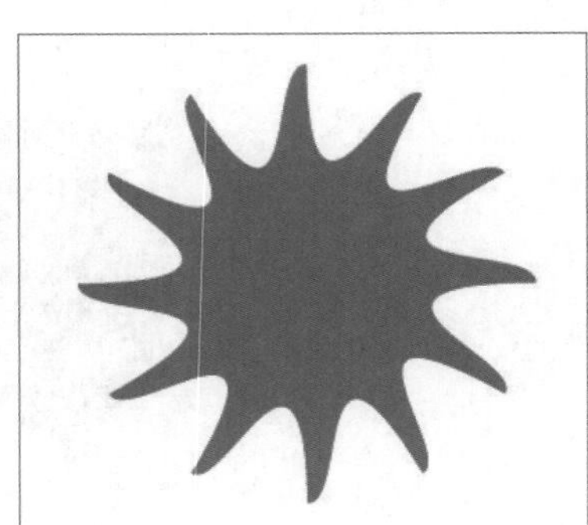

3.4.7 晶格化工具

使用晶格化工具可以设置矢量对象产生推拉变形的效果。选择工具箱中的晶格化工具，将光标中心点移至对象路径的外侧并按住鼠标左键，效果如下左图所示。若将光标中心点移至路径内侧，效果如下右图所示。

3.4.8 褶皱工具

使用褶皱工具可以使路径产生褶皱效果。选择工具箱中的褶皱工具，调整笔尖的大小后，将光标移至对象上并按住鼠标左键，如下左图所示。按住鼠标左键的时间越长，褶皱程度越大，效果如下右图所示。

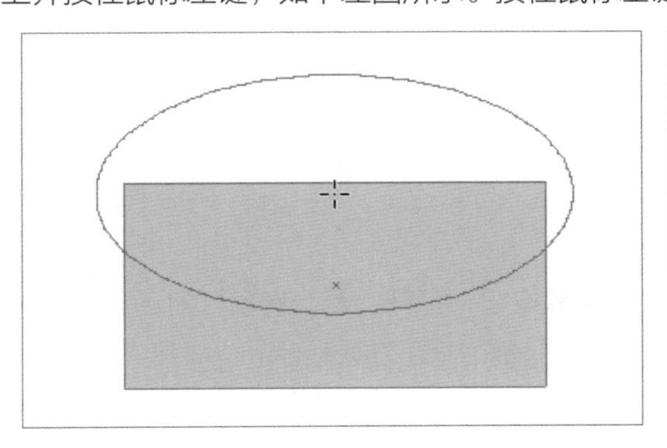

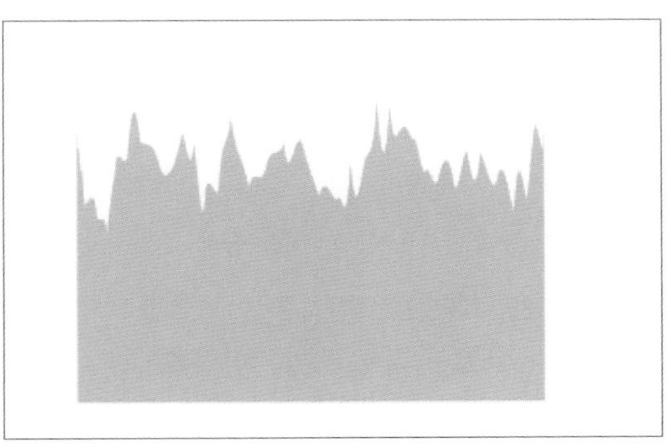

3.5 混合对象

Illustrator软件中的混合对象功能可以将两个或多个对象平均分布形状，也可在对象之间创建平滑的颜色过渡效果。

3.5.1 创建混合对象

创建混合对象前须先选中需要混合的对象，如下左图所示。然后选中工具箱中的混合对象工具，或者执行“对象>混合>建立”命令。使用混合对象工具创建混合对象时，在画面中需要依次单击混合的对象，效果如下右图所示。

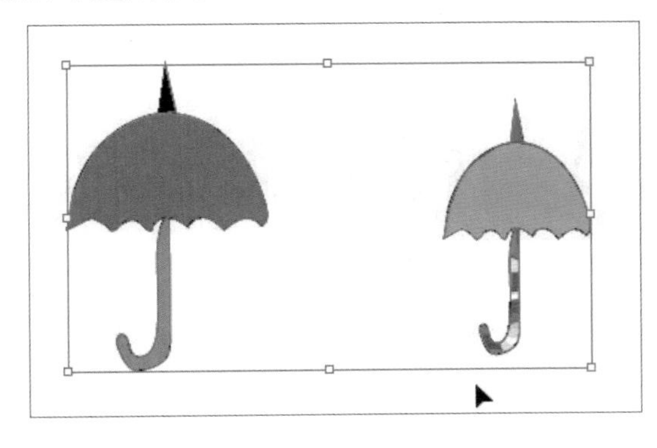

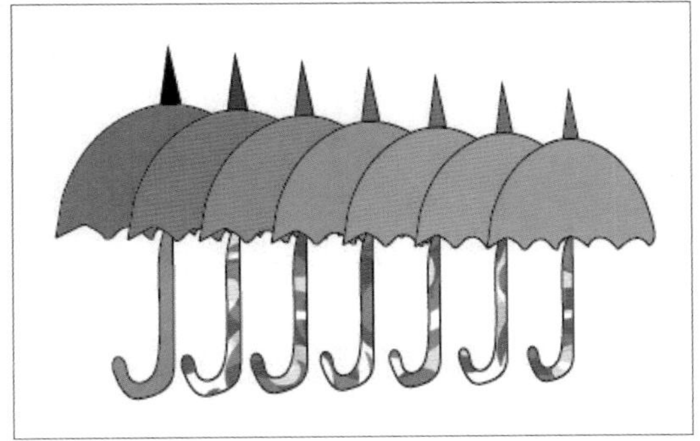

3.5.2 编辑混合对象

混合对象创建完成后，用户可根据需要对其执行编辑操作，如设置形状之间距离、替换混合轴以及更改颜色等。当更改其中一个原始对象的属性，则混合效果也会随之改变，下面详细介绍编辑混合对象的操作方法。

步骤 01 打开Illustrator软件，创建空白文档并在画面中绘制相同形状的椭圆，分别设置不同的描边颜色，如下左图所示。

步骤 02 选中其中一个椭圆，按下Ctrl+A组合键全选图形。执行“对象>混合>建立”命令，即可创建混合对象，如下右图所示。

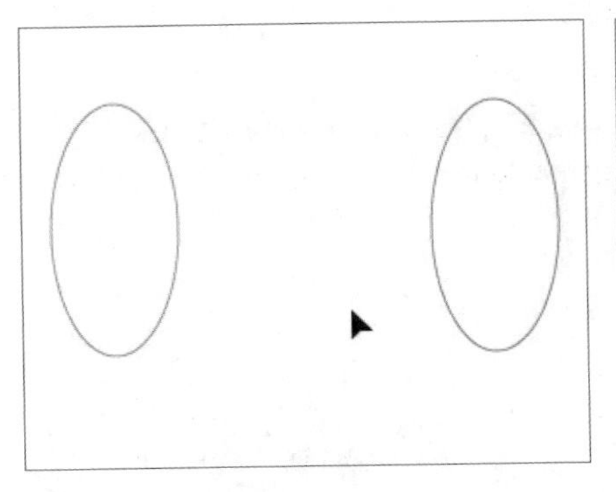

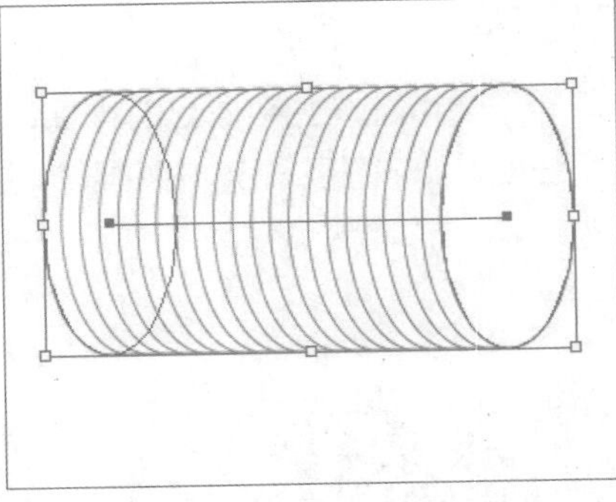

步骤 03 保持混合对象为选中状态，双击工具箱中的混合工具按钮，打开“混合选项”对话框，设置“指定步数”为30，设置“取向”为“对齐路径”，单击“确定”按钮，如下左图所示。

步骤 04 使用工具箱中的编组选择工具，选中右侧原始椭圆图形，然后再使用比例缩放工具将该椭圆适当缩小，可见混合对象也发生了变化，效果如下右图所示。

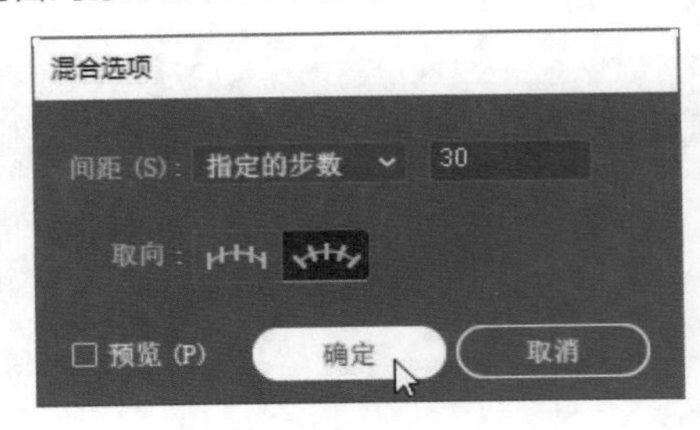

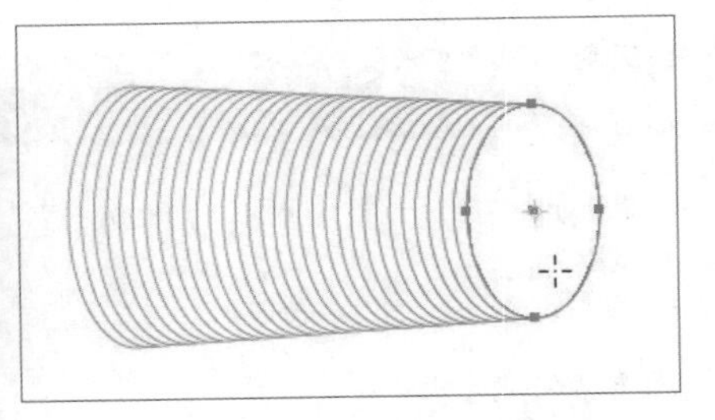

步骤 05 保持右侧椭圆为选中状态，在控制栏中设置其填充颜色，效果如下左图所示。

步骤 06 使用编组选择工具选中左侧椭圆图形并填充不同的颜色，效果如下右图所示。

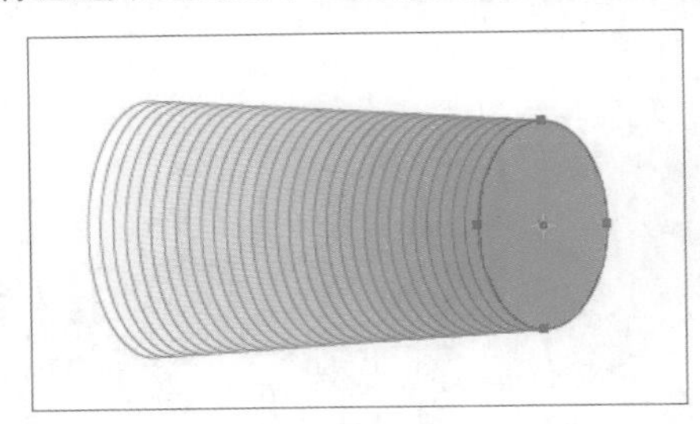

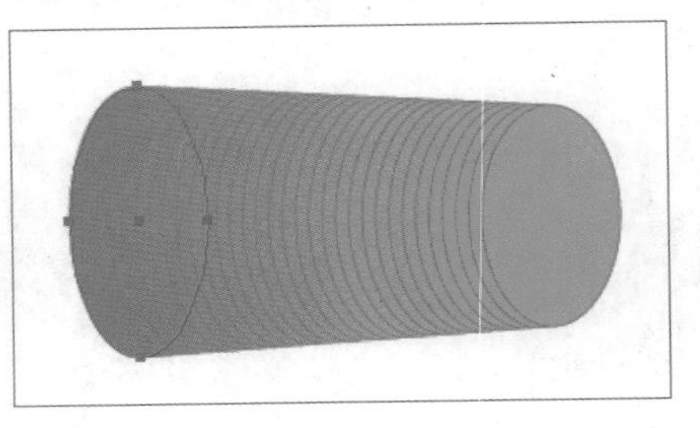

步骤 07 选中混合对象，执行“对象>混合>混合选项”命令，打开“混合选项”对话框，单击“间距”下拉按钮，在下拉列表中选择“平滑颜色”选项，单击“确定”按钮，效果如下左图所示。

步骤 08 使用弧形工具在画面中绘制弧线，使用选择工具将弧线和混合对象选中，然后执行“对象>混合>替换混合轴”命令，效果如下右图所示。

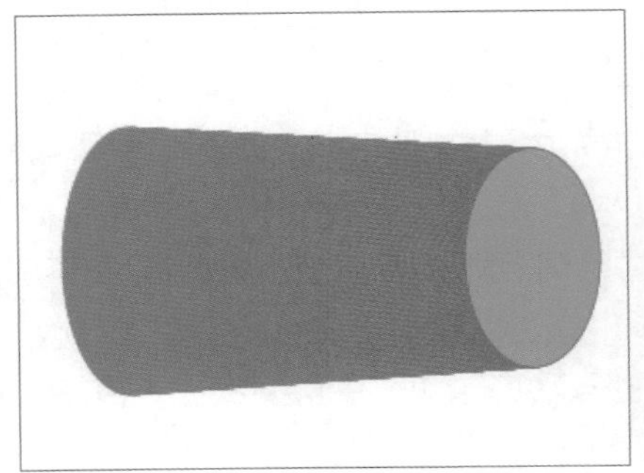

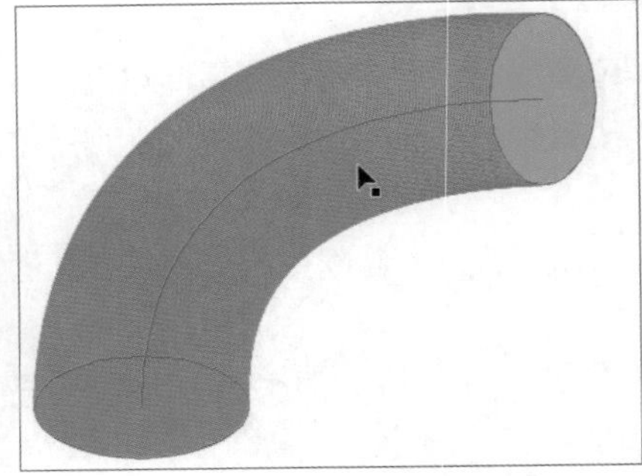

知识延伸：路径查找器的应用

在Illustrator中进行图形编辑时，“路径查找器”面板是比较常用的面板。在该面板中可以通过不同的运算将多个图形组合为复杂的图形。

打开素材文件并全选图形，如下左图所示。执行“窗口>路径查找器”命令或按下Shift+Ctrl+F9组合键，打开“路径查找器”面板，如下右图所示。

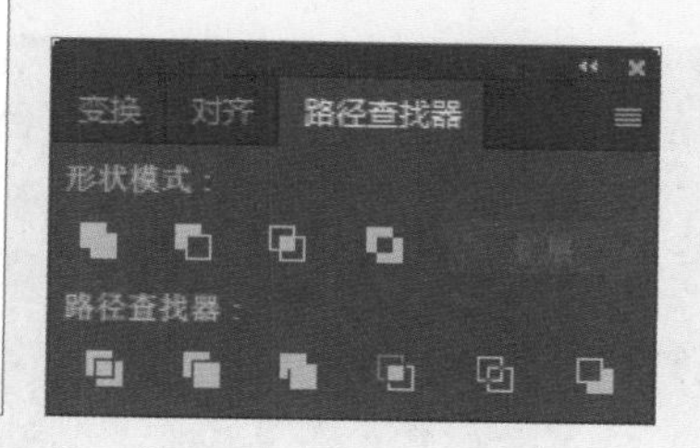

下面对“路径查找器”面板中各参数的含义进行介绍，具体如下。

- **联集：**单击该按钮，将选中的多个形状合并为一个大的形状，合并后重叠部分合并在一起，最前面的对象填充颜色决定合并后形状的颜色，效果如下左图所示。
- **减去顶层：**单击该按钮，用最后面的形状减去前面所有形状，并保留后面形状的填充和描边，如下中图所示。
- **差集：**单击该按钮，将保留形状的非重叠部分，重叠部分为透明，保留最前面形状的填充，如下右图所示。

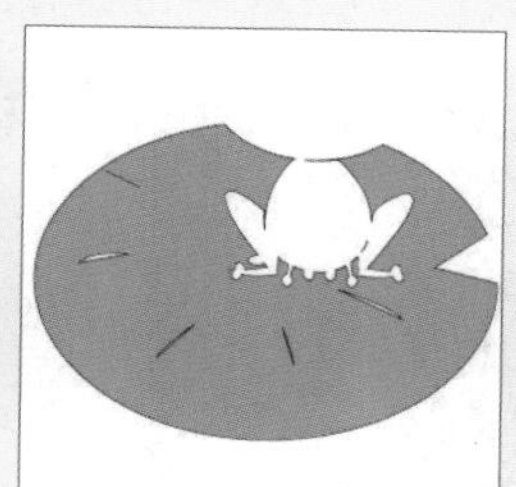

- **分割：**单击该按钮，将对形状重叠区域进行分割，分割后自动编组取消组合后，各部分以独立形状存在，可以填充不同的颜色，如下左图所示。
- **修边：**单击该按钮，将删除填充对象被隐藏部分，删除所有描边，修边后取消组合，效果如下中图所示。
- **轮廓：**单击该按钮，可以将对象分割为其组件线段或边缘，如下右图所示。

上机实训：制作相机杂志广告

通过本章内容的学习，相信用户已经掌握图形编辑的相关知识，下面以设置水平镜像为要点，制作相机杂志广告。本案例涉及的知识点比较多，如矩形工具、圆角矩形工具、文字工具、创建剪切蒙版和编辑不透明度蒙版的应用等，下面介绍具体操作步骤。

步骤 01 首先创建一个空白文档，具体参数设置如下左图所示。

步骤 02 使用矩形工具在画板中绘制矩形，在控制栏中单击“变换”按钮，在弹出的面板中设置宽度和高度值，如下右图所示。

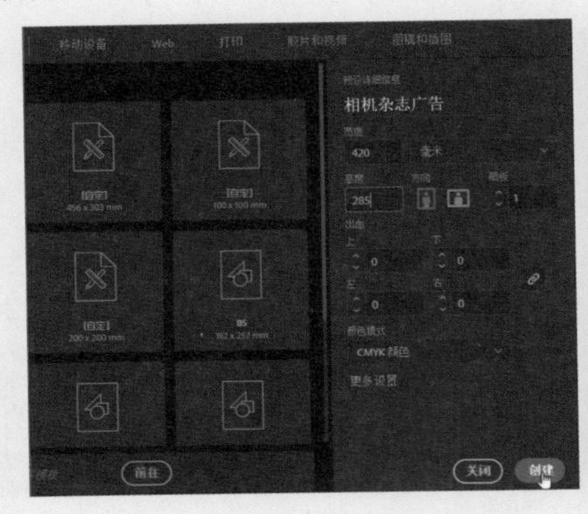

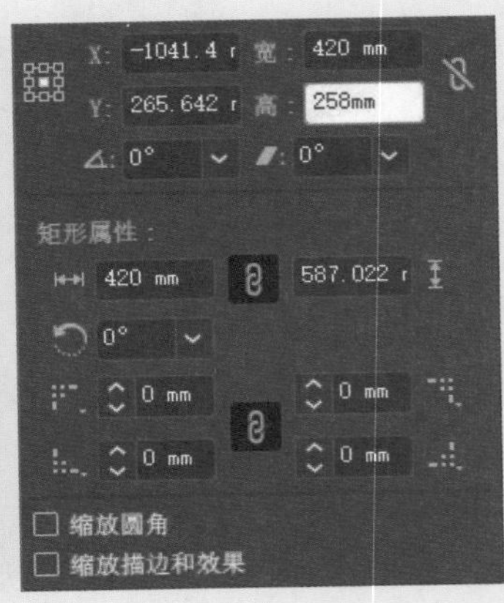

步骤 03 对矩形执行填充操作，设置CMYK的值为93、88、89、80，设置描边颜色为无，按下Ctrl+2组合键锁定对象并置入相机素材，如下左图所示。

步骤 04 调整图片位置和大小，使用矩形工具在画板上绘制矩形，使绘制的矩形覆盖图片，如下右图所示。

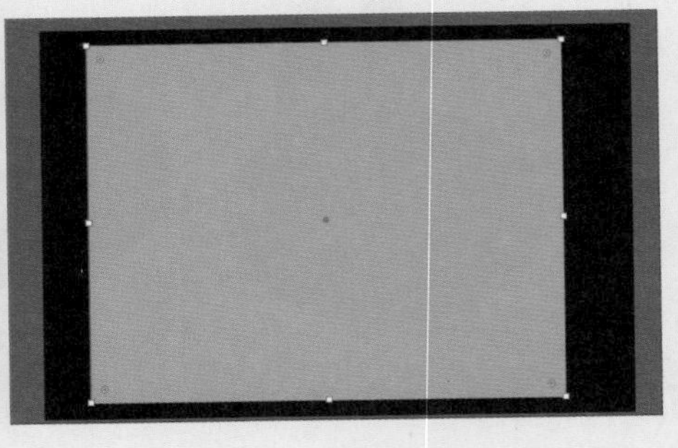

步骤 05 选择绘制的矩形和图片，按下Ctrl+Shift+F10组合键，打开“透明度”面板，建立不透明蒙版，如下左图所示。

步骤 06 进入编辑不透明蒙版状态，按下Ctrl+F9组合键，打开“渐变”面板，将“类型”设置为“线性”，角度设置为-90°，效果如下右图所示。

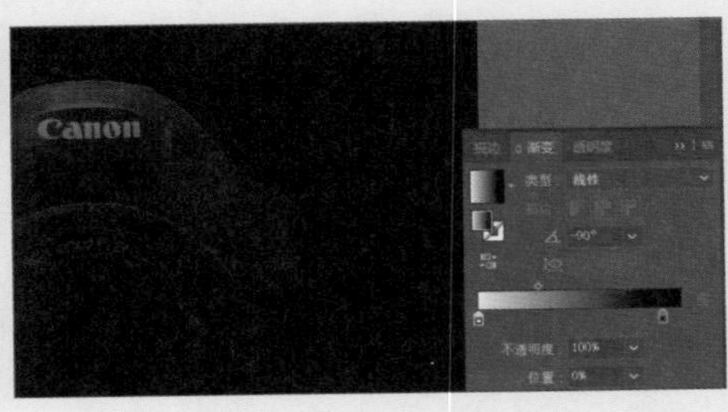

步骤 07 选择椭圆形工具，在相机下方绘制椭圆，打开“渐变”面板，设置椭圆渐变的颜色，效果如下左图所示。

步骤 08 按Shift+F6组合键打开“外观”面板，单击“添加新效果”按钮，在下拉列表中选择“风格化>羽化”选项，如下右图所示。

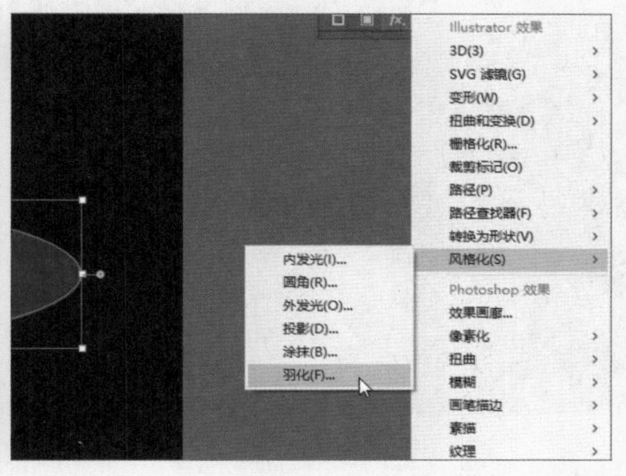

步骤 09 弹出“羽化”对话框，将半径设置为30mm，单击“确定”按钮，如下左图所示。

步骤 10 绘制420×60mm的矩形，在“对齐”面板中设置对齐所选对象为“对齐面板”，分别单击“水平居中对齐”和“垂直底对齐”按钮，如下右图所示。

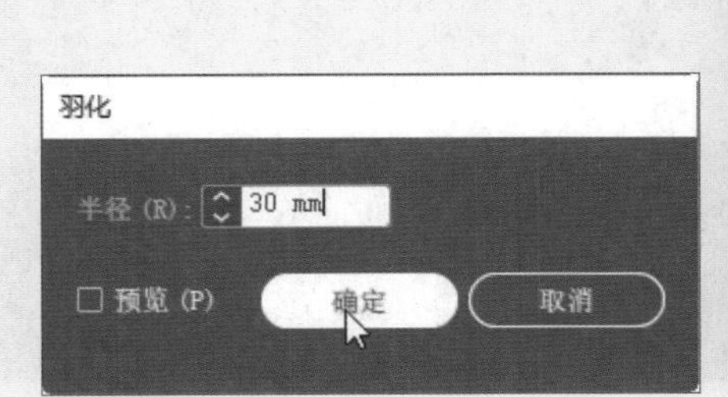

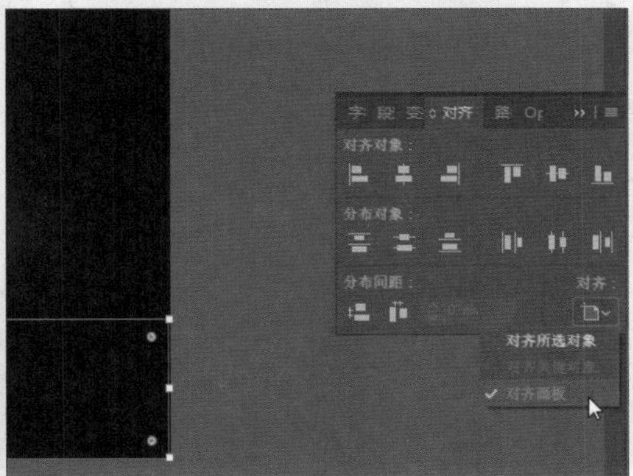

步骤 11 选择矩形，在“渐变”面板中设置渐变颜色，效果如下左图所示。

步骤 12 再置入相机素材，调整位置和大小后，设置水平镜像效果，形成倒影，如下右图所示。

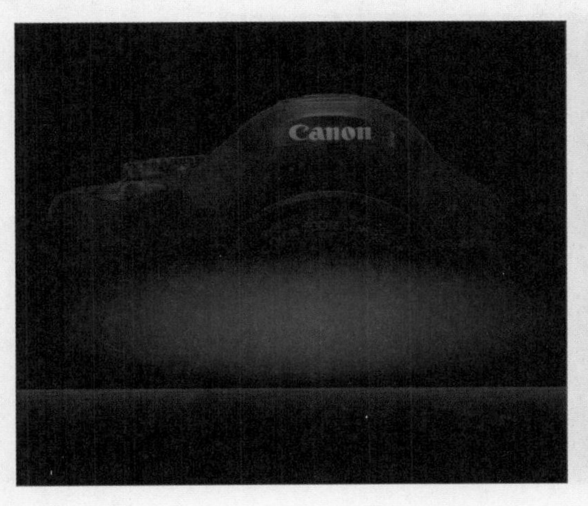

步骤 13 选择一张镜像后的图片，按M键绘制矩形覆盖图片，然后设置渐变效果，如下左图所示。

步骤 14 同时选中渐变矩形和相机倒影图片，建立不透明蒙版，如下右图所示。

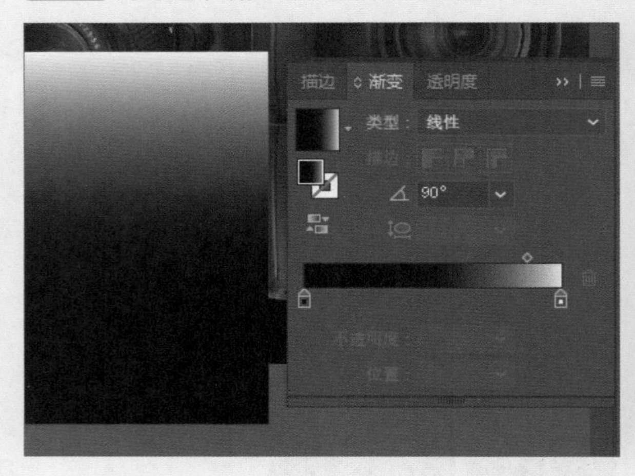

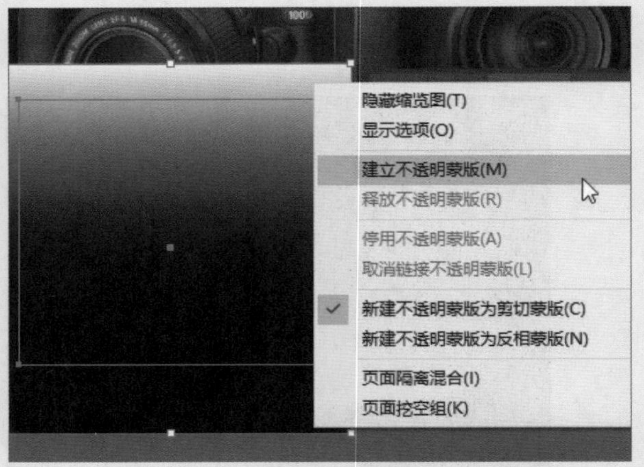

步骤 15 同样方法设置其他图片倒影效果，并适当调整位置，效果如下左图所示。

步骤 16 激活文字工具，输入Canon70D和Canon文本并分别设置字体格式，效果如下右图所示。

步骤 17 继续输入文字“佳能　感动常在”，设置字体为隶书，文字大小为60pt，并设置不透明度为60%，适当调整位置。至此，相机杂志广告制作完成，最终效果如下图所示。

课后练习

1. 选择题

（1）在Illustrator中，选中形状并打开“偏移路径”对话框后，将“位移”设置为正数时，选中的路径将（　　）扩展。

A. 向内　　B. 向左　　C. 向右　　D. 向外

（2）使用变形工具对路径进行变形，可以在工具箱中选择变形工具，也可按（　　）组合键。

A. Ctrl+R　　B. Shift+F　　C. Shift+R　　D. Ctrl+F

（3）在Illustrator中对图形进行镜像操作时，需要打开“镜像”对话框设置角度，用户可以双击工具箱中的镜像工具按钮，也可以执行（　　）命令打开该对话框。

A. 对象>变换>对称　　B. 对象>形状>对称

C. 对像>变换>镜像　　D. 对象>形状>镜像

（4）在Illustrator软件中创建混合对象时，可以选择工具箱中的混合工具，也可按（　　）组合键。

A. Shift+Ctrl+B　　B. Shift+Ctrl+F

C. Alt+Ctrl+B　　D. Alt+Ctrl+F

2. 填空题

（1）在Illustrator中，如果需要将对象的描边路径独立出来，可执行__________命令，独立描边后可对其进行填充等操作。

（2）使用封套扭曲对对象进行扭曲变形时，Illustrator软件为用户提供3种方式，分别为__________、__________和__________。

（3）使用扇贝工具时，按__________键并拖动鼠标左键可以调整笔尖的大小和形状。

（4）创建混合对象后，若需要按指定的路径进行混合，可以先绘制路径，然后选中路径和混合对象，然后执行__________命令。

3. 上机题

通过本章内容的学习，用户可以使用晶格化工具和混合对象功能绘制瓶盖图形，效果如下图所示。

Chapter 04 图形的填充上色

本章概述

在Illustrator中对图形对象进行编辑时，经常需要执行填充和描边操作。用户不仅可以为图形填充纯色、渐变、图案，还可以进行实时上色。熟练掌握这些操作，可以大大提高工作的效率。

核心知识点

1. 掌握填充和描边的方法
2. 熟悉颜色的模式并掌握编辑颜色的方法
3. 掌握实时上色的方法
4. 掌握渐变和渐变网格的应用

4.1 填充和描边的应用

Illustrator中的矢量图形包括两部分颜色设置，分别为填充和描边。图形创建完成后，用户可以为其填充颜色或图案等，使图形更加美观，栩栩如生。

4.1.1 填充和描边的概念

在学习如何为矢量图形上色之前，首先介绍填充和描边的概念。填充主要是对图形内部添加颜色，而描边是为图形的轮廓设置颜色。

1. 填充

填充是指在矢量图形内部填充纯色、渐变或图案的操作。在Illustrator中除了可以为图形填充颜色，还可以为开放的路径或文字执行填充操作。下左图为纯色填充效果，下中图为渐变填充效果，下右图为图案填充效果。

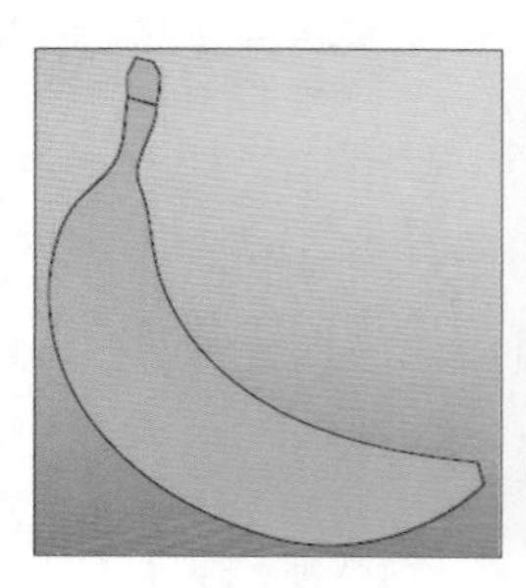
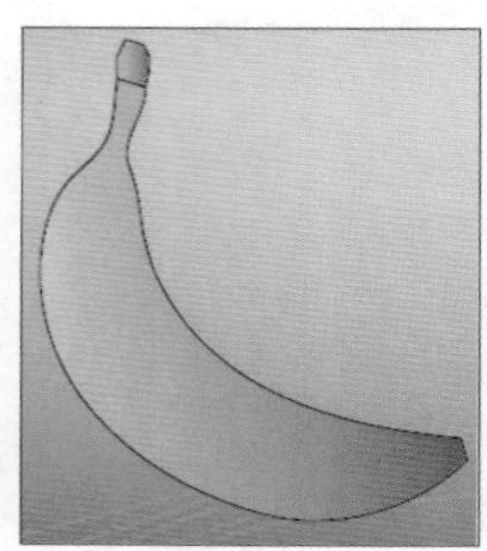
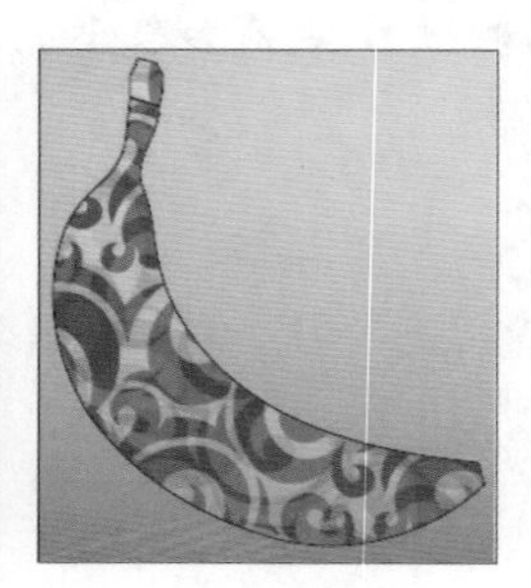

2. 描边

描边是指为图形对象的轮廓或文字的边缘设置填充效果，也可以填充纯色、渐变或图案。下左图为纯色描边效果，下中图为渐变描边效果，下右图为图案描边效果。

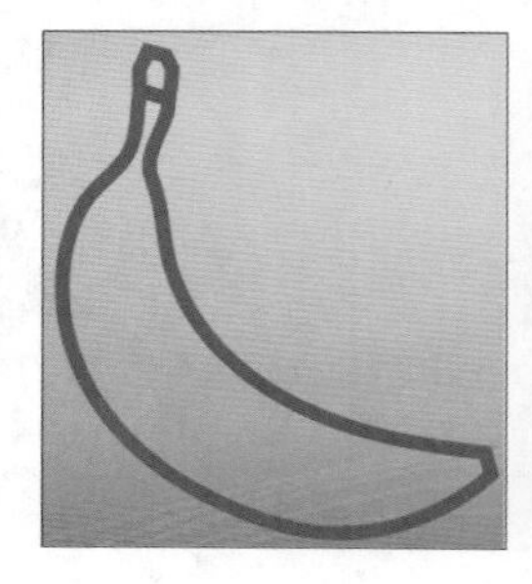
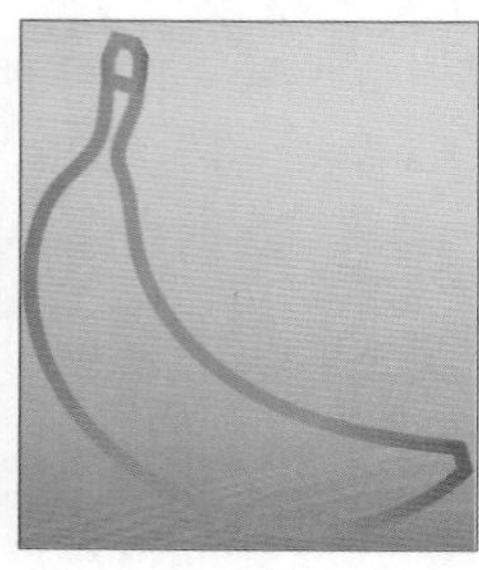

4.1.2 设置填充和描边

在Illustrator中设置填充和描边的方法有很多种，用户可以在“颜色”或“色板”面板中设置，也可以使用工具箱中的相关按纽进行设置，还可以使用吸管工具进行设置。

1. 使用工具面板设置填充和描边

用户可以使用工具箱中的相关按纽设置图形的填充或描边效果，还可以通过“颜色”或“色板”等面板进行设置。下面介绍具体操作方法。

步骤 01 打开Illustrator软件后绘制图形，选择需要设置填充和描边的图形，如下左图所示。

步骤 02 在工具箱中的相关按纽显示了选中图形的填充和描边属性，如果需要为图形设置填充颜色，首先需要选中“填色”图标，将其设为当前编辑状态，如下右图所示。

步骤 03 单击工具箱左下角的“颜色”按钮，光标将变为吸管形状，在打开的“颜色”面板中吸取颜色，如下左图所示。

步骤 04 此时选择的图形填充了吸取的颜色，效果如下右图所示。

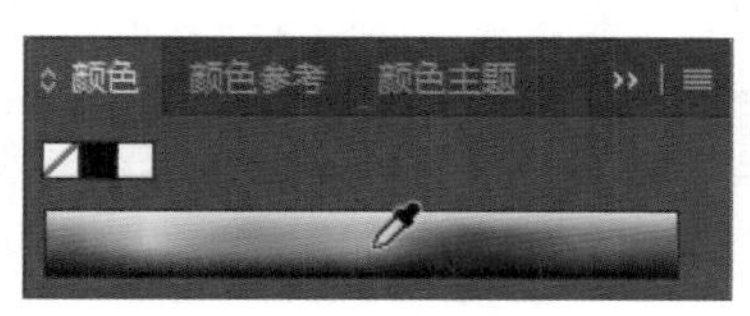

步骤 05 用户也可以执行“窗口>色板”命令，在打开的“色板”面板中设置填充颜色，如下左图所示。

步骤 06 在工具箱中单击“描边”图标，即可将其设置为当前编辑状态，如下右图所示。

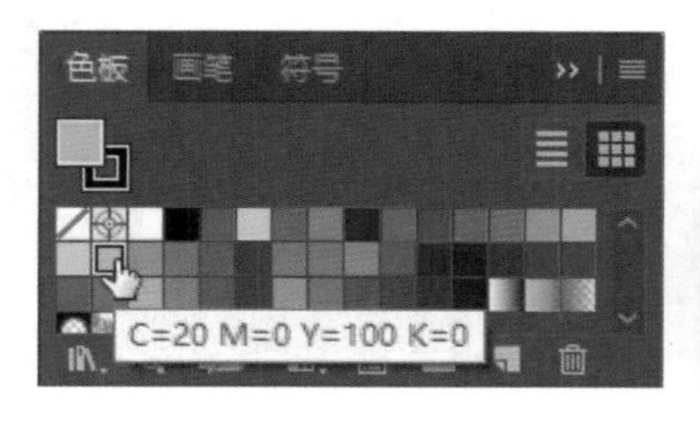

步骤 07 执行“窗口>色板”命令，打开“色板”面板，选择合适的描边颜色，如下左图所示。用户还可以在“描边”和“画笔”面板中设置描边的属性。

步骤 08 设置完成后查看描边的效果，如下右图所示。

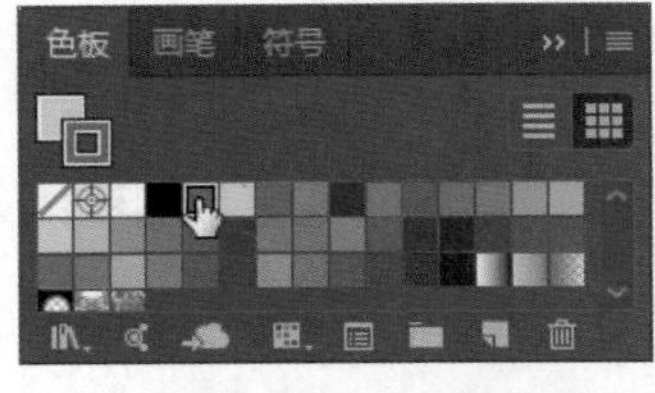

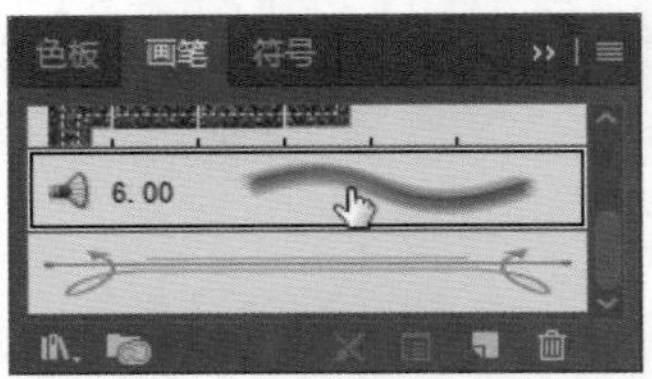

提示：在“色板”面板中切换填充和描边

单击“色板”面板左上角的“填充”和“描边”图标，切换填充和指边模式，然后选择所需的颜色或图案。

2. 使用吸管工具设置填充和描边

使用吸管工具可以吸取对象的填充、描边和各种外观属性。双击工具箱中的吸管工具，在打开的“吸管选项”对话框中设置使用吸管取样的属性，如透明度、填色、描边、字符和段落等，如右图所示。

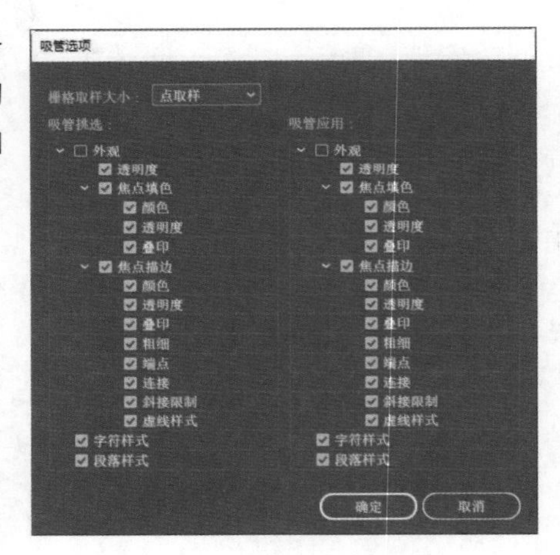

使用选择工具选择需要填充和描边的对象，然后选择吸管工具，当光标变为吸管形状时移至需要取样的对象上，如下左图所示。单击即可拾取该图形的填充和描边，并应用至所选对象上，如下右图所示。

提示：在控制栏设置填充和描边

使用选择工具选择图形，在控制栏中单击填色或描边右侧的下拉按钮，在打开的面板中选择合适的颜色，如右图所示。

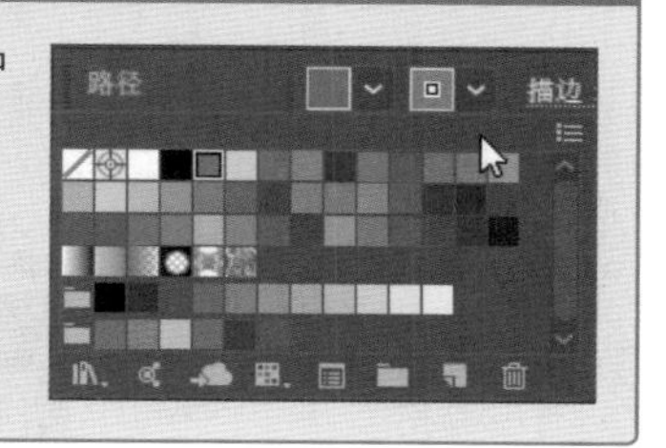

3. 互换填色与描边

互换填色与描边功能可以将对象的填色和描边属性相互调换。选择对象，如下左图所示。单击工具箱中的“互换填色和描边”按钮，如下中图所示。可见选中的对象互换填色和描边属性，效果如下右图所示。

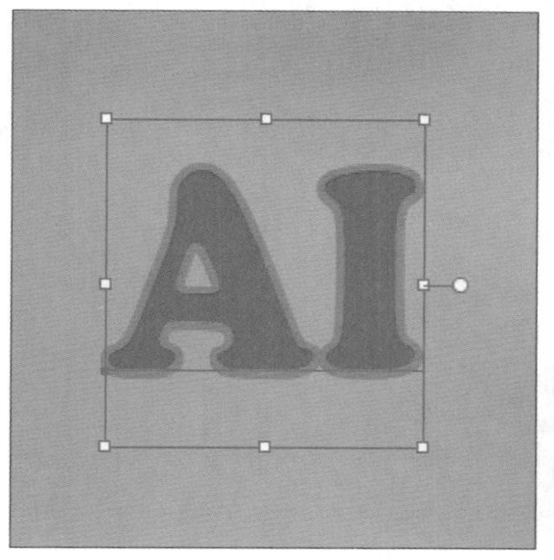

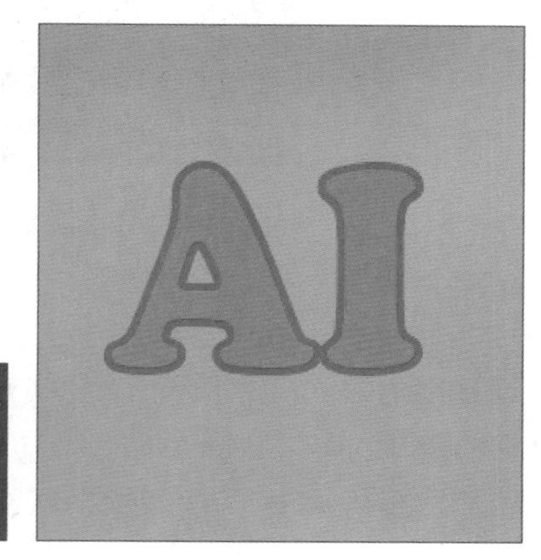

4.2 颜色的选择与编辑

在Illustrator中用户可以根据图稿的要求选择所需的颜色，该软件提供多种选择颜色的方法，如工具箱、面板和对话框。用户还可以在“编辑>编辑颜色”下拉菜单中选择相应的命令，对图形的颜色执行编辑操作。

4.2.1 颜色模型与颜色模式

为图稿选择颜色是熟练使用Illustrator软件的重要操作，在选择颜色之前先介绍颜色模型和颜色模式的相关知识。

颜色模型用于描述在数字图形中看到和用到的各种颜色，常用的颜色模型包括RGB、CMYK或HSB3种。每种颜色模型分别表示用于描述颜色和对颜色进行分类的不同方法，“拾色器”对话框中包含了这3种颜色模型，如右图所示。

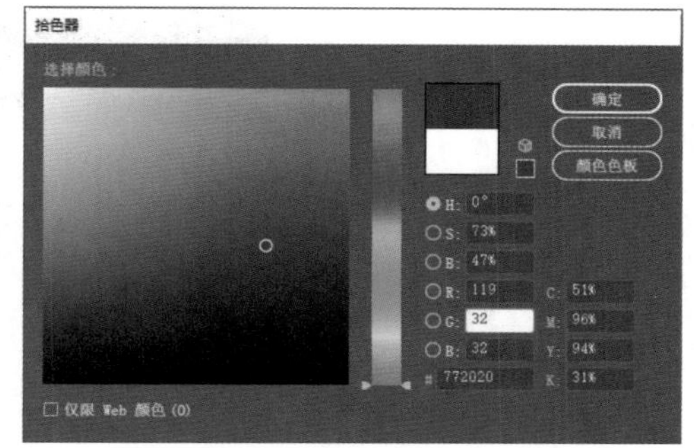

在“拾色器”对话框中可以通过设置不同颜色模型的数值来更改显示的颜色。可见处理图形的颜色，其实就是调整文件中的颜色值。用户很容易将某数字看作一种颜色，其实数值的本身并不是绝对的颜色，而是在生成颜色设备的色彩空间内具备的颜色含义。

颜色模式用于显示和打印所处理图稿颜色的方式。用户选择某种颜色模式，就相当于选用了某种特定的颜色模型。常用的颜色模式有CMYK模式、RGB模式和灰度模式等。

4.2.2 拾色器

在Illustrator中双击工具箱、“渐变”面板或“色板”面板中填色或描边图标，即可打开“拾色器”对话框，如下图所示。

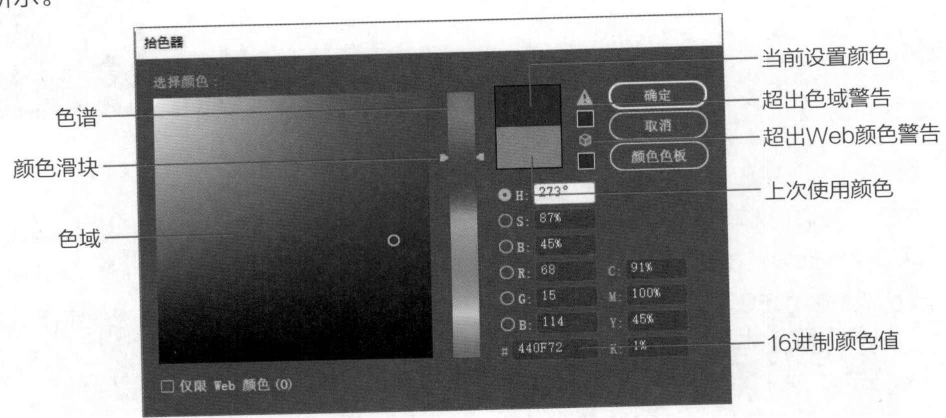

下面介绍“拾色器”对话框各参数的含义。

- **色谱/颜色滑块：** 在色谱中通过滑块定义色相。
- **色域：** 定义色相后，在色域中移动光标选择当前设置颜色。
- **当前设置的颜色：** 显示用户当前在色域中选择的颜色。
- **上次使用颜色：** 显示打开该对话框之前原有的颜色，若将当前设置的颜色恢复至上次使用颜色，只需单击该色块。
- **仅限Web颜色：** 勾选该复选框后，在色域中显示Web安全色，如下图所示。

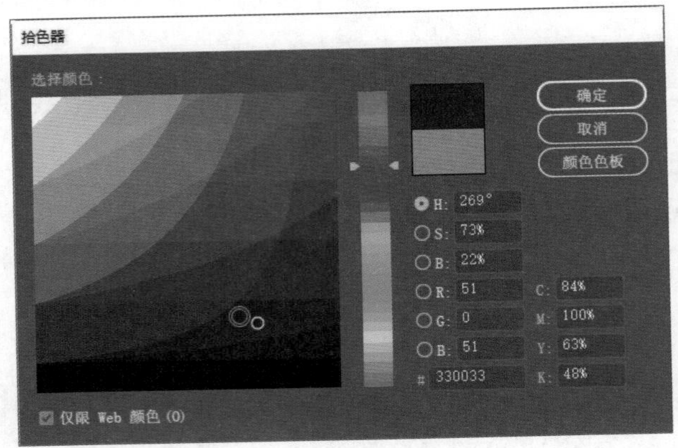

- **超出色域警告：** 如果当前设置的颜色无法用油墨打印出来，就会出现该图标，只需单击下方色块即可替换为可打印颜色。
- **超出Web颜色警告：** Web颜色是浏览器使用的颜色，如果当前选择的颜色不能在网络准确显示，就会出现该图标，单击下方色块，即可替换颜色。
- **颜色色板：** 单击该按钮，在该对话框中显示颜色色板。
- **HSB颜色值/RGB颜色值：** 用户可以在对应的数值框中输入数值来精确定义颜色，也可选择相应的单选按钮来显示不同的色谱。
- **CMYK颜色值：** 设置印刷色的颜色值。
- **十六进制颜色值：** 在数值框中输入十六进制的值来定义颜色。

4.2.3 混合颜色

使用Illustrator软件中的颜色编辑功能，可以根据3个或3个以上的填色对象创建一系列中间色。混合颜色的方式主要有前后混合、垂直混合和水平混合3种。执行混合操作时不会影响对象的描边。

- **前后混合：** 将最前面和最后面对象的颜色混合，并填充至中间对象。选择所有对象，如下左图所示。然后执行“编辑>编辑颜色>前后混合”命令，效果如下右图所示。

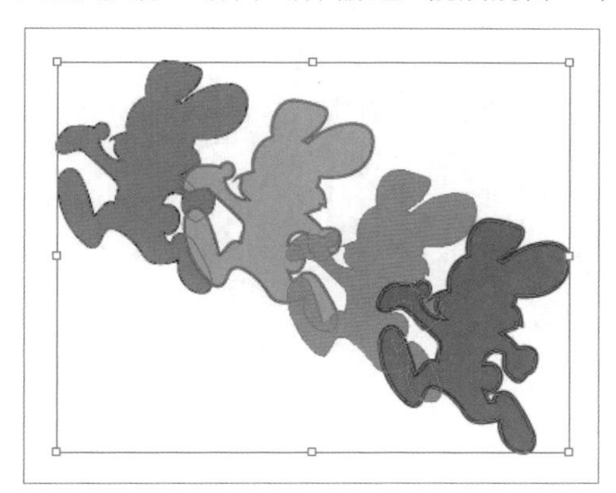
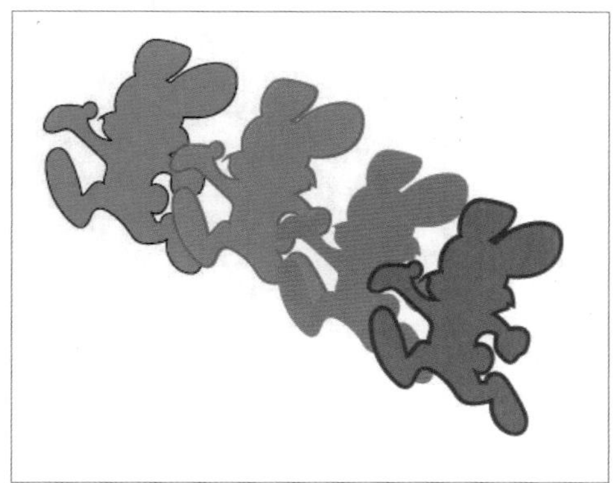

- **垂直混合：** 将最顶层和最底端对象的颜色混合并填充至中间对象。下左图为垂直混合前效果，下右图为垂直混合后的效果。

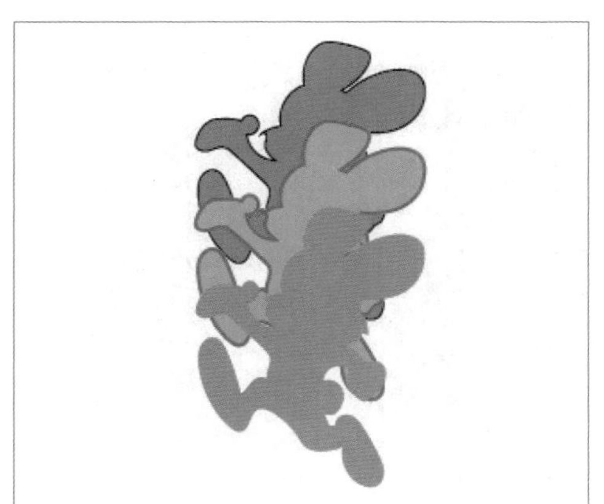
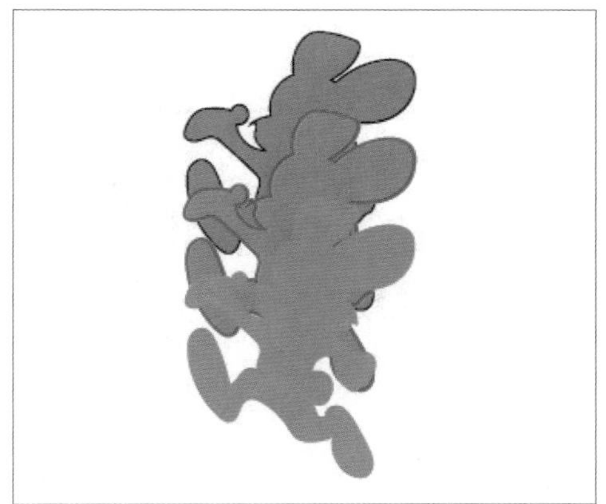

- **水平混合：** 将最左侧和最右侧对象的填充色混合，然后填充至中间对象。下左图为水平混合颜色前的效果，下右图为水平混合颜色后的效果。

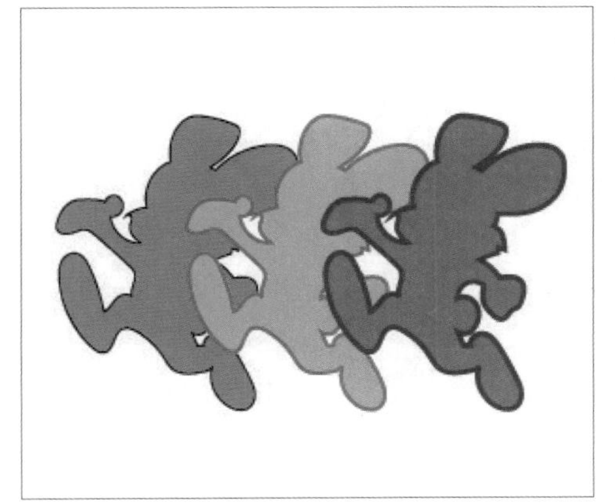

4.2.4 反相颜色

反相颜色是指将对象中的颜色调整为颜色标度上相反的值，从而生成照片的负片效果。选择对象，如下左图所示。执行“编辑>编辑颜色>反相颜色”命令，即可将选中的对象进行反相颜色，如下右图所示。

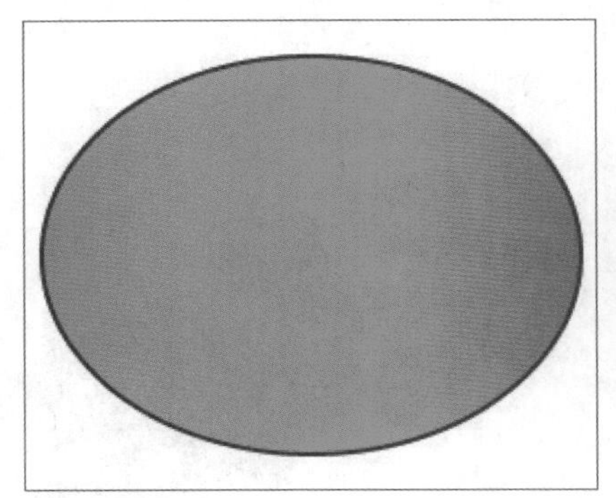

4.2.5 调整色彩平衡

用户可以通过“调整色彩平衡”命令调整对象颜色的色彩平衡。首先选择对象，如下左图所示。执行“编辑>编辑颜色>调整色彩平衡”命令，打开“调整颜色”对话框，如下右图所示。在打开的对话框中设置不同的颜色模式，其图形的效果也不一样。

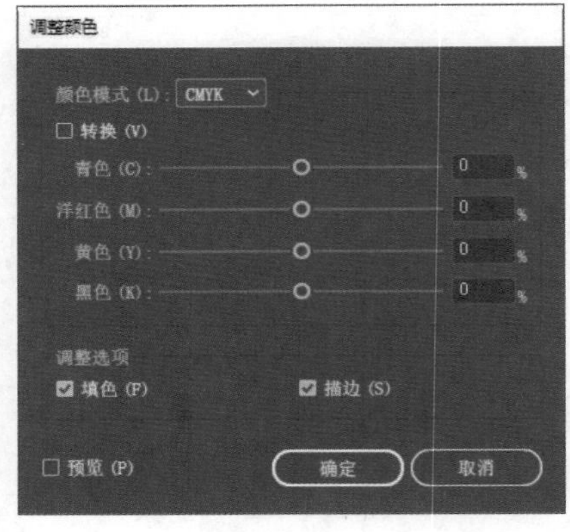

下面介绍“调整颜色”对话框中各参数的含义。

- **灰度：**单击“颜色模式”下拉按钮，选择“灰度”选项，可以将选择对象的颜色转换为灰度，然后勾选“转换”复选框，设置黑色的百分比，如下左图所示。效果如下右图所示。

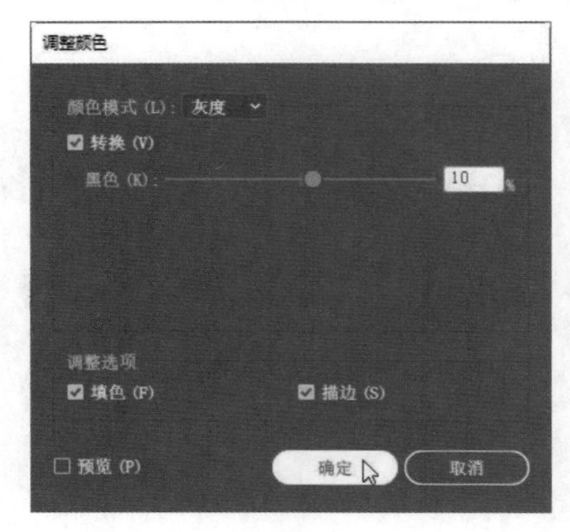

- **RGB**：在“颜色模式”下拉列表中选择RGB选项，可以设置“红色”、“绿色”和“蓝色”的百分比。
- **CMYK**：选择该颜色模式，通过拖动颜色滑块，可以设置“青色”、“洋红色”、“黄色”和“黑色”的百分比，如下左图所示。效果如下中图所示。
- **全局**：选择该选项后，可以调整全局印刷色和专色，不会影响非全局印刷色。
- **填色/描边**：勾选“填色”复选框，可以调整对象的填充颜色；勾选“描边”复选框，可调整对象的描边颜色。选择“灰度”选项，只勾选“填色”复选框，效果如下右图所示。

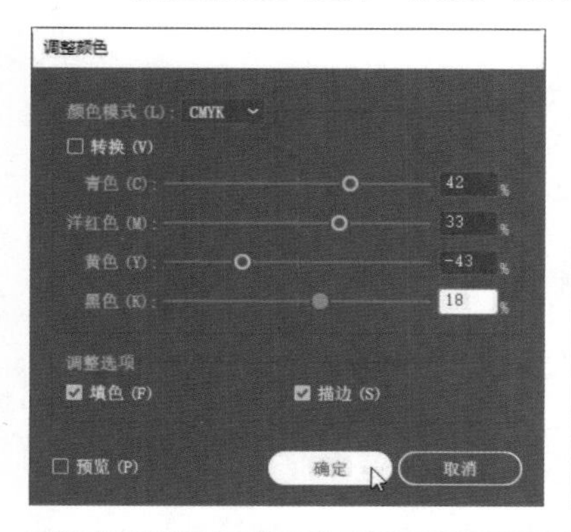

提示：为位图调整颜色

若用户需要对位图进行颜色调整，需要以嵌入的方式置入位图对象至Illustrator中。选中置入文档中的位图，如下左图所示。打开“调整颜色”对话框，设置“颜色模式”为CMYK，设置各颜色的百分比，单击“确定”按钮，效果如下右图所示。

4.2.6 调整饱和度

使用“调整饱和度”命令可以调整对象的颜色或专色色调，从而影响颜色的饱和度。选中对象，如下左图所示。执行“编辑>编辑颜色>调整饱和度”命令，打开“饱和度”对话框。拖曳“强度”滑块，调整“强度”的百分比为-60%，如下右图所示。

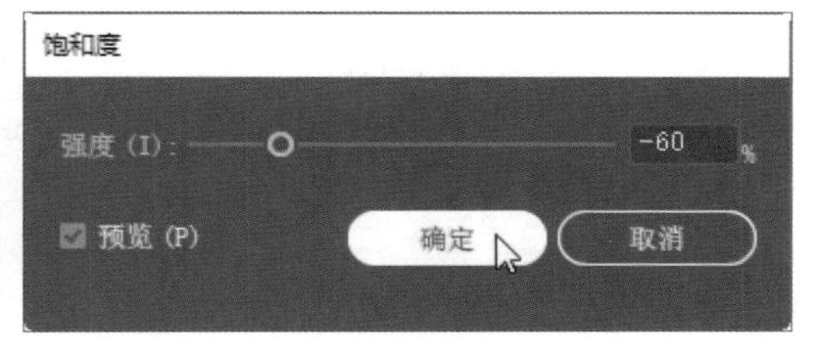

设置完成后单击“确定”按钮，效果如右图所示。设置饱和度强度百分比时，范围值在-100%到100%之间。

4.2.7 将颜色转换为灰度

使用“转换为灰度”命令可以将颜色转换为灰度。打开Illustrator软件并选中对象，如下左图所示。执行“编辑>编辑颜色>转换为灰度”命令，效果如下右图所示。

4.3 实时上色的应用

实时上色功能是一种为图形填色的特殊方法，不仅可以为独立对象进行填色，也可以为对象的交叉区域填色，还可以为描边填色。每条路径都保持完全可编辑的特点，若移动或调整路径形状，之前应用的颜色会自动填充调整后的区域。

4.3.1 创建实时上色组

使用实时上色工具为对象的表面或轮廓上色，首先要创建实时上色组。打开Illustrator软件，绘制图形并选中，然后执行“对象>实时上色>建立”命令，即可创建实时上色组。

创建实时上色组后，可以上色的部分为对象的表面和边缘。边缘是指路径和其他路径交叉后，处于交点之间的路径部分。表面是指一条或多条边缘组成的区域。然后使用实时上色工具选择合适的填充颜色，将光标移至需要上色的区域并单击，即可为对象填充颜色。下左图为创建的实时上色组，下右图为对表面和边缘实时上色后的效果。

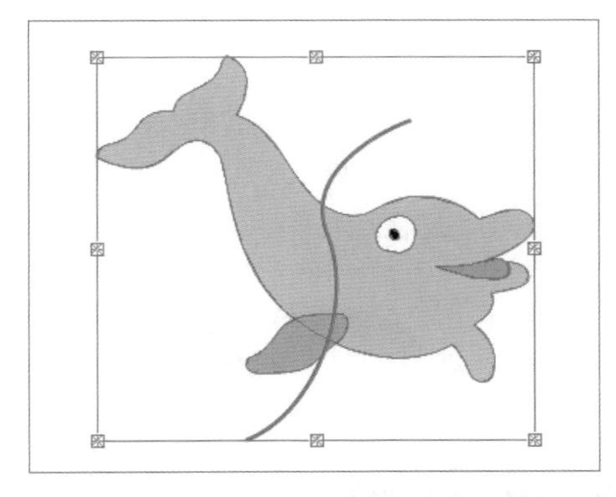

提示：使用实时上色工具创建实时上色组

选择图形，在工具箱中选择实时上色工具，即可为选中的图形创建实时上色组。

创建实时上色组后，使用直接选择工具移动路径，即可自动将颜色应用于移动路径后所创建的新区域，其上色后的边缘也随之变化，对比效果如下图所示。

在使用实时上色工具对对象表面进行填充操作时，若对对象边缘进行填充可以使用以下两种方法。第一种方法，首先在控制栏中设置描边的粗细和颜色，选择实时上色工具并按住Shift键，当光标变为画笔形状，移至路径上单击即可；第二种方法，使用实时上色选择工具选中路径，选中的路径将变为虚线形状，然后在控制栏中设置描边的属性即可。

提示：设置颜色的方法

创建实时上色组后，用户可以通过“颜色”、“色板”和“渐变”面板设置填充的颜色，然后使用实时上色工具为对象填充颜色。

4.3.2 在实时上色组中添加路径

在实时上色组中可以通过添加路径来创建新的表面和边缘。首先选中实时上色组和添加的路径，如下左图所示。然后单击控制栏中的“合并实时上色”按钮或执行“对象>实时上色>合并”命令，将路径添加至实时上色组，如下右图所示。合并后，使用实时上色工具对其进行上色即可。

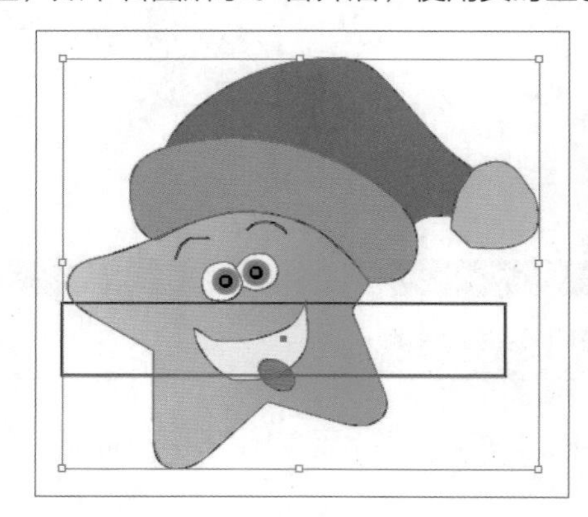

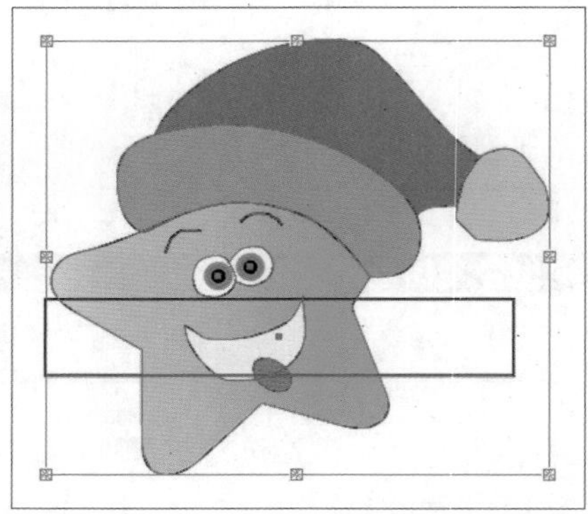

实战练习 制作彩色苹果效果

学习了创建实时上色组、使用实时上色工具以及在实时上色组中添加路径等知识后，下面介绍利用所学知识制作彩色苹果的方法，具体步骤如下。

步骤 01 打开Illustrator软件，首先绘制苹果图形，为其创建实时上色组并填充颜色，使用直线段工具绘制线段，并排列在绘制的苹果图形上，如下左图所示。

步骤 02 选中苹果图形和所有线段，然后执行“对象>实时上色>合并”命令，如下右图所示。

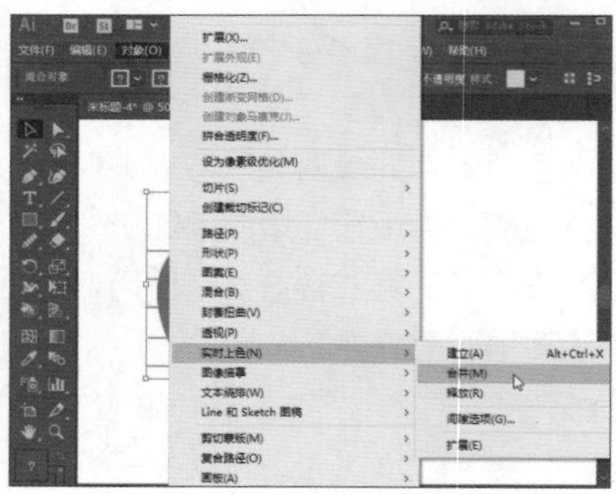

步骤 03 在控制栏中设置填充色为黄色，选中实时上色工具，在最上面的线段上方单击，即可为该区域上色，如下左图所示。

步骤 04 按照相同的方法，为不同区域填充不同的颜色，效果如下右图所示。

步骤05 在工具箱中选择实时上色选择工具，选择线段路径，设置描边为无填充，如下左图所示。

步骤06 按照同样的方法设置其他线段的描边为无填充，最终效果如下右图所示。

4.3.3 实时上色工具选项

在工具箱中双击实时上色工具按钮，可打开“实时上色工具选项”对话框，如下左图所示。双击实时上色选择工具按钮，可打开“实时上色选择选项”对话框，如下右图所示。“实时上色工具选项”对话框包括“实时上色选择选项”对话框中的选项。

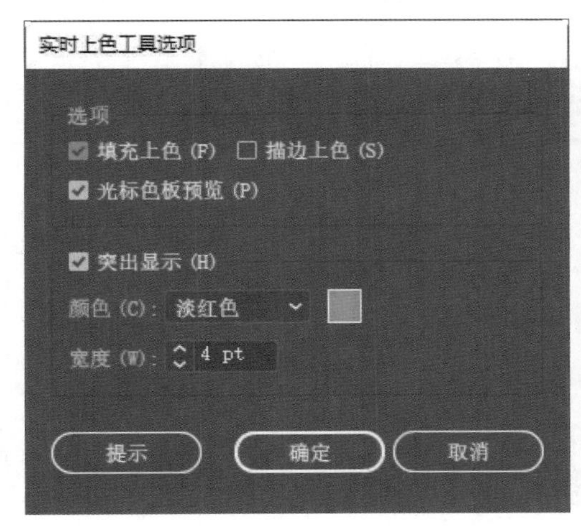

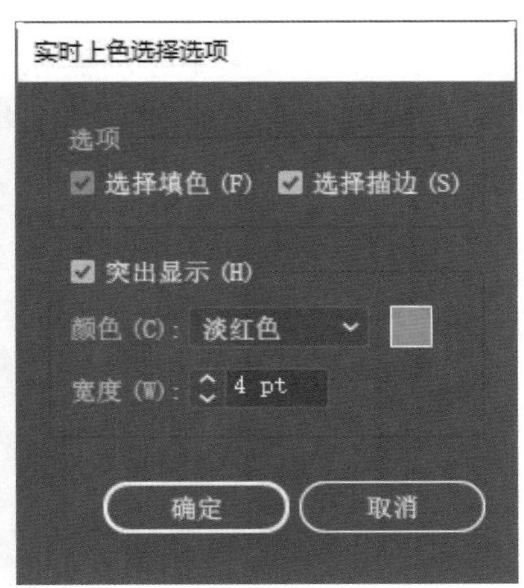

下面介绍“实时上色工具选项“对话框中各参数的含义。

- **填充上色：** 勾选该复选框，可为对象的表面执行实时上色操作。
- **描边上色：** 勾选该复选框，可为对象的边缘执行实时上色操作。
- **光标色板预览：** 勾选该复选框，使用实时上色工具时，光标左上方将出现3种颜色，分别为当前颜色，以及在“色板”面板中相邻的两种颜色，按下键盘上的向左和向右键可进行切换，如下图所示。

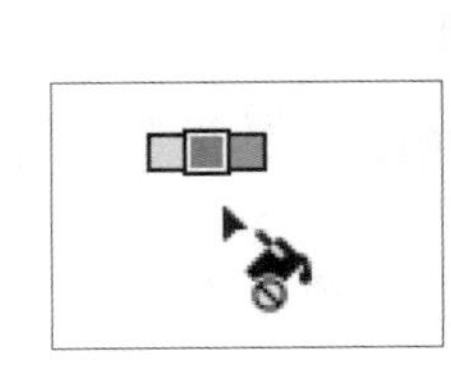
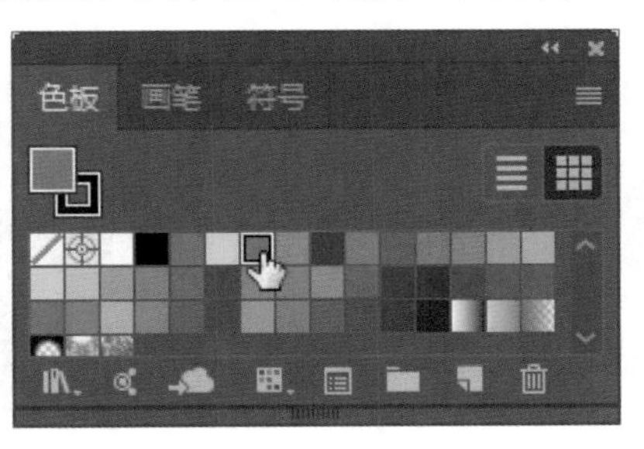

- **突出显示**：勾选该复选框后，当光标在实时上色组的表面或边缘轮廓上时，轮廓会加粗显示，如下左图所示。若取消勾选该复选框，则不显示选中区域的轮廓，如下右图所示。只有勾选该复选框，才能激活“颜色”和“宽度”选项。

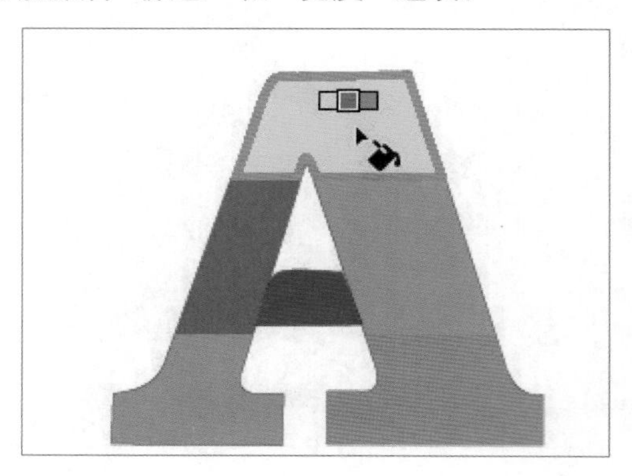
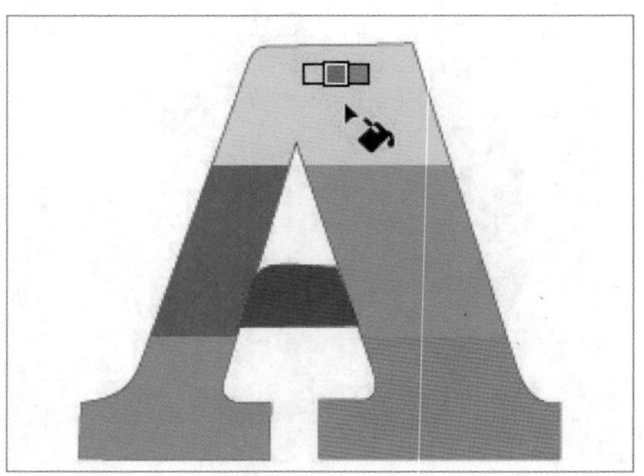

- **颜色**：用于设置突出显示的线的颜色，默认为红色。
- **宽度**：用于设置突出显示的线的粗细。

4.3.4 释放和扩展实时上色组

执行释放实时上色组命令后，选中的对象会变为无填充、轮廓为黑色0.5pt的普通路径。选中创建实时上色组的对象，如下左图所示。执行“对象>实时上色>释放”命令，释放实时上色组后的效果如下右图所示。

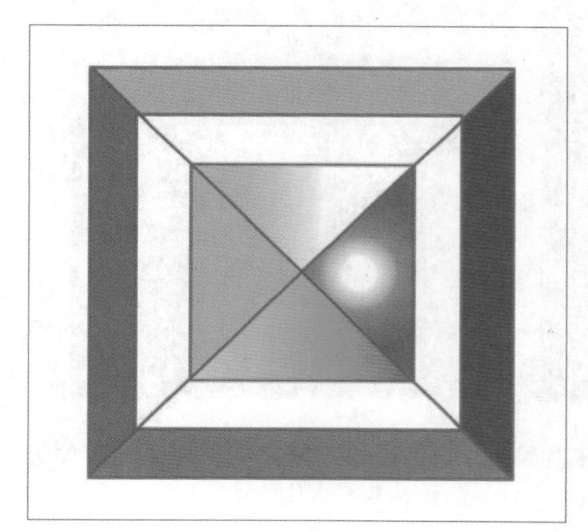
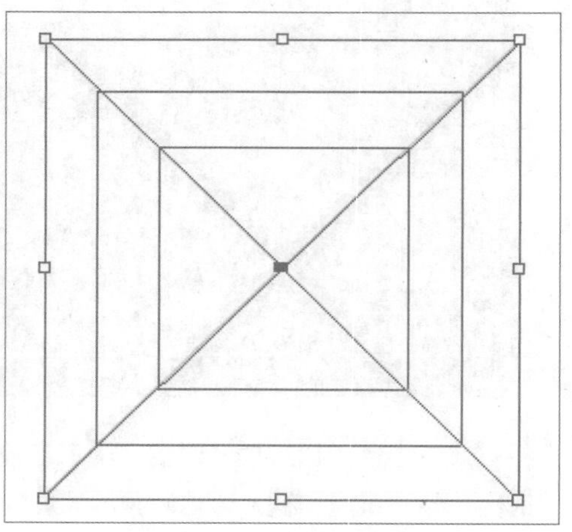

选择实时上色组，如下左图所示。执行“对象>实时上色>扩展”命令，将其扩展为多个图形，然后取消编组，即可对各部分进行编辑操作，效果如下右图所示。

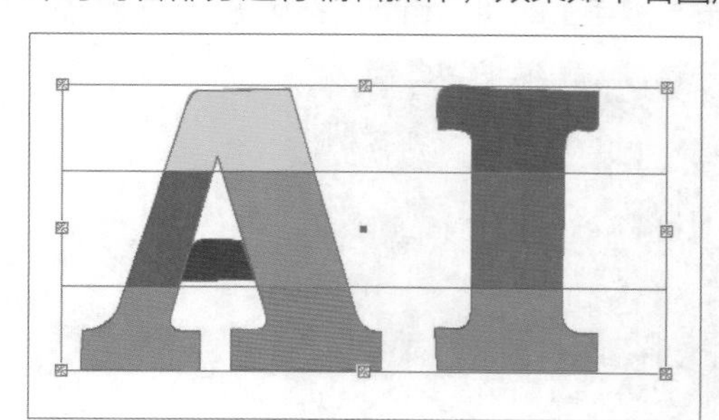
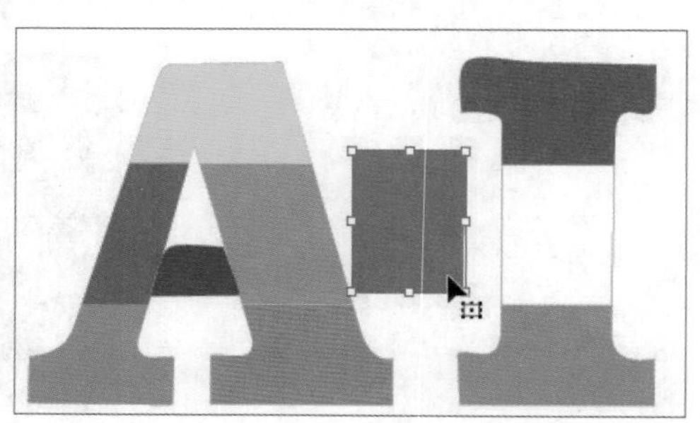

4.4 渐变和渐变网格的应用

Illustrator软件为用户提供的渐变填充功能，可以对两种或更多的颜色进行平滑地过渡，增强对象的可视效果。Illustrator软件提供了两种渐变方式，分别为线性渐变和径向渐变。

4.4.1 “渐变”面板

若需要对图形对象执行渐变填充操作，首先选中对象，如下左图所示。打开“渐变”面板并设置参数，如下右图所示。下面介绍几种常用的打开“渐变”面板的方法。

- 单击工具箱底部的“渐变”按钮，为选中对象填充默认的黑白线性渐变，并打开“渐变”面板。
- 执行“窗口>渐变”命令或按下Ctrl+F9组合键，打开“渐变”面板。
- 单击面板组中的“渐变”按钮，打开“渐变”面板。
- 双击工具箱中渐变工具按钮，打开“渐变”面板。

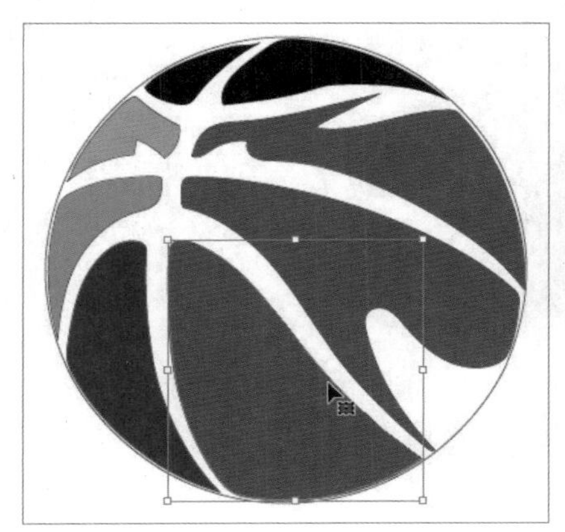

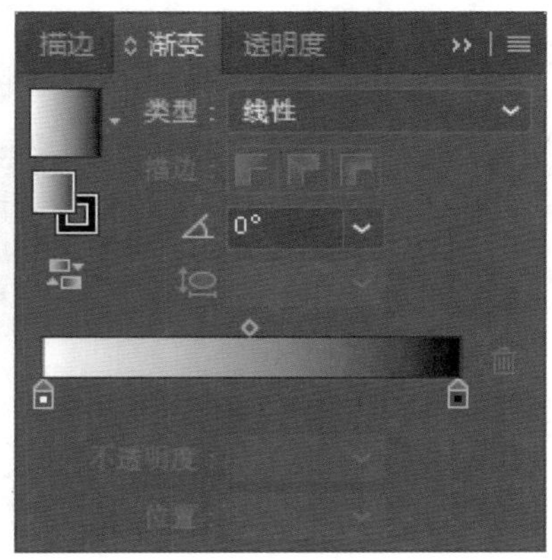

下面介绍“渐变”面板中各参数的含义。

- **渐变填色缩览框：** 用于显示当前设置的渐变颜色，单击即可应用在选择对象上，默认为黑白渐变，如下左图所示。单击右侧下拉按钮，可以选择预设的渐变选项，选择“橙色，黄色”选项的效果如下右图所示。

- **类型：** 单击右侧的下拉按钮，在下拉列表中选择渐变的类型，包括“线性”和“径向”两种，默认为“线性”，下左图为选择“类型”为“径向”的渐变效果。
- **反向渐变：** 单击该按钮，反转当前设置的渐变颜色的填充顺序，如下右图所示。

- **描边：**用于对描边执行渐变填充，默认激活“在描边中应用渐变”按钮，效果如下左图所示。单击“沿描边应用渐变”按钮，效果如下中图所示。单击“跨描边应用渐变”按钮，效果如下右图所示。

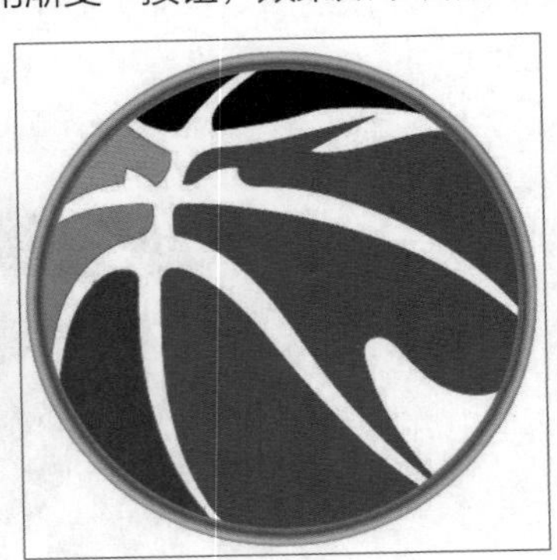

- **角度：**在数值框中设置线性渐变的角度，设置角度为45度的效果如下左图所示。
- **长宽比：**设置径向渐变时，在数值框中输入数值来创建椭圆渐变，将值设为50%的效果如下右图所示。

- **不透明度：**选中渐变滑块，设置不透明度的值，调整颜色呈现的透明效果。
- **位置：**选择渐变滑块，然后输入数值，调整该滑块的位置。

4.4.2 编辑渐变颜色

为图形对象应用渐变填充后，用户可以根据需要对其执行编辑操作，如更换颜色、设置渐变的位置以及方向，下面介绍具体操作方法。

步骤 01 打开Illustrator软件并选中需要编辑的对象，选择工具箱中的渐变工具，在图形上出现渐变批注者，如下左图所示。

步骤 02 选中左侧渐变的原点并拖曳调整其位置，然后拖曳右侧图标调整渐变的半径，效果如下右图所示。

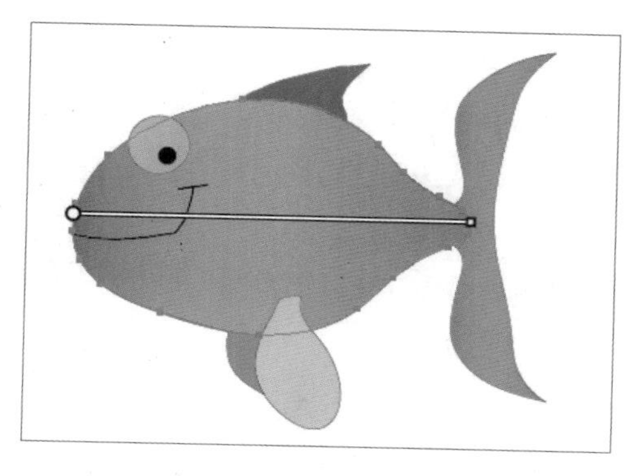

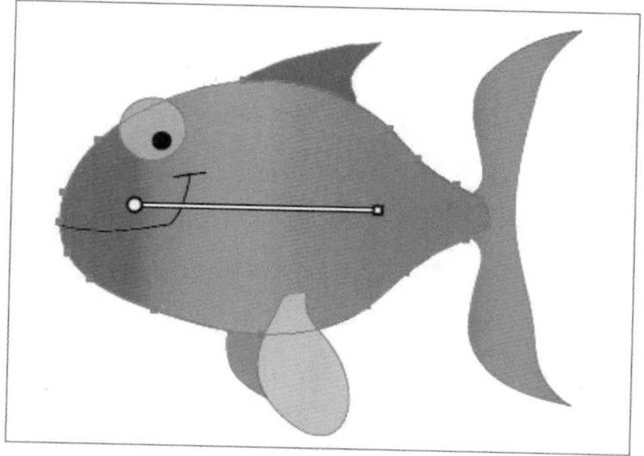

步骤 03 双击渐变批注者右侧第2个滑块，在打开的面板中设置颜色，如下左图所示。

步骤 04 拖曳滑块调整其位置，从而调整各渐变颜色的位置，效果如下右图所示。

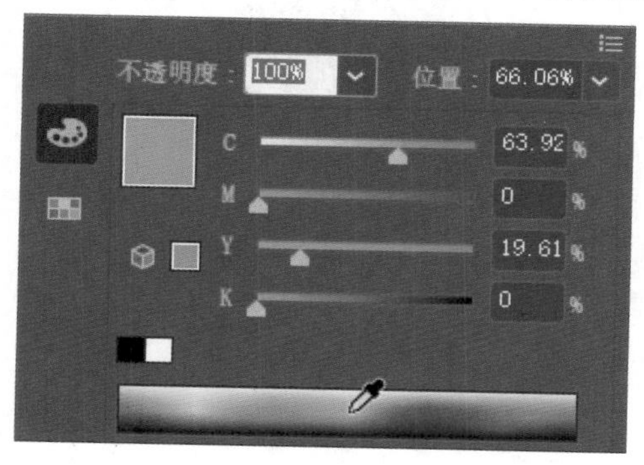

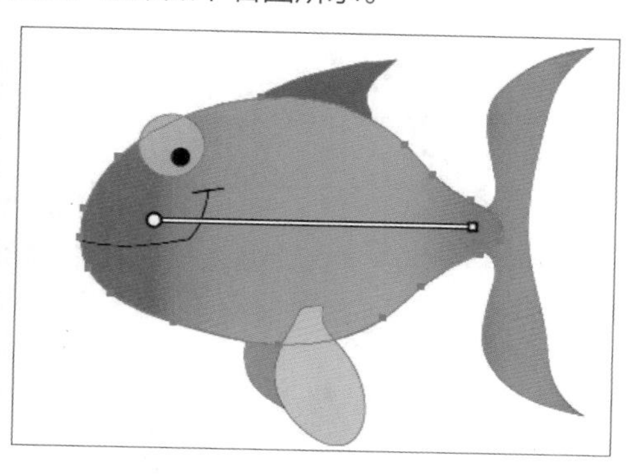

步骤 05 将光标移至右侧图标，当变为旋转形状时进行拖曳，调整渐变批注者的角度，如下左图所示。

步骤 06 可见渐变的颜色和角度都发生了变化，效果如下右图所示。

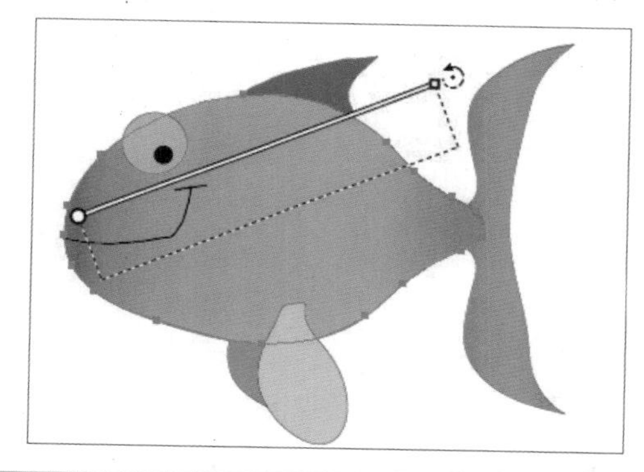

提示：编辑径向填充

如果对象的渐变方式为径向填充，编辑渐变与线性方式类似，不仅可以设置渐变原点的位置、渐变的半径和方向，还可以编辑渐变的颜色，如右图所示。

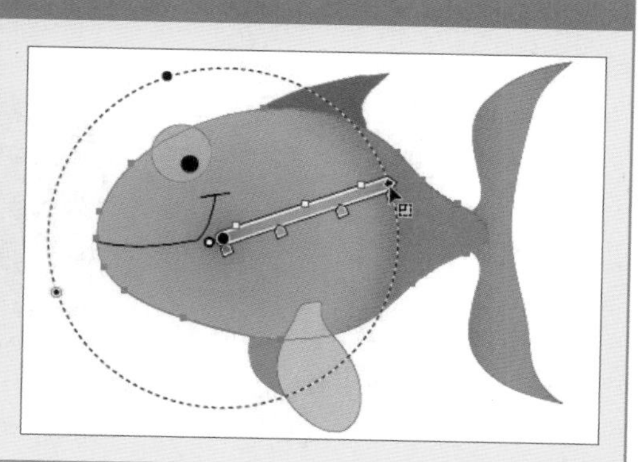

4.4.3 使用网格工具创建渐变网格

使用网格工具可以在矢量对象上创建单个或多个颜色的网格对象，形成网格。颜色可以向不同方向流动，在两种颜色之间形成平滑过渡效果。下面介绍使用网格工具创建渐变网格的方法，具体步骤如下。

步骤 01 打开Illustrator软件，创建五角星并填充为红色，如下左图所示。

步骤 02 选择工具箱中的网格工具，将光标移至图形上方并单击，即可创建网格对象，如下右图所示。

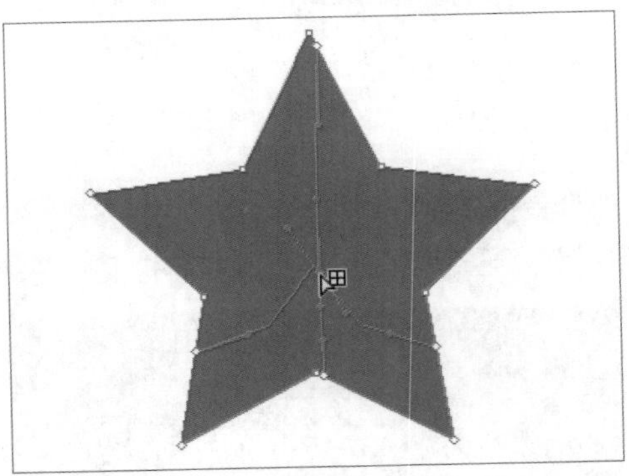

步骤 03 打开“颜色”或“色板”面板，选择所需的颜色，即可创建渐变网格，如下左图所示。

步骤 04 按住Shift键继续添加网格，然后根据需要添加渐变颜色，效果如下右图所示。

4.4.4 使用命令创建渐变网格

用户可以使用“创建渐变网格”命令，创建指定网格线数量的渐变网格。打开素材文件并选中图形，如下左图所示。执行“对象>创建渐变网格”命令，打开“创建渐变网格”对话框，如下右图所示。在对话框中设置渐变网格的数量以及外观效果后，单击“确定”按钮完成渐变网格的创建。

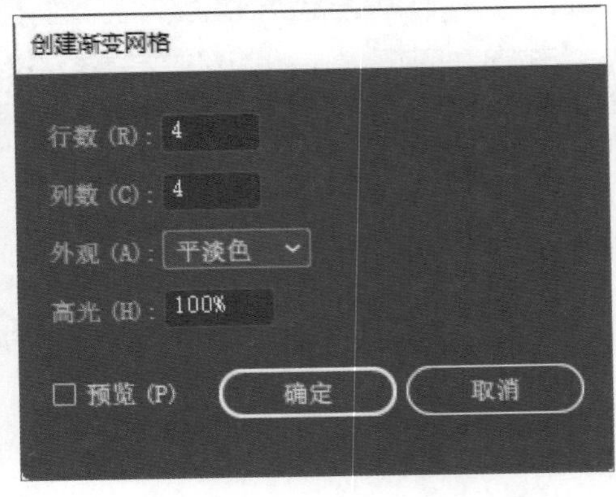

下面介绍“创建渐变网格”对话框中各参数含义。

- **行数/列数**：在右侧数值框中输入相应的数值，来设置网格线的数量，范围为1-50。
- **外观**：用于设置创建渐变网格后高光的表现形式，单击右侧下拉按钮，在下拉列表中选择所需选项。若选择“平淡色”选项，图形的颜色将均匀分布，不产生高光。若选择“至中心”选项，将在对象的中心创建高光，如下左图所示。若选择“至边缘”选项，将在对象的边缘创建高光，如下右图所示。

- **高光**：设置白色高光的强度，值为0%-100%。0%代表不将高光应用于对象；100%是将最大的白色高光应用于对象。

提示：创建渐变网格的注意事项

位图图像、文本对象和复合路径是不能创建渐变网格的。创建复杂的网格会使系统性能大大降低，因此最好在小且简单的图形上创建网格对象。

4.4.5 编辑渐变网格

创建渐变网格后，用户可以对其执行编辑操作，如删除、移动网格点或更改网格片面的颜色等。

1. 编辑网格点

打开文档后，创建圆形并填充颜色，使用网格工具为其创建渐变网格，然后设置渐变颜色，效果如下左图所示。使用网格工具在图形上单击继续创建渐变网格，按住Alt键将光标移至网格点上，在右下方出现减号时单击，即可删除该网格点，如下右图所示。使用直接选择工具或网格工具选中网格点后，按Delete键也可删除选中的网格点。

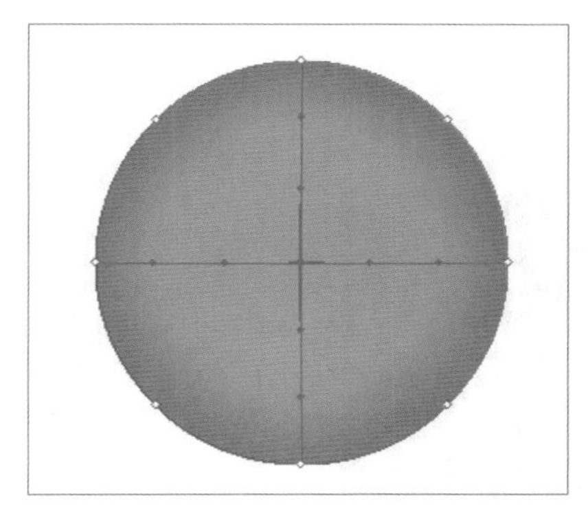

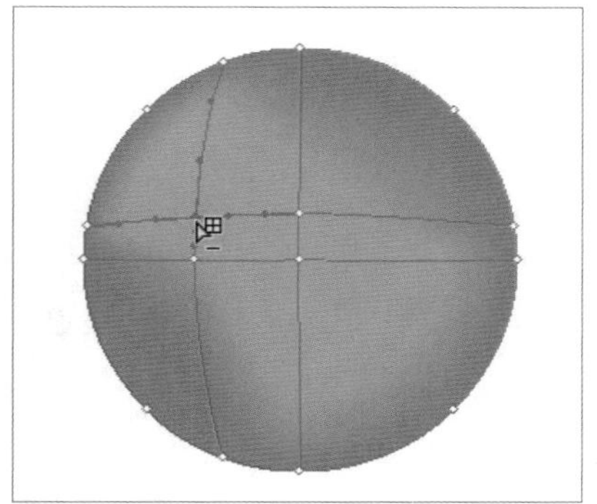

用户可使用网格工具或直接选择工具拖动网格点来移动其位置，同时将更改渐变位置，如下左图所示。如需要沿着相邻的网格线移动网格点，则按住Shift键并使用网格工具拖曳网格点即可，如下右图所示。

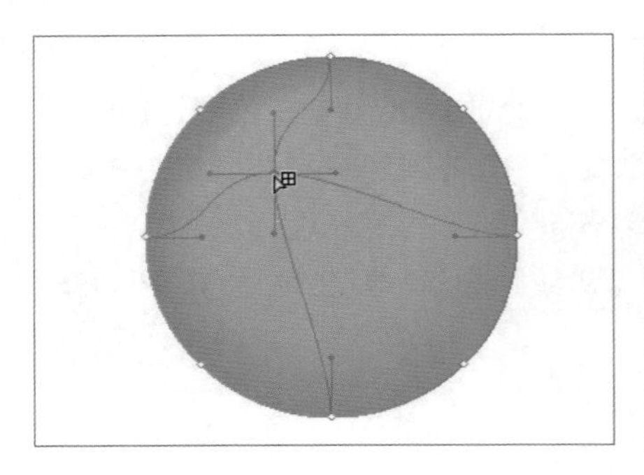
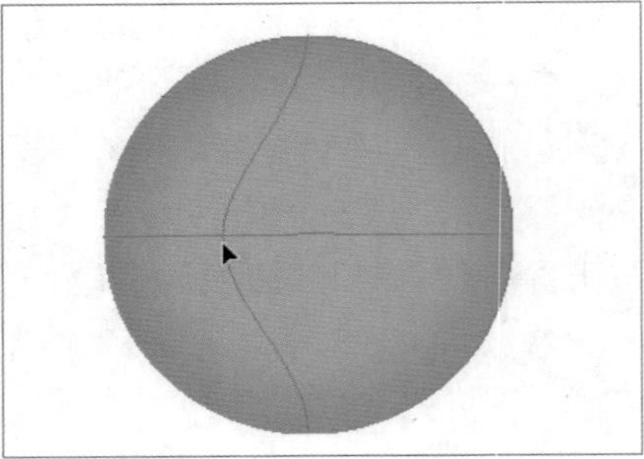

2. 编辑网格片面

用户可以根据需要为网格片面设置填充颜色。使用直接选择工具选中图形右下角的网片面，然后在“颜色”面板中设置填充颜色为洋红，效果如右图所示。

知识延伸：应用图案

Illustrator为用户提供了多种多样的图案填充，在“色板”面板中选择填充图案或执行相应的图案填充命令，都可为所选图形填充图案。此外用户还可以根据需要自定义填充图案样式。

打开素材文件，如下左图所示。选中该图形，执行“窗口>色板库>图案>自然>自然-叶子”命令，在打开的面板中选择合适的填充图案，如下中图所示。返回文档中查看为所选图形添加图案填充后的效果，如下右图所示。

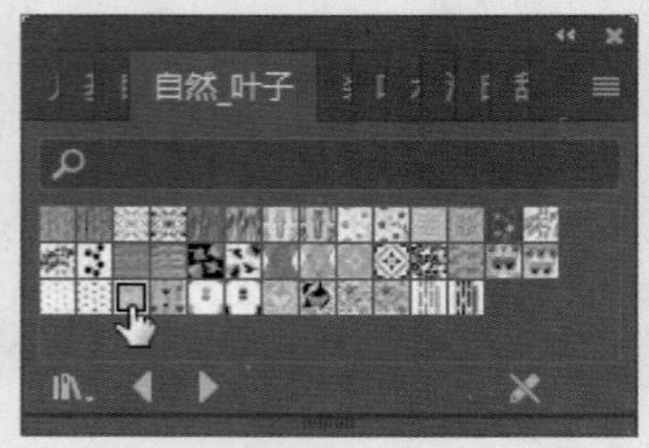

要想创建自定义图案填充样式，则先选择图形，如下左图所示。执行“对象>图案>建立”命令，打开提示对话框和“图案选项”面板，在提示对话框中单击“确定”按钮，如下右图所示。

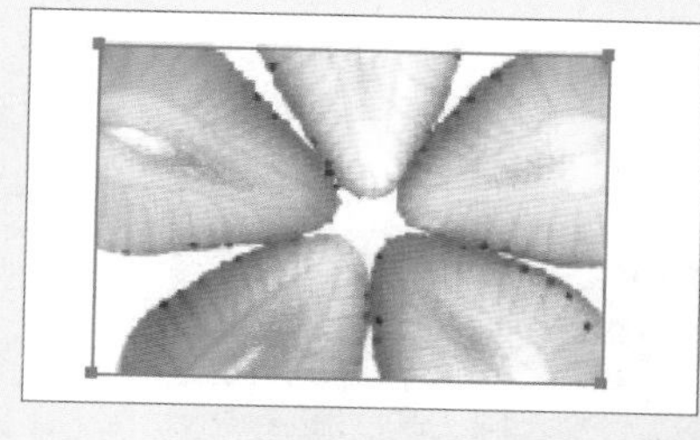

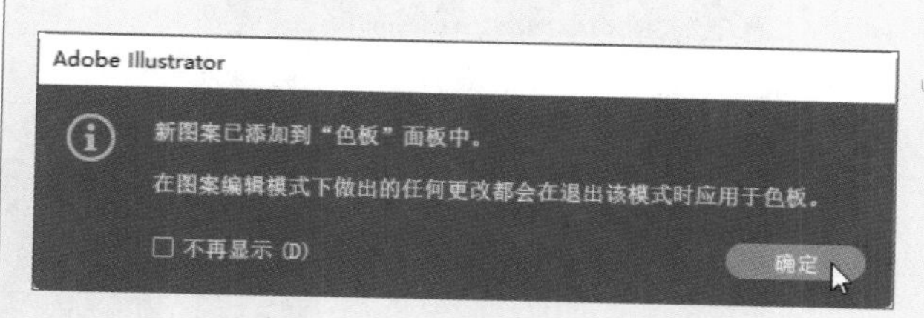

在“图案选项”面板的“名称”文本框中输入图案名称，设置宽度、高度和份数值，单击绘图区域顶部的“完成”按钮，如下左图所示。该图案将在“色板”面板中显示，如下中图所示。设置该图案拼贴方式的效果如下右图所示。

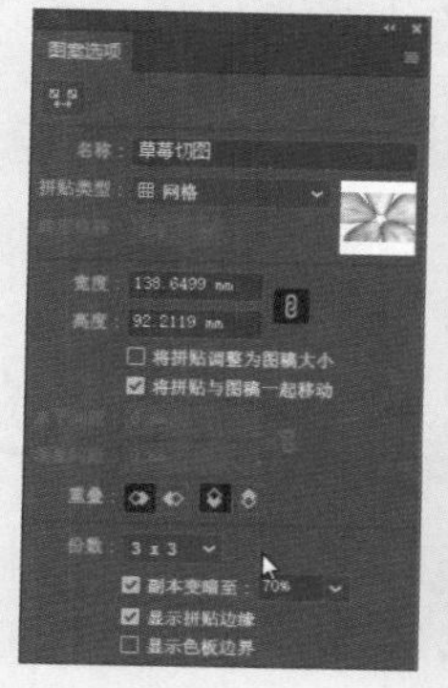

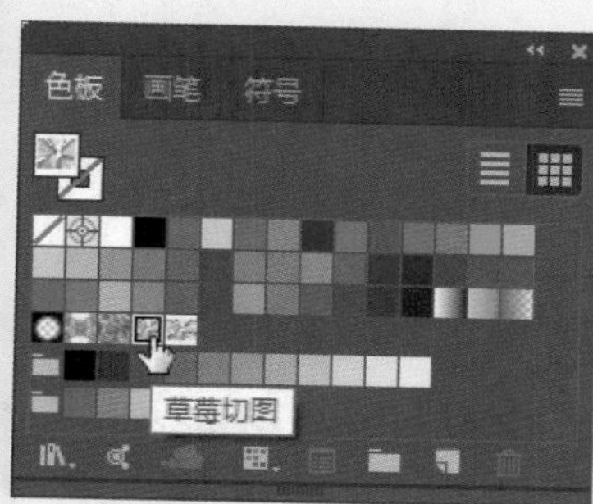

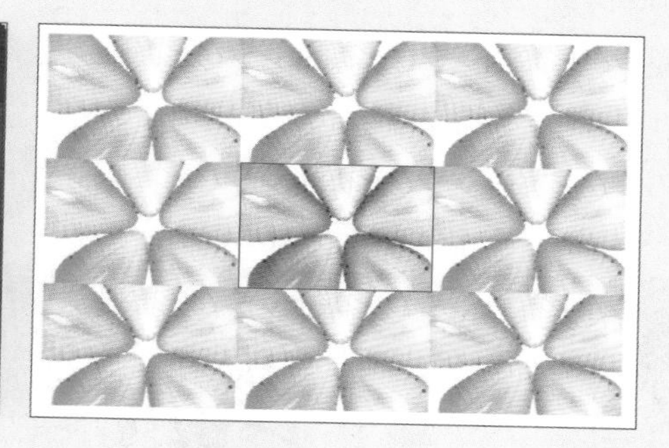

上机实训：制作运动海报

本章主要学习为对象填充上色的相关知识，通过制作运动海报的实例，进一步学习填充操作的相关技巧，下面介绍具体操作方法。

步骤 01 首先创建空白文档，绘制与画板大小相同的矩形，颜色填充为白色，如下左图所示。

步骤 02 使用钢笔工具绘制三角形，选中绘制的三角形，打开“拾色器”对话框，设置RGB的颜色值，如下右图所示。

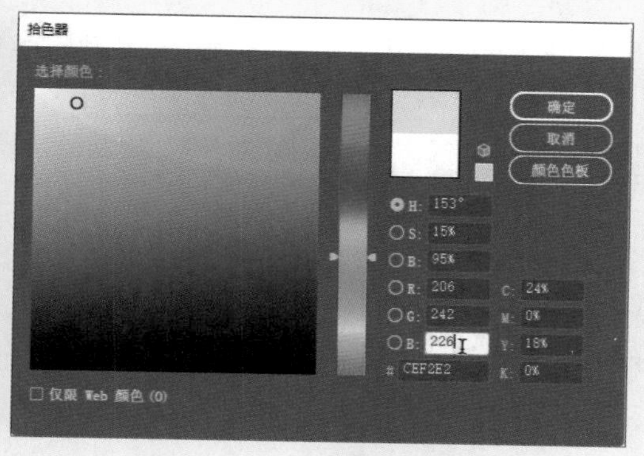

步骤 03 选择三角形形状，打开“镜像”对话框并设置相关参数，单击“复制”按钮，调整复制后三角形的位置，效果如下左图所示。

步骤 04 同时选中两个三角形，按下Ctrl+G组合键执行编组操作。选中图形并右击，执行“变换>旋转”命令，在弹出的“旋转”对话框中进行相关参数设置并单击“复制”按纽，如下右图所示。

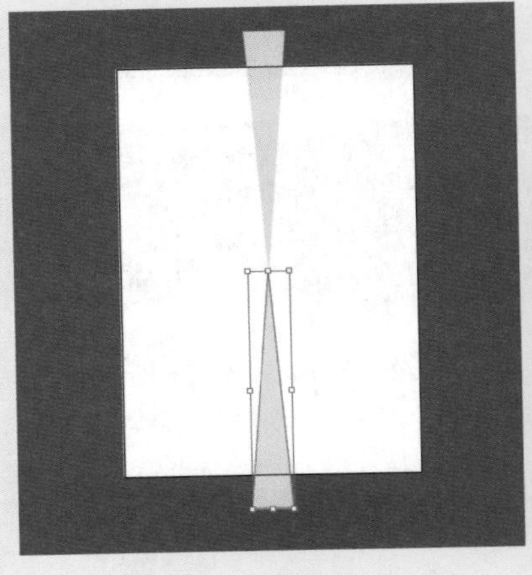

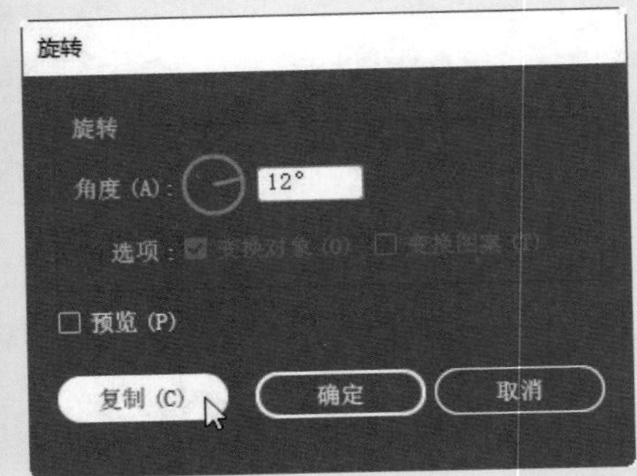

步骤 05 多次按下Ctrl+D组合键重复上一步操作后，将所有图形全部选中并编组。使用矩形工具，绘制一个与画板等大的矩形，如下左图所示。

步骤 06 选中矩形和放射状背景并右击，在快捷菜单中选择“建立剪切蒙版”命令，如下中图所示。

步骤 07 然后继续使用矩形工具绘制一个和画板等大的矩形，效果如下右图所示。

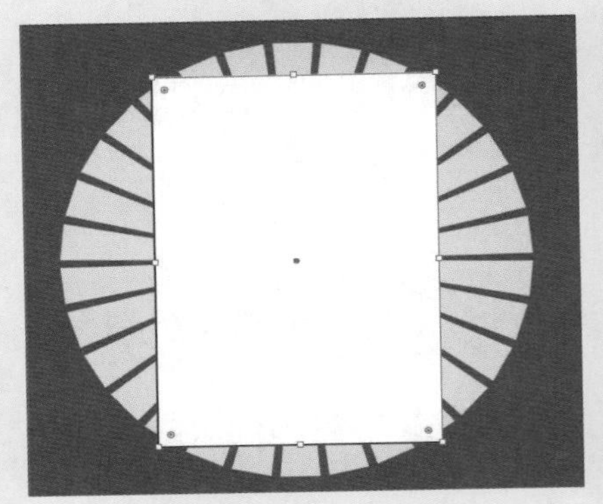

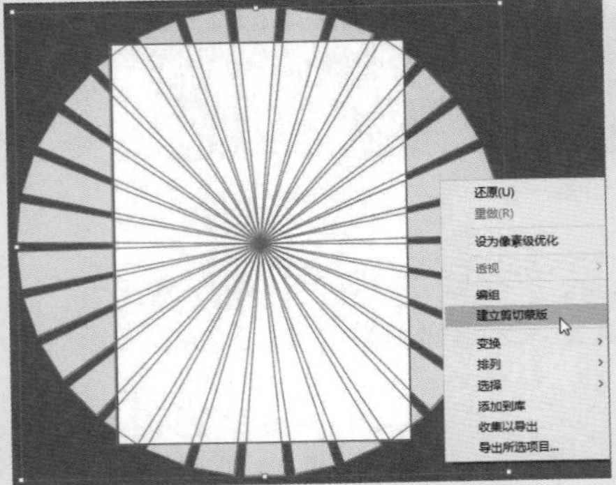

步骤 08 选择上一步绘制的矩形，打开“渐变”面板，为其设置渐变填充，如下左图所示。

步骤 09 设置左侧渐变滑块的RGB值分别为197、252、227，设置右侧渐变滑块的RGB值分别为201、188、156，设置后效果如下中图所示。

步骤 10 选中渐变矩形，设置不透明度为26%，使用文字工具，输入文字Basketball并设置字体格式，效果如下右图所示。

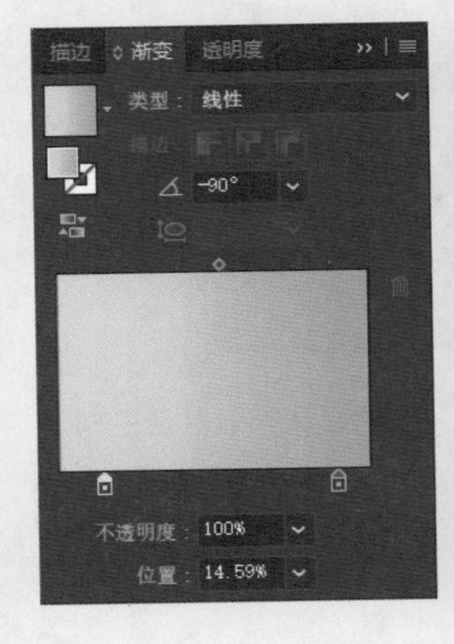

步骤 11 将文字创建为轮廓并取消编组，使用钢笔工具绘制图形，对图形和文字执行减去顶层设置，效果如下左图所示。

步骤 12 利用同样的方法制作其他字母样式，效果如下右图所示。

步骤 13 执行“文件>置入”命令，在打开的对话框中选择要置入的“运动素材”文件，单击“置入”按钮，如下左图所示。

步骤 14 置入素材文件后，单击“嵌入”按钮，然后执行“效果>像素化>彩色半调”命令，如下右图所示。

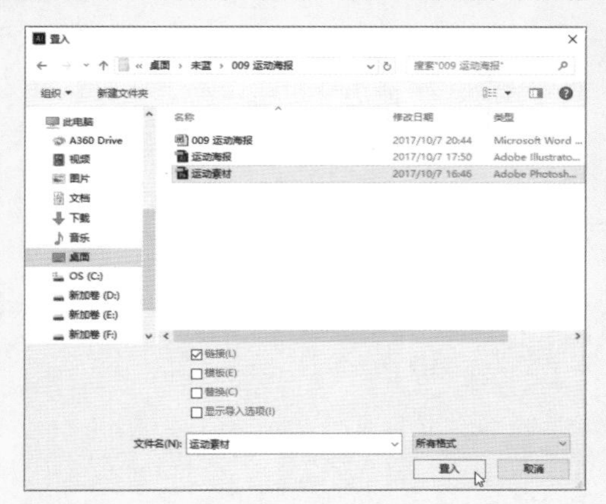

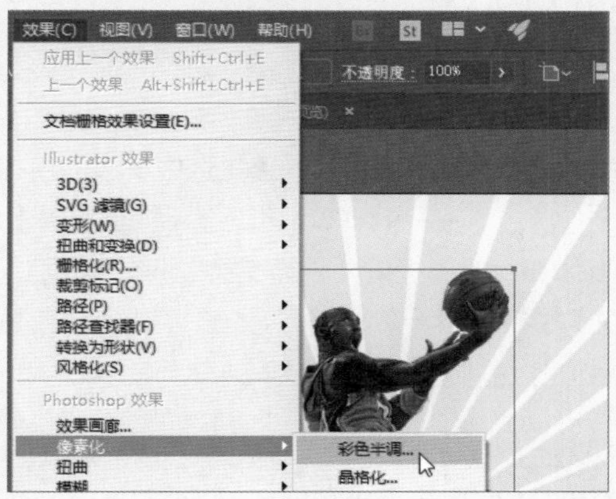

步骤 15 在弹出的“彩色半调”对话框中设置相关参数后，单击“确定”按钮，效果如下左图所示。

步骤 16 选择图片素材，在“透明度”面板中设置模式为变暗，不透明度为56%，效果如下中图所示。

步骤 17 将“运动素材”文件再次置入，并调整素材文件的位置和大小。至此，运动海报制作完成，最终效果如下右图所示。

课后练习

1. 选择题

（1）在Illustrator中，按下（　　）组合键可打开“渐变”面板。

A. Ctrl+F9　　B. Ctrl+F10　　C. Ctrl+F8　　D. Ctrl+F7

（2）使用实时上色工具时，如果需要设置对象的描边属性，用户需按下（　　）键，然后将光标移至描边上，光标会变为笔的形状。

A. Ctrl　　B. Alt　　C. Enter　　D. Shift

（3）在Illustrator中使用（　　）工具，可以复制对象的属性。

A. 实时上色工具　　B. 渐变工具　　C. 吸管工具　　D. 直接选择工具

（4）若需要删除渐变网格上的网格点，则使用网格工具，按下（　　）键，将光标移至网格点上，在右下方出现减号时单击，即可删除该网格点。

A. Ctrl　　B. Alt　　C. Enter　　D. Shift

2. 填空题

（1）在Illustrator的“拾色器”对话框中包含3种颜色模式，分别为________、________和________。

（2）为实时上色组添加路径，首先选中实时上色组和路径，然后单击控制栏中的________按钮或执行________命令，即可将路径添加至实时上色组。

（3）Illustrator软件提供两种渐变类型，分别为________和________。

（4）为对象创建渐变网格时，在“创建渐变网格”对话框中可设置3种网格的外观，分别为________、________和________。

3. 上机题

通过牙膏包装盒的制作，进一步巩固填充颜色的使用方法，参照效果如下图所示。

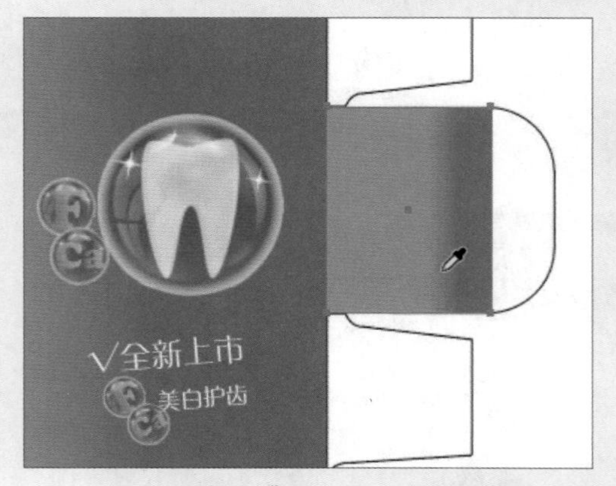

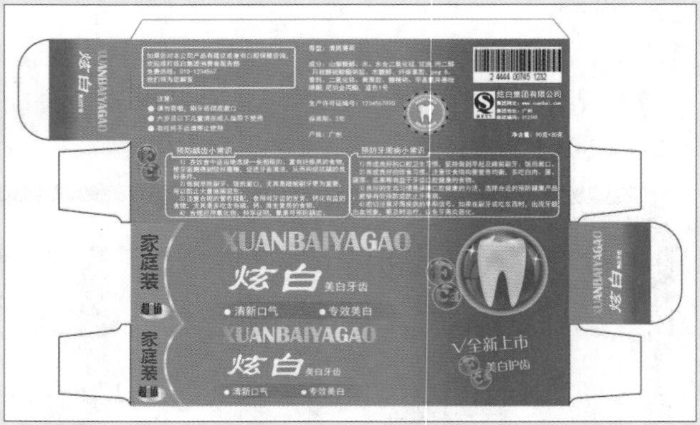

Chapter 05 图层与蒙版的应用

本章概述

使用Illustrator的图层功能来管理对象，可以将复杂的图稿分解为多个部分并在不同的图层显示，使作品创建更方便、直观、简捷。蒙版是一种非破坏性的图像编辑功能，用于遮盖对象，使对象不可见或呈现透明效果。

核心知识点

❶ 了解图层原现并掌握图层管理的方法
❷ 熟悉不透明度和混合模式的应用
❸ 掌握剪切蒙版的应用
❹ 掌握不透明度蒙版的应用

5.1 图层概述

图层是Illustrator非常重要的功能，它承载着图形和效果的展示，可以控制对象的堆叠顺序、显示模式、锁定和删除等。在绘制复杂图稿时，可以将图稿分解在不同的图层上进行选择和管理，使复杂的图形编辑变得简单化。

5.1.1 图层的原理

图层就像是堆叠在一起的透明纸张，每层图层上都保存着不同的对象，从上面图层可以通过透明的区域看到下面的图层对象。下左图为各个图层中包含的对象，下右图为图稿的效果。

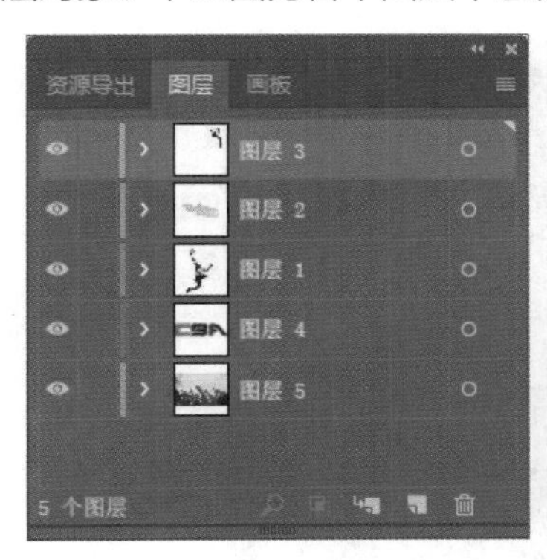

每个图层中的对象都是独立存在的，编辑某图层中的对象不会影响其他图层的对象。在下左图中修改文字颜色图层，下右图为修改后的效果。

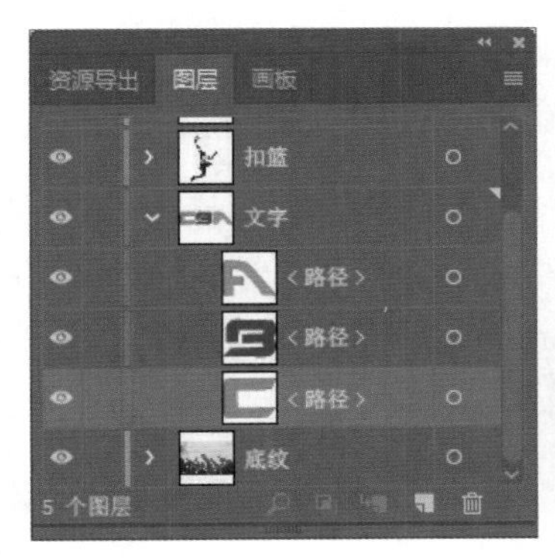

在Illustrator中创建图层时，以“图层+数字”对图层进行命名，用户可双击图层名称对其进行修改。当绘制图形时，若添加一个子图层，则子图层包含在父图层内。对父图层执行隐藏、锁定或删除操作时，子图层也会隐藏、锁定或删除。单击图层左侧三角按钮，即可展开或隐藏子图层。

在“图层”面板中，调整图层的堆叠顺序，将影响图稿的显示效果。选中“火焰”图层，按住鼠标左键拖曳至“底纹”图层下方，如下左图所示。可见火焰被底纹遮盖，效果如下右图所示。

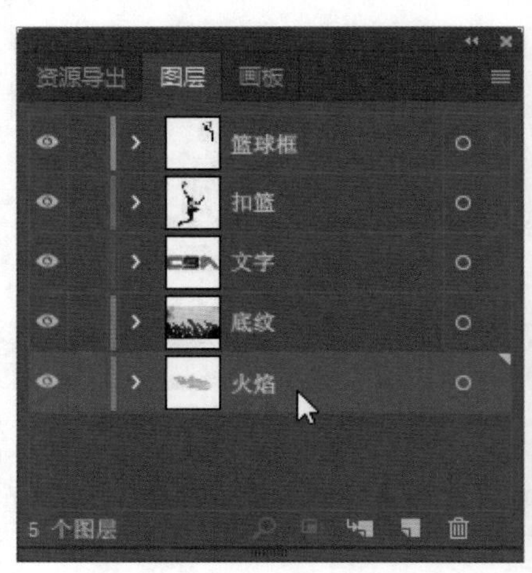

5.1.2 “图层”面板

在Illustrator中执行“窗口>图层”命令，可打开“图层”面板。“图层”面板中显示了当前文档中包含的所有图层和子图层，如下图所示。

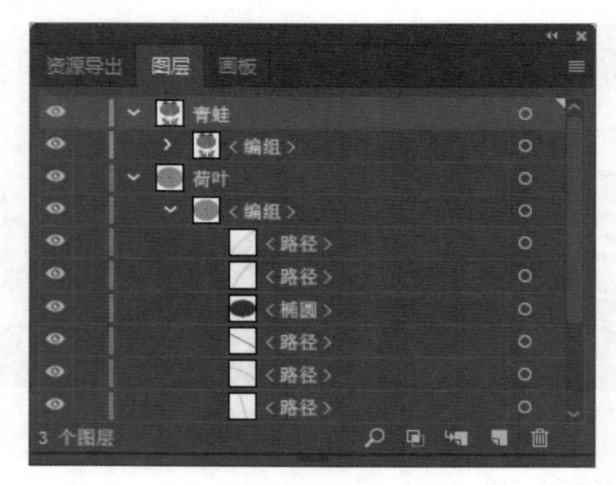

- **父图层：** 单击“图层”面板右下角的“创建新图层”按钮，可创建一个父图层，新建的图层总是位于当前选中图层之上。
- **子图层：** 单击面板右下角的“创建新子图层”按钮，可在当前的父图层下创建一个子图层。
- **切换可视性**：单击切换可视性图标，可以显示或隐藏对应的图层。有切换可视性图标的图层为显示图层，无切换可视性图标的图层为隐藏状态。隐藏的图层不能被编辑也不能打印出来。
- **定位对象**：选中对象后，单击该按钮，即可在面板中选择对象所在的图层或子图层。
- **建立/释放剪切蒙版：** 单击该按钮，即可创建或释放剪切蒙版。
- **切换锁定：** 单击“切换可视性”图标右侧，可以锁定该图层，使其不能被编辑。
- **删除所选图层：** 单击该按钮即可删除选中的图层。

5.1.3 管理图层

在Illustrator中创建多个图层后，用户可以对图层进行管理操作，如设置图层的选项、修改名称、隐藏、合并或删除等。

1. 设置图层选项

打开“图层”面板，选中某图层并双击，如下图所示。即可打开“图层选项”对话框，在该对话框中可以设置图层的相关参数选项，如下右图所示。

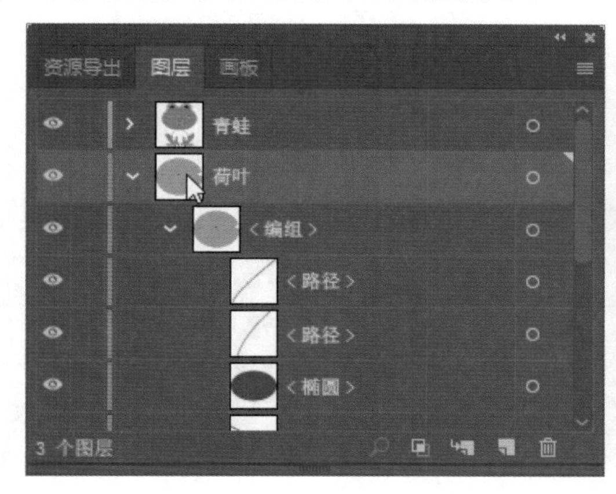

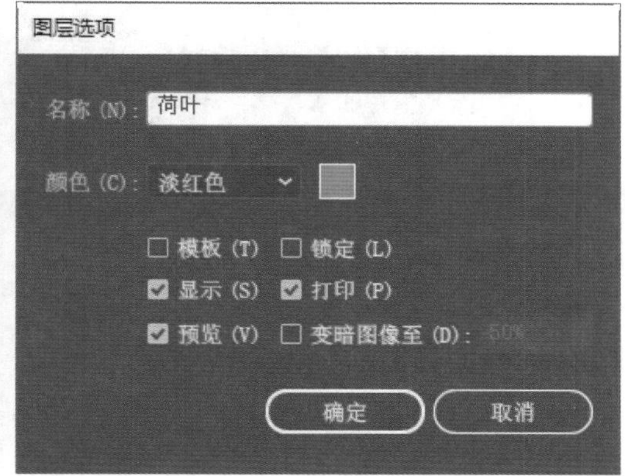

下面介绍“图层选项”对话框中各参数的含义。

- **名称：** 在右侧文本框中输入该图层的名称。
- **颜色：** 单击右侧下拉按钮，在列表中为图层选择颜色，如下左图所示。也可以双击右侧色块，在打开的“颜色”对话框中选择所需的颜色，如下右图所示。

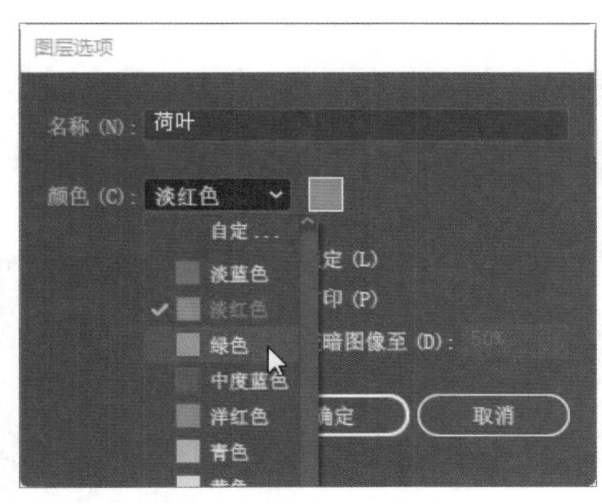

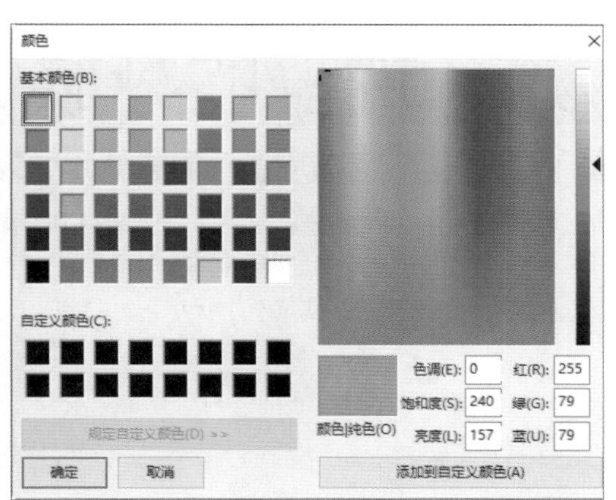

- **模板：** 勾选该复选框，将当前图层创建为模板图层，在该图层前将出现模板图标，并自动锁定该图层。
- **锁定：** 勾选该复选框，该图层将处于锁定状态。
- **显示：** 勾选该复选框，该图层处于可见状态。
- **打印：** 勾选该复选框，当前图层可以执行打印操作；若取消勾选该复选框，该图层不能被打印，图层的名称为斜体显示。
- **预览：** 勾选该复选框，可预览当前图层的对象。若取消勾选该复选框，当前图层的“切换可视性”图标变为椭圆形，如下左图所示。当前图层中只显示图形的轮廓，如下右图所示。

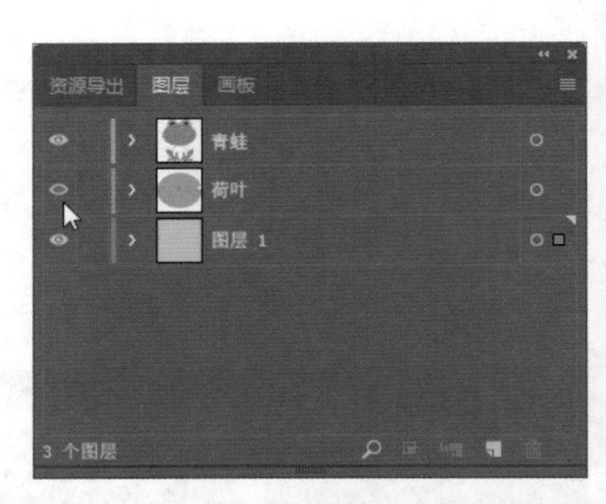

提示：快速切换为轮廓模式

在“图层”面板中按住Ctrl键同时单击“切换可视性”图标，即可将当前图层中的对象切换为轮廓模式。

- **变暗图像至：** 勾选该复选框，设置图像变暗的程度，即可淡化当前图层中位图图像的显示效果。该复选框只对位图有效，对矢量图无效。下左图为原图，下右图为设置背景变暗图像至50%的效果。

提示：调整图层缩览图的大小

单击“图层”面板右上角的按钮，在打开的菜单列表中选择“面板选项”命令，打开“图层面板选项”对话框，根据需要在“行大小”选项区域选择相应的单选按钮，来自定义图层缩览图的大小，如右图所示。

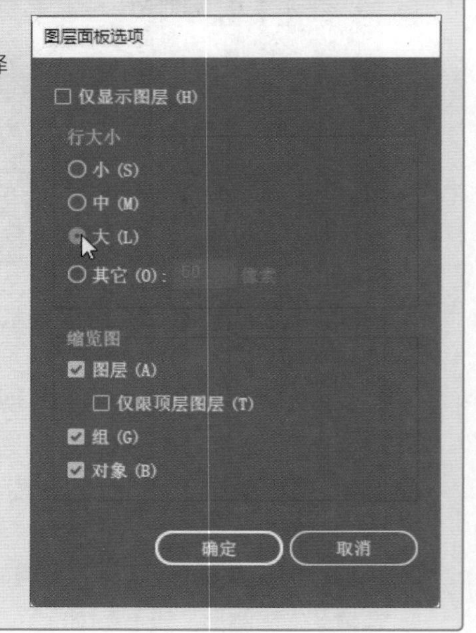

2. 将对象移至其他图层

在文档中选中某对象时，“图层”面板中该对象所在的图层缩览图右侧将显示□图标，该图标的颜色取决于该图层的颜色，如下左图所示。用户可通过拖曳该图标至其他图层，将选中的对象移至目标图层中。选中“图层4”图标并按住鼠标左键拖曳至“图层2”，释放鼠标即可，如下右图所示。

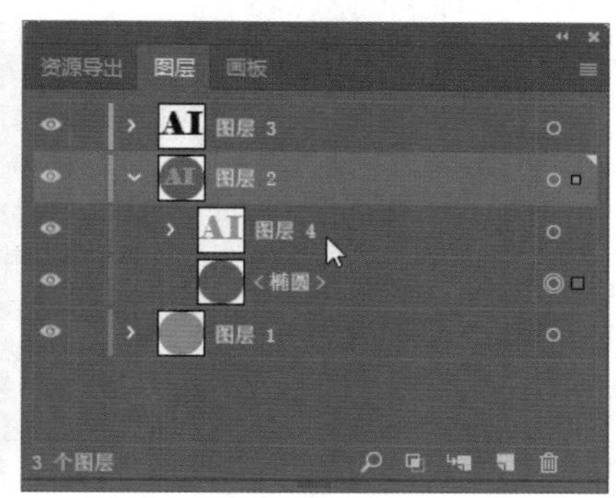

移动图层时，图层的顺序会发生变化，图稿的效果也会发生相应的变化，下左图为原图稿效果，下右图为移动图层后的效果。

提示：使用命令移动图层

用户可以使用相应的命令将图层移至指定的图层上。在文档中选择对象，然后在“图层”面板中选中需要移至的目标对象，执行“对象>排列>发送至当前图层”命令即可完成操作。

3. 合并与拼合图层

合并图层功能可把选中的图层合并为一个图层。在“图层”面板中按住Ctrl键选中需要合并的图层，单击面板右上角的扩展按钮，在打开的下拉菜单中选择“合并所选图层”命令，如下左图所示。即可将所选择的图层合并在最后选择的图层内，如下右图所示。

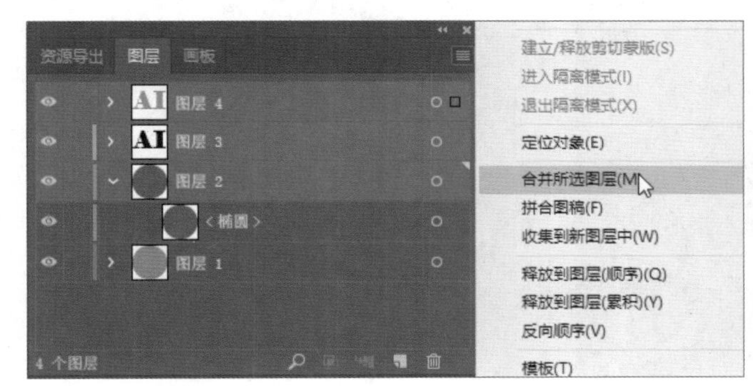

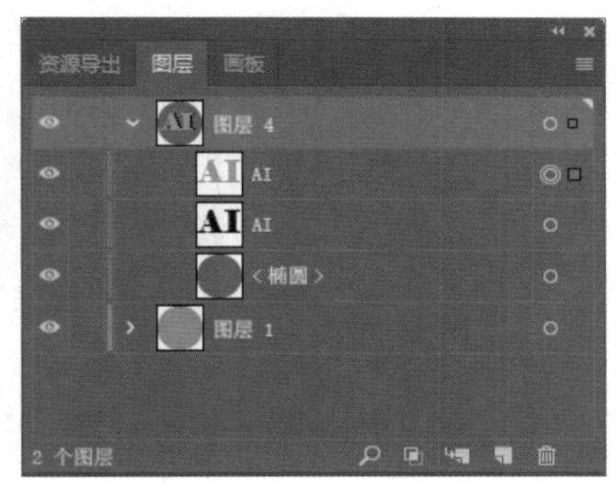

如果需要将所有图稿的图层都拼合在指定图层中，首先选中指定的图层，单击面板右上角的扩展按钮，在打开的下拉菜单中选择“拼合图稿”命令，如下左图所示。即可将所有图层拼合至选中的图层，如下右图所示。

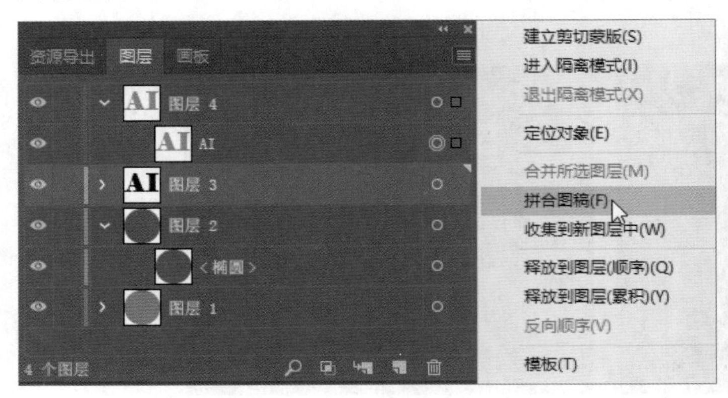

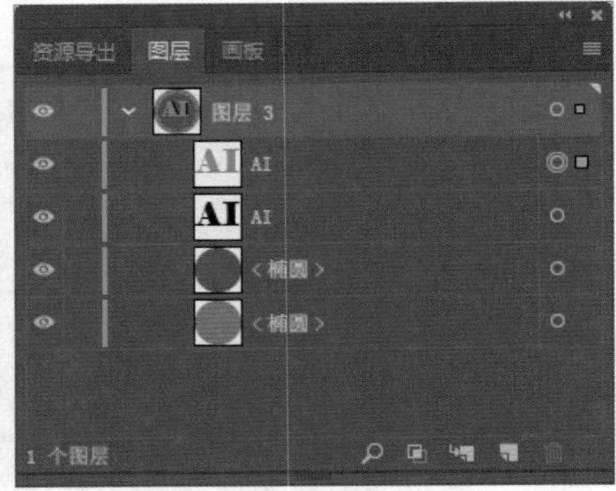

4. 定位对象

在复杂的图稿中使用定位对象功能，可以快速定位对象所处的图层位置。在文档中选中某对象，如下左图所示。打开“图层”面板，单击“定位对象”按钮，或执行面板菜单中的“定位对象”命令，即可选中对象所在的图层，如下右图所示。

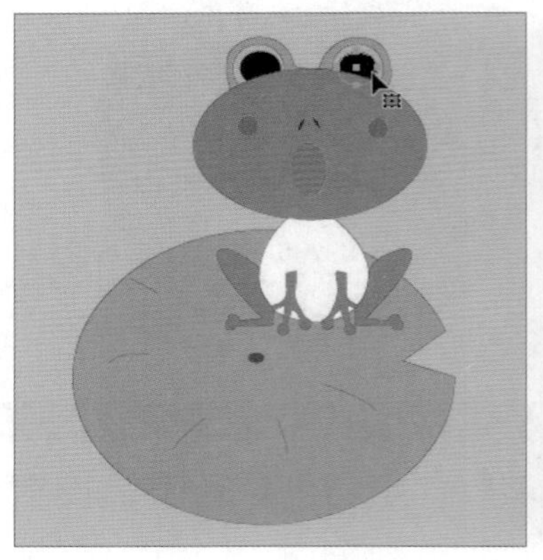

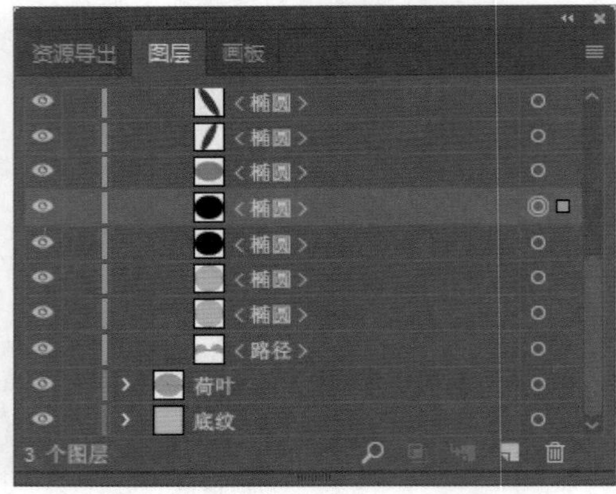

5. 删除图层

在“图层”面板中选择需要删除的图层、子图层或组，此处选择青蛙的左腿图层，然后单击“删除所选图层”按钮，如下左图所示。不会影响其他图层，但会删除所选图层中的对象，效果如下右图所示。

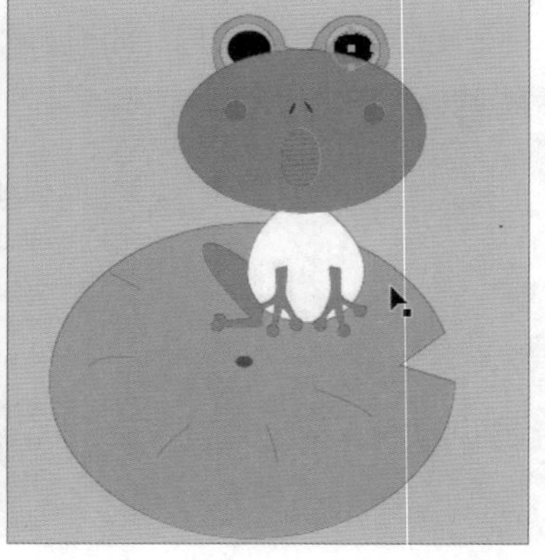

5.2 不透明度与混合模式

在“透明度”面板中可以设置选中对象的混合模式和不透明度。Illustrator提供了10多种混合模式，用户可以根据需要进行选择。

5.2.1 “透明度”面板

在Illustrator中执行“窗口>透明度”命令，打开“透明度”面板。在面板菜单列表中选择“显示选项”命令，可显示全部选项，如下图所示。可见在该面板中不仅可以设置混合模式和不透明度，还可以创建不透明度蒙版和挖空效果。

下面介绍“透明度”面板中各参数的含义。

- **混合模式**：单击右侧下拉按钮，在下拉列表中选择混合模式选项，如变暗、正片双底、颜色加深、叠加等10多种模式。
- **不透明度**：在右侧的数值框中可以设置选中对象的不透明度，设置蝴蝶翅膀不透明度为50%的效果，如下左图所示。
- **隔离混合**：勾选该复选框，将混合模式与已经定位的图层或组进行隔离，使它们下方的对象不受影响。
- **挖空组**：勾选该复选框，使编组对象中单独对象相互重叠的位置不能透过彼此显示，如下中图所示。若取消勾选该复选框，则可以透过彼此显示对象相互重叠的部分，如下右图所示。
- **不透明度和蒙版用来定义挖空形状**：勾选该复选框，可创建和对象不透明度成比例的挖空效果。接近100%的不透明度蒙版区域中，挖空效果较强；在具有较低不透明度的区域中，挖空效果较弱。

5.2.2 设置混合模式

Illustrator提供了6组16种混合模式，各组的混合模式有着相近的用途。默认状态下图形的混合模式为“正常”，对象的不透明度为100%，会完全遮住以下的图层对象，效果如下左图所示。

将文字和椭圆形状的混合模式设置为“变暗”，并与水果图像产生混合效果，如下右图所示。

设置混合模式为“颜色加深”的效果如下左图所示，设置混合模式为“变亮”的效果如下中图所示，设置混合模式为“强光”的效果如下右图所示。

设置混合模式为“差值”的效果如下左图所示，设置混合模式为“混色”的效果如下中图所示，设置混合模式为“明度”的效果如下右图所示。

实战练习 制作青花瓷盘

本例将介绍制作青花瓷盘的方法，根据前面介绍的知识，通过设置不透明度可以制作出圆盘的阴影效果，具体操作过程如下。

步骤 01 首先创建空白文档，更改栅格效果后，单击“确定”按钮，如下左图所示。

步骤 02 使用矩形工具，绘制与画板相同大小的矩形，并设置渐变填充，效果如下右图所示。

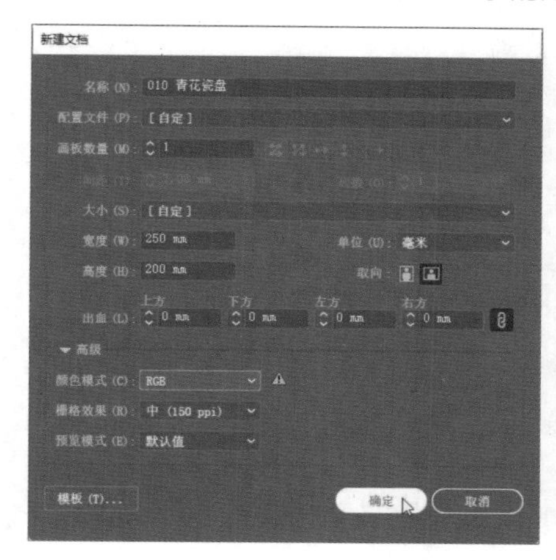

步骤 03 使用椭圆工具绘制直径为180mm的正圆，设置填充颜色的RGB值为211、211、211，描边设置为无，对齐画板中心，如下左图所示。

步骤 04 双击比例缩放工具，在弹出的对话框中设置等比缩放值为99%，单击“复制”按钮，如下右图所示。

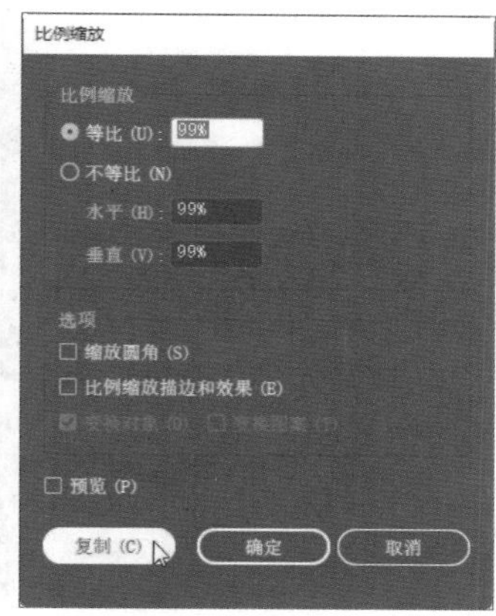

步骤 05 选中复制的椭圆并设置渐变填充，首先设置左侧滑块的RGB值为211、218、222，设置右侧滑块的RGB值为255、255、255，效果如下左图所示。

步骤 06 选择工具箱中的渐变工具，对圆进行渐变调整，如下右图所示。

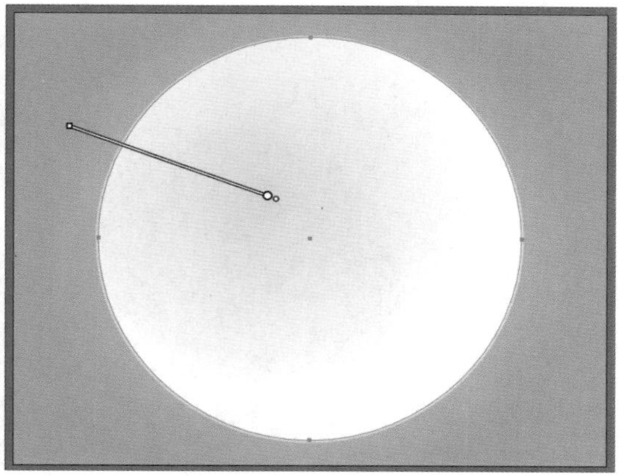

步骤 07 复制较小的圆，并设置填充颜色为白色，如下左图所示。

步骤 08 选中复制后的圆，按下Ctrl+[组合键后置一层，将其向左上方调整，效果如下右图所示。

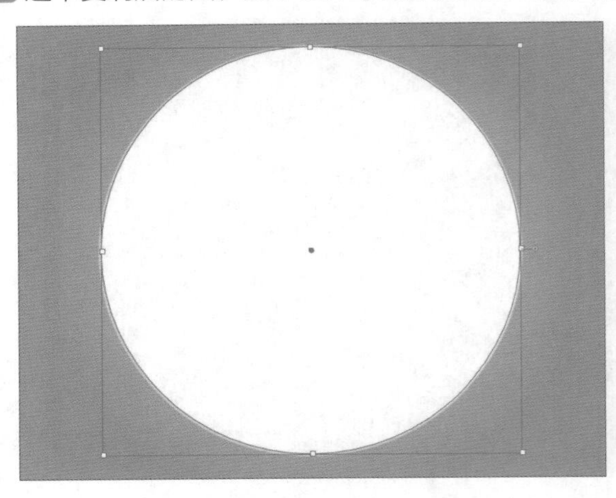

步骤 09 选中绘制的三个圆，按下Ctrl+G组合键执行编组操作，将组命名为“圆盘”，如下左图所示。

步骤 10 使用椭圆工具绘制椭圆，将其填充颜色设置为白色，描边设置为无，如下右图所示。

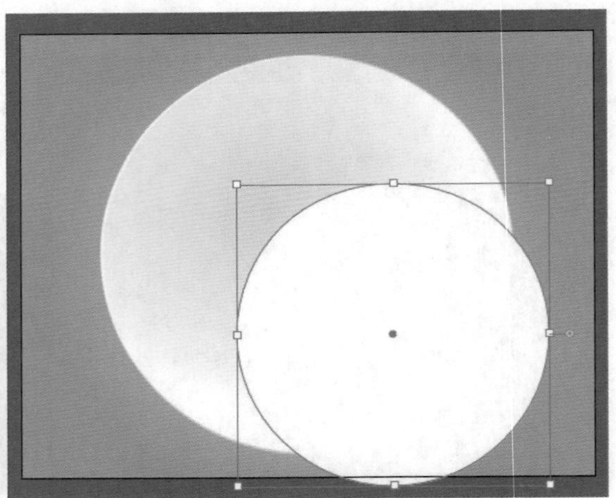

步骤 11 分别按下Ctrl+C和Ctrl+F组合键，在原位置复制椭圆，将其颜色设置为深灰色，如下左图所示。

步骤 12 使用混合工具分别选中绘制的两个椭圆，为其设置混合效果，如下右图所示。

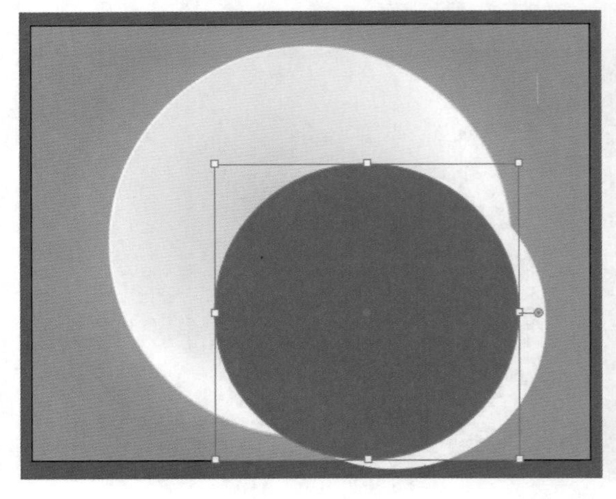

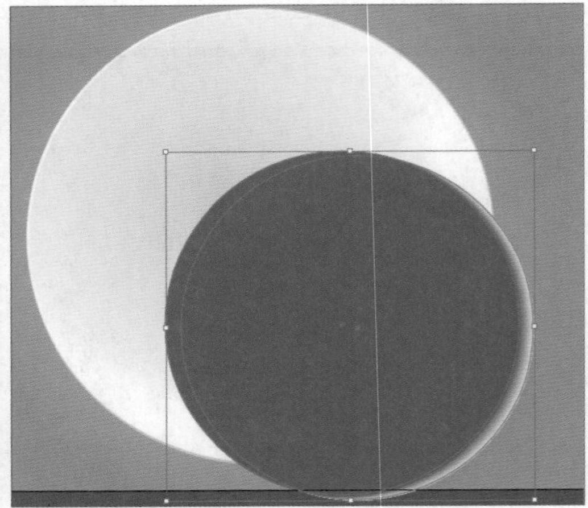

步骤13 选中混合后的图层，打开“透明度”面板，设置模式为“正片叠底”，不透明度为72%，效果如下左图所示。

步骤14 选中混合后的图层，按下Ctrl+[组合键后置一层，如下右图所示。

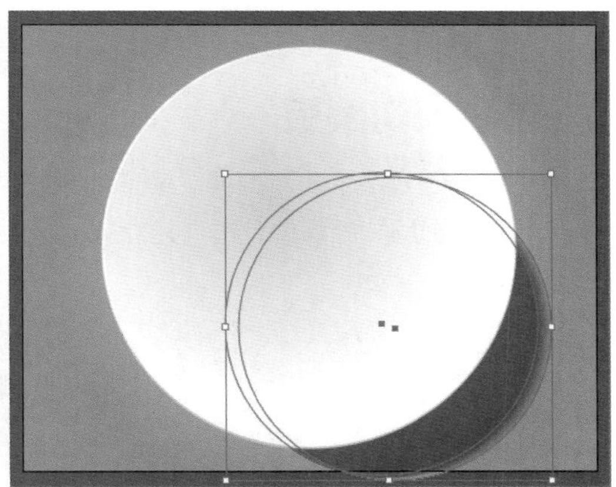

步骤15 使用直接选择工具，调整圆的位置和节点，效果如下左图所示。

步骤16 打开“置入”对话框，选择“青花瓷盘花纹”素材文件，单击“置入”按钮，如下右图所示。

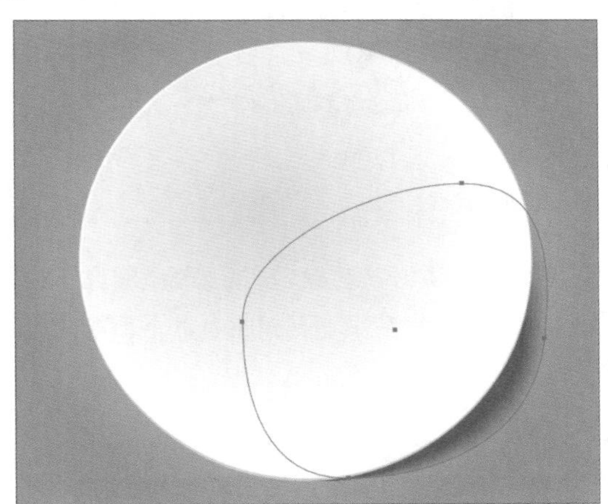

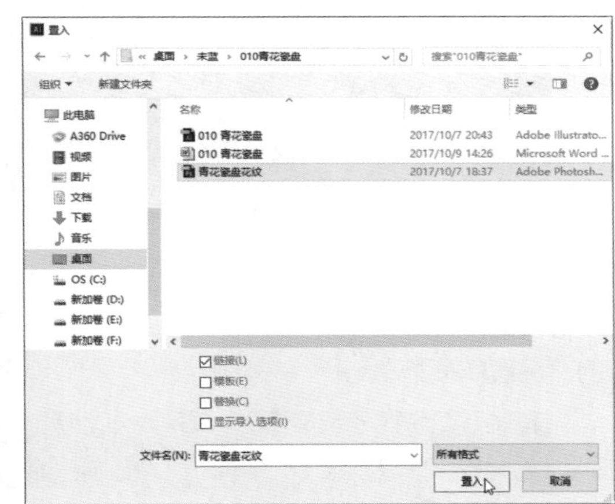

步骤17 置入素材后，单击“嵌入”按钮，效果如下左图所示。

步骤18 选中花纹素材和下方圆盘，再次单击圆盘上出现的蓝色粗线，然后设置水平和垂直居中对齐。至此，青花瓷盘制作完成，最终效果如下右图所示。

5.3 剪切蒙版的应用

蒙版用于遮盖对象，但不会删除对象。Illustrator提供了不透明度蒙版和剪切蒙版两种蒙版。剪切蒙版用于控制对象的显示区域，是通过蒙版图形的形状来遮盖其他对象，显示蒙版图形区域内的对象。

5.3.1 创建剪切蒙版

创建剪切蒙版的方法主要有两种。第一种方法是在图层中绘制形状，保持该形状为选中状态，如下左图所示。然后在“图层”面板中单击“建立/释放剪切蒙版”按钮，此时蒙版会遮盖同一图层中所有对象，如下右图所示。

第二种方法是在同一图层中按住Shift键选择对象和路径后，执行“对象>剪切蒙版>建立”命令来进行创建，此时蒙版只遮盖所选的对象，不会影响同图层其他对象，效果如下左图所示。下右图为创建剪切蒙版后的“图层”面板。

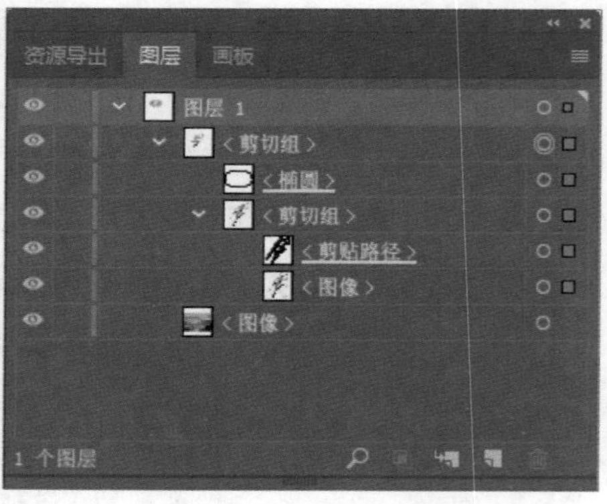

上述介绍是在同一图层创建剪切蒙版，剪贴的路径位于被遮盖的对象上面。如果图形位于不同的图层，在创建剪切蒙版时应将剪贴路径所在的图层调整到被遮盖对象的上层。

用户还可以在多个剪贴路径的重叠区域创建剪切蒙版，首先在同一图层中绘制多个剪贴路径，并选中所有剪贴路径，按下Ctrl+G组合键进行编组，然后选择所有对象和剪贴路径，如下左图所示。执行“对象剪切蒙版>建立”命令，即可完成操作，效果如下右图所示。

5.3.2 编辑剪切蒙版

创建完剪切蒙版后，用户可以根据需要使用直接选择工具或锚点工具对剪贴路径进行编辑，下面介绍具体操作方法。

步骤 01 打开素材文件，绘制矩形和椭圆形并将其编组，如下左图所示。

步骤 02 选中所有对象和路径，然后执行“对象>剪切蒙版>建立”命令，效果如下右图所示。

步骤 03 使用锚点工具调整剪切路径与锚点的位置和形状，如下左图所示。

步骤 04 也可以使用直接选择工具对剪切路径进行编辑，效果如下右图所示。

5.3.3 释放剪切蒙版

使用释放剪切蒙版功能可以将剪切蒙版遮盖的对象重新显示出来。如果剪切蒙版中的对象移至其他图层，也可释放该对象使其显示出来，不影响原始的剪切蒙版。

选择剪切蒙版对象，执行“对象>剪切蒙版>释放”命令或单击“图层”面板中的“建立/释放剪切蒙版”按钮，即可释放剪切蒙版。

5.4 不透明度蒙版的应用

不透明度蒙版是通过改变对象的不透明度，从而使其产生透明的效果。不透明度蒙版中的白色区域会完全显示下面的对象，灰色区域会呈现不同程度的透明效果，黑色区域会完全遮盖下面的对象。

5.4.1 创建不透明度蒙版

创建不透明度蒙版时，蒙版对象应位于被遮盖对象之上，其中蒙版对象决定了透明区域和透明度。下面介绍创建不透明度蒙版的方法。

步骤 01 打开素材文件，执行“窗口>透明度”命令，打开“透明度”面板，单击“制作蒙版”按钮，创建不透明度蒙版。取消勾选“剪切”复选框，然后选中不透明度蒙版，如下左图所示。

步骤 02 返回文档中，使用钢笔工具绘制不透明蒙版区域，如下右图所示。

步骤 03 将该区域填充为黑色，在“透明度”面板中可见该区域显示为黑色，如下左图所示。

步骤 04 返回文档中，可见该区域的对象为不可见状态，效果如下右图所示。

步骤 05 将该区域填充为灰色，灰色越深该区域透明度越低，效果如下左图所示。

步骤 06 将该区域填充为白色，将完全显示该区域的对象，如下右图所示。

5.4.2 停用和激活不透明度蒙版

为对象创建不透明度蒙版后，用户可以为蒙版对象执行停用或激活操作。选择不透明度蒙版对象，打开“透明度”面板，按住Shift键的同时单击蒙版对象的缩览图，即可停用不透明度蒙版，在蒙版缩览图上将出现红色的叉号，如下左图所示。停用不透明度蒙版后，对象将恢复至使用蒙版前的效果，如下右图所示。

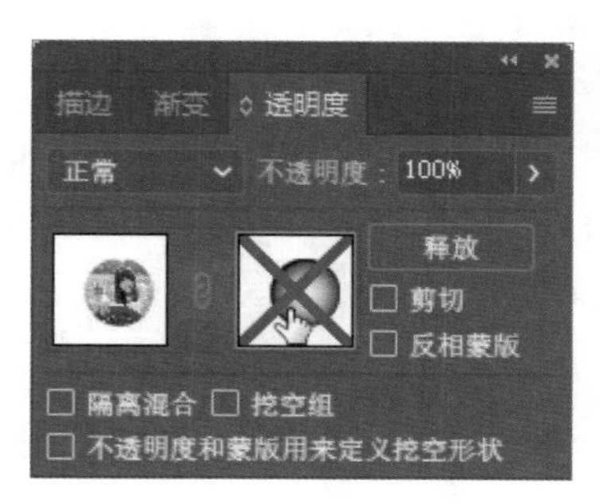

如果需要激活不透明度蒙版，则按住Shift键的同时单击蒙版对象缩览图，此时将不显示红色的叉号，如下左图所示。该对象即应用了不透明度蒙版，效果如下右图所示。

提示：释放不透明度蒙版

选择不透明度蒙版对象并打开“透明度”面板，单击“释放”按钮，即可释放不透明度蒙版。

知识延伸：设置填色和描边的不透明度

在“透明度”面板中设置对象的不透明度时，设置的效果将同时应用至对象的填色和描边上。如果需要分别设置填色和描边的不透明度，该如何操作呢？

打开素材文件，执行“视图>显示透明度网格”命令，即可在画板中显示透明度网格，如下左图所示。选中图形，执行“窗口>外观”命令，打开“外观”面板，选中“填色”选项，如下右图所示。

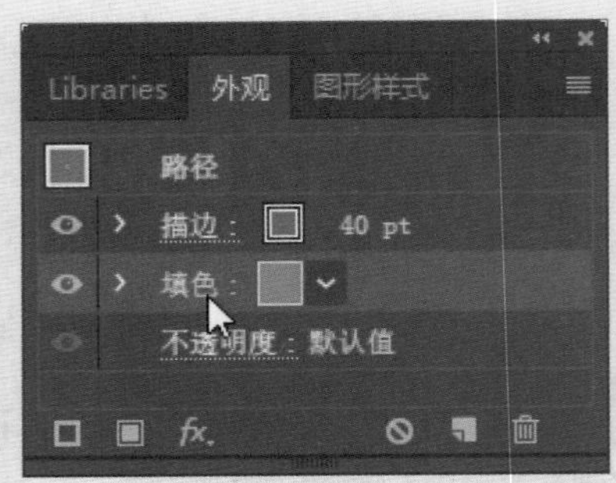

然后执行“窗口>透明度”命令，打开“透明度”面板，设置“不透明度”值为50%，如下左图所示。返回文档中，可见图形填色的透明度发生了变化，而描边没有发生变化，效果如下右图所示。

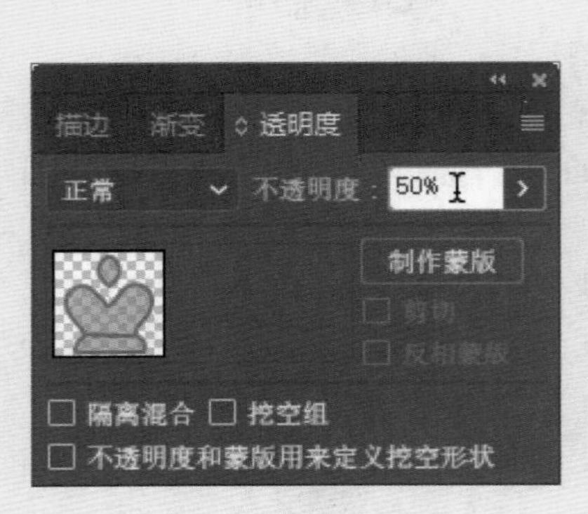

在“外观”面板中选择“描边”选项，在“透明度”面板中设置“不透明度”值为50%，如下左图所示。效果如下右图所示。

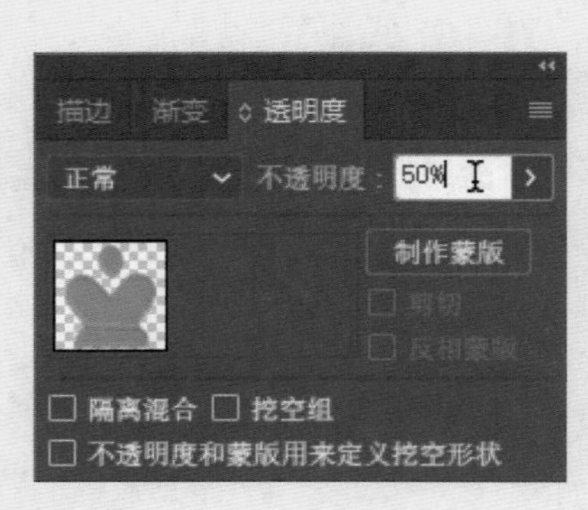

上机实训：制作夜空星月效果

通过本章内容的学习，用户应该对创建剪切蒙版有了全面的认识。下面通过制作夜空星月效果的实例，使用户掌握蒙版的具体应用方法，操作步骤如下。

步骤 01 首先创建一个空白文档，具体参数设置如下左图所示。

步骤 02 选择矩形工具，绘制一个和画布大小相同的矩形作为背景。再选择椭圆工具，在背景上绘制一个白色的正圆，如下右图所示。

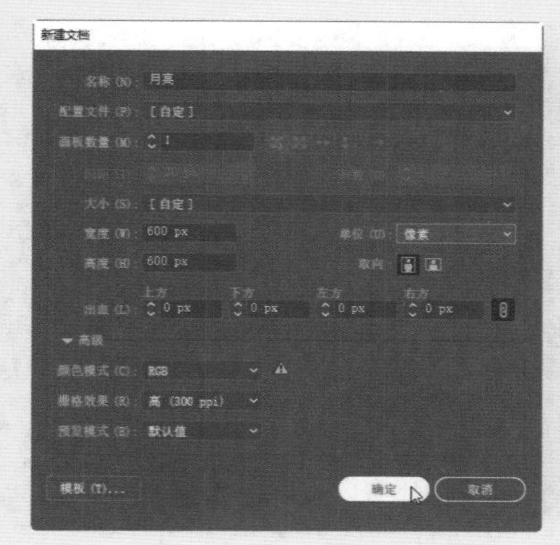

步骤 03 选中正圆图形，打开“透明度”面板，单击“制作蒙版”按钮，如下左图所示。

步骤 04 取消勾选“剪切”复选框，把黑色蒙版变成白色蒙版，如下右图所示。

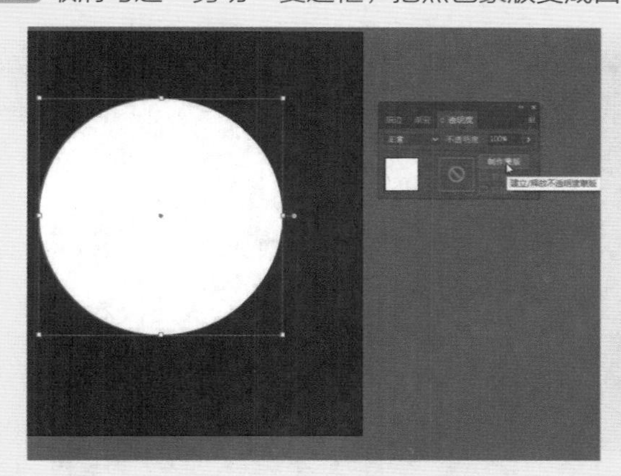

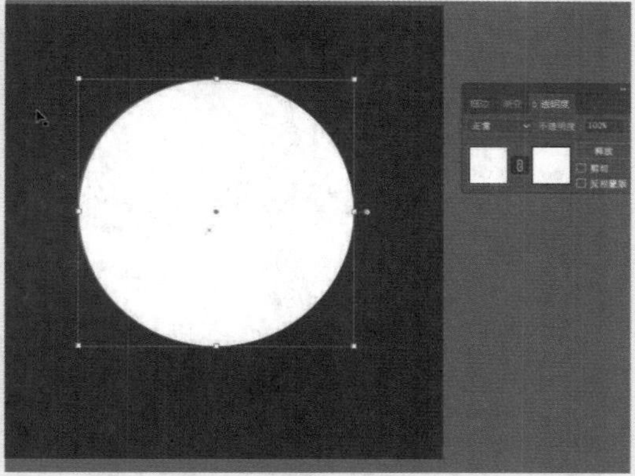

步骤 05 在蒙版上绘制一个黑色的正圆，叠加到之前的白色正圆上，使白色正圆看上去像一个月牙的形状，如下左图所示。

步骤 06 选中蒙版中的圆并设置径向渐变效果，可以看到原白色圆形的右侧出现了模糊效果，如下右图所示。

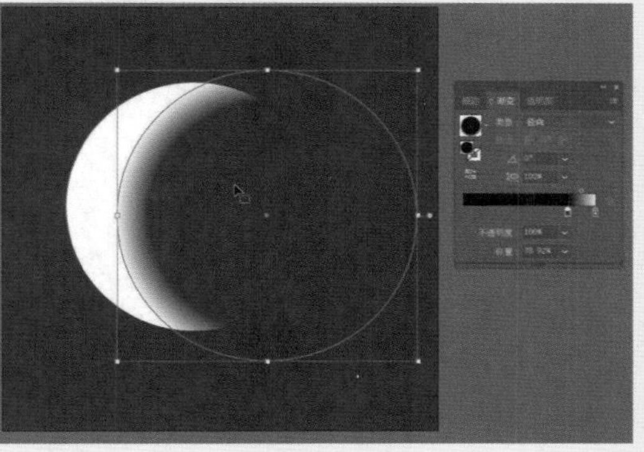

步骤 07 选择背景矩形形状，执行“对象>创建渐变网格”命令，在对话框中设置“行数”为6，“列数”为4，选择“外观”为“至中心”选项，设置“高光”值为30%，效果如下左图所示。

步骤 08 然后适当调整渐变网格的效果，如下右图所示。

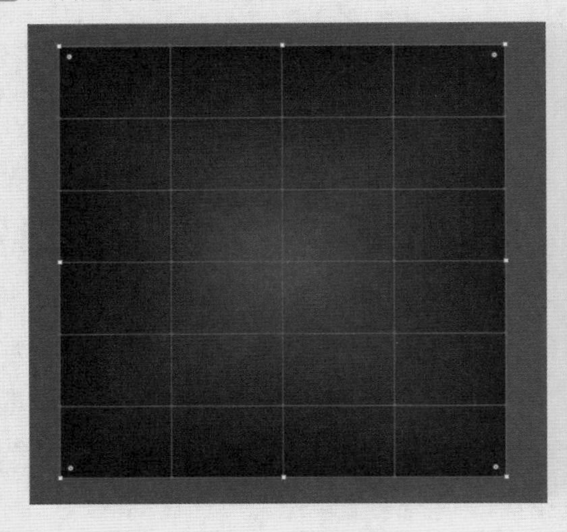

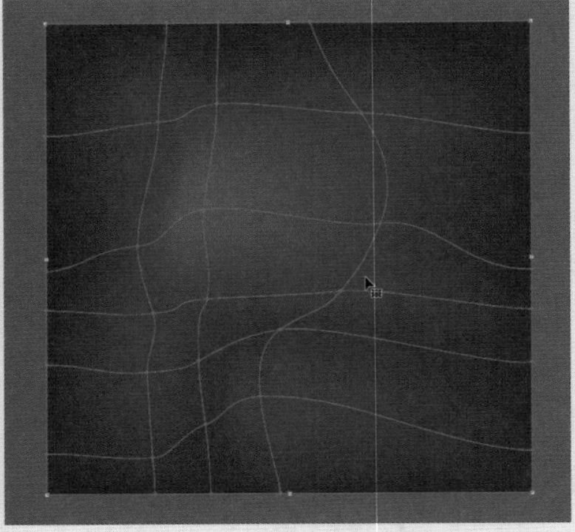

步骤 09 绘制一个圆形和两个矩形，设置为白色径向渐变，不透明度设为0%，如下左图所示。

步骤 10 将绘制的形状水平垂直居中对齐，即可制作出星星图形，如下右图所示。

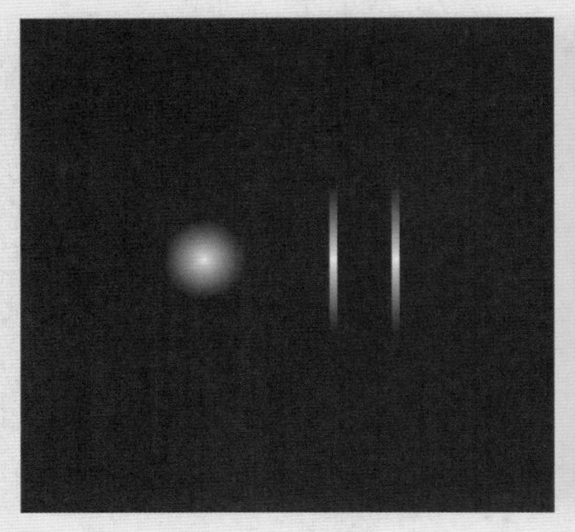

步骤 11 然后适当调整月亮和星星的位置和大小，完成夜空星月效果的制作，最终效果如右图所示。

课后练习

1. 选择题

（1）要设置“图层”面板中图层缩览图的大小，可以打开面板菜单并选择（　　）命令，在打开的“图层面板选项”对话框中进行设置。

A. 图层面板选项　　B. 面板选项

C. 图层选项　　D. 图层面板

（2）在“透明度”面板中，Illustrator提供了16种混合模式，下列哪个选项不属于16种混合模式的是（　　）。

A. 变亮　　B. 正片叠底　　C.亮度　　D. 排除

（3）在Illustrator中，用户可以使用（　　）组合键打开“透明度”面板。

A. Shift+Ctrl+F10　　B. F10

C. Shift+Ctrl+F7　　D. F7

（4）选择剪贴路径和对象后，执行“对象>剪切蒙版>建立”命令或按下（　　）组合键，可完成剪切蒙版的创建操作。

A. Ctrl+F7　　B. Ctrl+7　　C. Shift+F7　　D. Shift+7

2. 填空题

（1）在Illustrator中可以创建两种蒙版，分别为________和________。________是通过图形来控制其他对象的显示范围。

（2）执行__________命令或按F7功能键，在打开的面板中显示当前文档中包含的所有图层和子图层。

（3）在Illustrator中设置对象的不透明度时，若只设置填色的透明度，首先在________面板中选择“填色”选项，然后在________面板中设置不透明度值。

（4）要从两个或两个以上剪贴路径的重叠区域创建剪切蒙版，首先选中多个剪贴路径，按下________组合键将其编组，然后再创建剪切蒙版。

3. 上机题

根据本章学习的图层与蒙版的相关知识，制作出如下图所示的效果。

Chapter 06 文字的应用

本章概述

使用Illustrator进行平面设计时，文字是作品非常重要的组成部分。文字不仅可以突出作品主题，还可以美化作品。Illustrator提供了强大的文字功能，本章将介绍创建各种字体以及对文字进行排版的相关知识。

核心知识点

❶ 了解创建文字的方法
❷ 熟悉“字符”和“段落”面板的应用
❸ 掌握区域文字的编辑方法
❹ 掌握路径文字的编辑方法

6.1 文字的基本知识

Illustrator提供了3种文字的输入方法，分别为点文字、区域文字和路径文字。打开软件后，在工具箱中的文字工具组中选择用于创建的文字工具，其中包括6种创建文字工具和1种修饰文字工具。

6.1.1 点文字

点文字是从画面中单击位置开始输入的一行或一列文字。输入点文字时如果需要换行，直接按Enter键即可。点文字功能适合输入文字量较少的文本。

在工具箱中选择文本工具，将光标移至画面中合适位置并单击，在控制栏中设置文字的字体和字号参数，然后输入文字，如下左图所示。选择直排文字工具，在画面中输入文字，效果如下中图所示。输入完成后按Esc键或在画面中其他位置单击，即可结束文字的输入。

如果输入的点文字需要换行，则按Enter键，然后继续输入文字即可，如下右图所示。使用直排文字工具创建点文字的排列方式是自上而下，按Enter键换行是由右向左。

6.1.2 区域文字

区域文字也称为段落文字，是利用对象的边界来控制文字的排列方式，若文本触及边界会自动换行。使用区域文字功能也可以创建横排和直排文字，适合输入大量文字。

在工具箱中选择文字工具（直排文字工具、区域文字工具或直排区域文字工具），将光标移至封闭的图形上，待光标变为Ⓘ形状时单击，如下左图所示。在控制栏中设置文本的字体、字号和颜色参数，然后输入相关文字，可见文字在图形范围内显示，如下右图所示。

在Illustrator中使用文字工具和直排文字工具，不仅可以创建点文字，还可以创建区域文字。选择直排文字工具，在画面中绘制一个矩形，如下左图所示。在控制栏中设置字体格式，然后输入文字，效果如下右图所示。

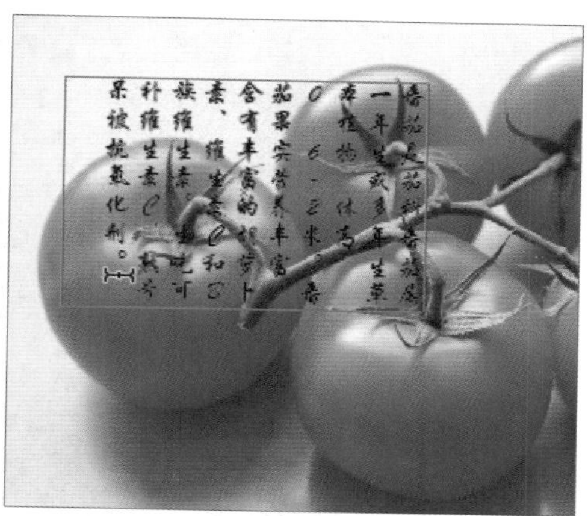

提示：显示全部文字

创建区域文字时，若输入过多的文字在图形内显示不全，在图形下方会显示⊞符号，使用选择工具拖曳图形控制点至文字全部显示出来。当显示全部文字时，在图形的下方将出现蓝色边框、白色填充的正方形。

用户还可以使用直接选择工具拖曳图形的锚点来调整对象的形状，使文字填充在图形内，如下图所示。

6.1.3 路径文字

路径文字是沿着开放或封闭路径边缘排列的文字。在画面中绘制路径后，选择路径文字工具或直排路径文字工具，将光标移至路径上方并单击，如下左图所示。在控制栏中设置文字的格式，然后输入文字，效果如下右图所示。

提示：创建路径文字的其他方法

使用文字工具或直排文字工具也可以创建路径文字，将光标移至路径上，待光标变为⸗形状时单击，即可输入路径文字。如果路径是封闭的，则必须使用路径文字工具。

6.1.4 置入和导出文本

在Illustrator中，用户不仅可以使用文字工具输入文字，还可以置入其他软件中的文字信息，如Word文档。此外，用户还可以根据需要将Illustrator中的文字信息导出至其他程序。

1. 置入文本

下面介绍将Word文档中的文本置入到Illustrator中的方法。首先执行“文件>置入”命令或按下Shift+Ctrl+P组合键，打开“置入”对话框，选择需要置入文字的文档，单击“置入”按钮，如下左图所示。打开“Microsoft Word选项”对话框，勾选“移去文本格式”复选框，单击“确定”按钮，如下右图所示。

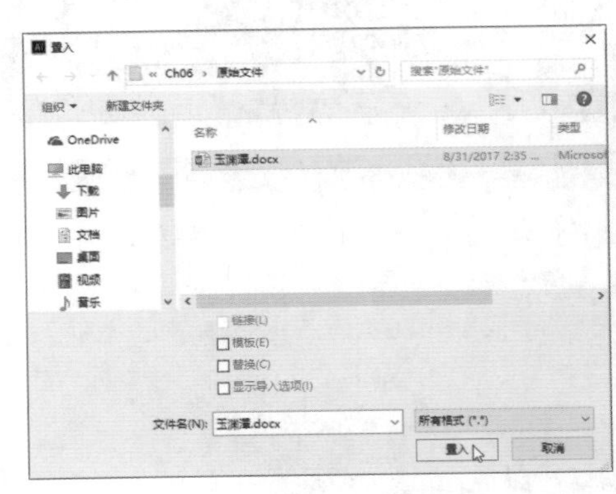

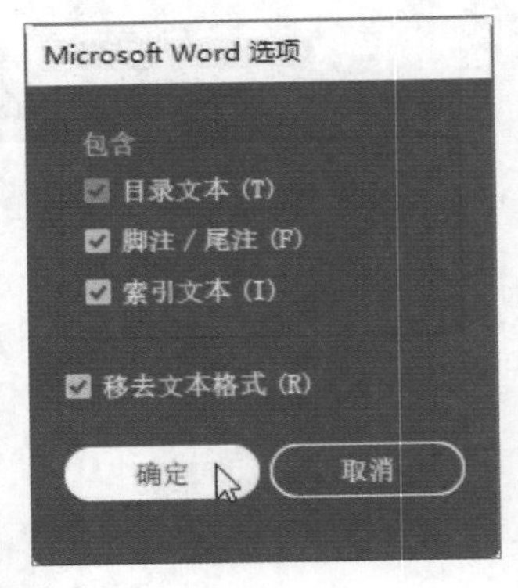

返回画面中，按住鼠标左键绘制文本框，即可将Word文档中的文字置入Illustrator中，如下左图所示。使用选择工具选中置入的文字，在控制栏中设置文字的格式并调整图形的大小，如下右图所示。

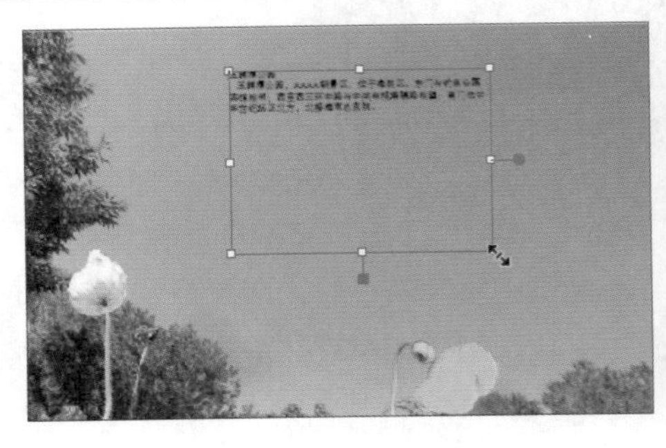

2. 导出文本

下面介绍将Illustrator中的文字导出为TXT格式的方法。首先使用选择工具选中文本，然后执行“文件>导出>导出为”命令，打开“导出”对话，选择合适的文件保存位置，设置保存类型为文本格式，输入文件名称后，单击“导出”按钮，如下左图所示。在打开的对话框中单击“导出”按钮，如下右图所示。即可返回保存文本的文件夹，查看导出的文本。

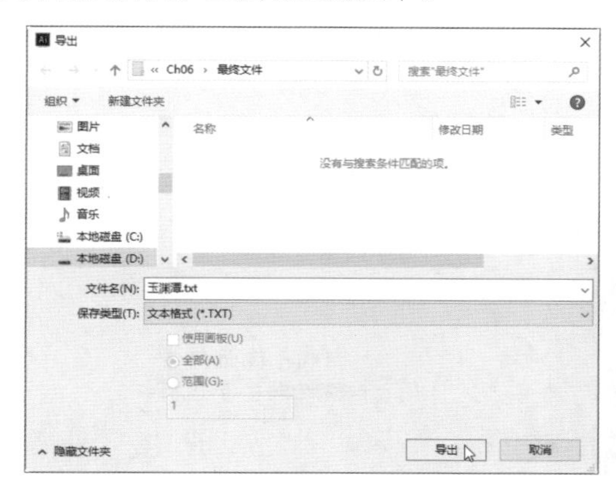

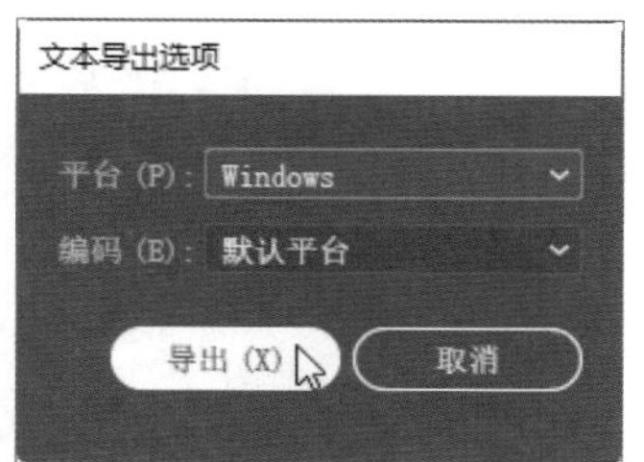

6.2 “字符”面板的应用

在Illustrator中输入文字后，可以根据需要设置文字的字体、大小、间距以及行距等属性。用户可以在控制栏中对字符属性进行简单设置，也可以在“字符”面板中对文本的效果进行更多、更详细的设置。

6.2.1 “字符”面板概述

执行“窗口>文字>字符”命令，打开“字符”面板，此时在面板中显示了常用的文本属性设置选项。若需要显示所有选项，则单击面板右上角的▤按钮，在展开的菜单列表中选择“显示选项”命令，如下左图所示。即可显示文本属性的全部设置选项，如下右图所示。

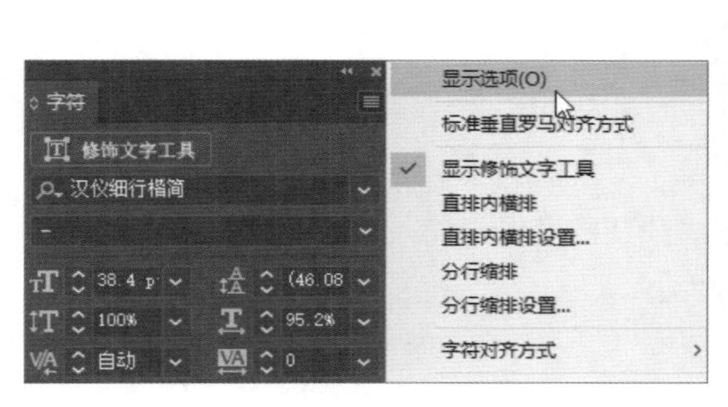

下面介绍“字符”面板中各参数的含义。

- **修饰文字工具：** 单击该按钮，即可对选中的文字进行编辑和修饰，和工具箱中的修饰文字工具功能相同。
- **设置字体系列：** 单击右侧下拉按钮，在下拉列表中选择文字的字体选项。
- **设置字体样式：** 设置所选文本的字体样式。
- **设置字体大小：** 在右侧数值框中输入数值，或在列表中选择字体大小。

- **设置行距：** 设置字符行之间的距离。
- **垂直缩放：** 设置文字的垂直缩放百分比。
- **水平缩放：** 设置文字的水平缩放百分比。
- **设置两个字符间的字距微调：** 设置两个字符间的间距。
- **设置所选字符的字距调整：** 设置所选字符的间距。

6.2.2 设置文本字体和大小

在Illustrator中用户可以修改整段文字的字体，也可以修改单个文字的字体。首先使用选择工具选择文字，打开“字符”面板，在“设置字体系列”列表中选择合适的字体选项，即可修改文字的字体，下左图为原始文字样式，下右图为修改字体后的效果。

在“字符”面板中单击“修饰文字工具”按钮，然后选中画面中的所需文字，此处选中“猫”文本，如下左图所示。按照相同的方法设置文字的字体，可见只有选中的文字被修改了字体，效果如下右图所示。

用户还可以根据需要设置整段文字或单个文字的大小。选中文字，然后在“字符”面板中单击“设置字体大小”下拉按钮，选择字体大小选项，或在数值框中输入相应的数值即可。下左图为设置整段文字的字体大小，下右图为设置单个文字的字体大小。

6.2.3 设置文本的行距

行距是两行文字之间的距离。Illustrator默认的行距是字体大小的1.2倍，如果字体为10pt，则行距为12pt。

选中需要设置行距的文字并打开“字符”面板，然后在“设置行距”数值框中输入数值，或单击下拉按钮，在下拉列表中选择相应的大小选项。下左图行距为36pt，下右图行距为58pt。

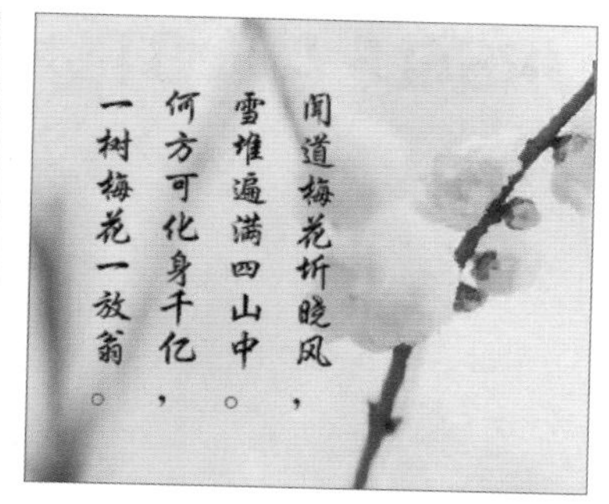

提示：快速设置行距

用户可以使用快捷键快速调整行距，选中横排文本，按下Alt+↑组合键可缩小行距，按下Alt+↓组合键可扩大行距。选中直排文本，按下Alt+→组合键可扩大行距，按下Alt+←组合键可缩小行距。缩小或扩大行距的差为2pt，如果需要调整差量，则执行“编辑>首选项>文字”命令，打开“首选项”对话框，在“文字”选项区域的“大小/行距”数值框中输入数值，单击“确定”按钮即可，如右图所示。

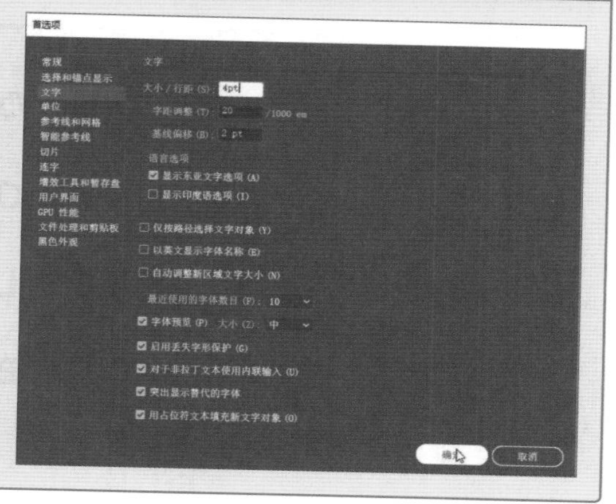

实战练习 制作渐变文字海报

本实例通过创建点文字并对文字进行编辑，制作出渐变文字的效果，具体操作如下。

步骤 01 首先创建一个空白文档，参数设置如下左图所示。

步骤 02 选择文字工具，设置合适的字体样式后在页面中输入文字，并调整其大小，如下右图所示。

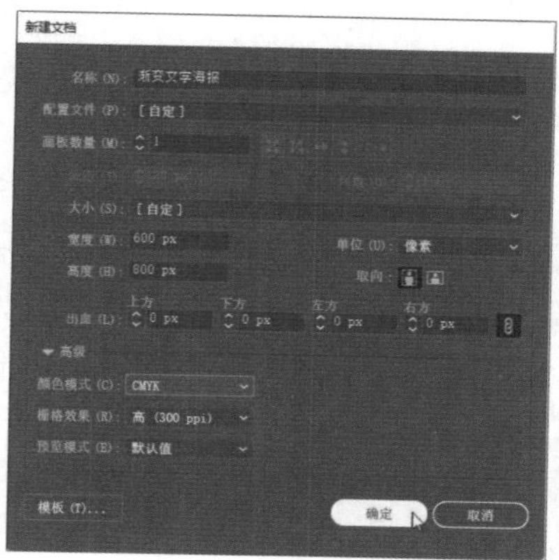

步骤 03 选中输入的文字，按下Ctrl+Shift+O快捷键执行轮廓化文字操作，如下左图所示。

步骤 04 选中文字并右击，在弹出的快捷菜单中选择“取消编组”命令，如下右图所示。

步骤 05 使用矩形工具，绘制一个比画布稍微小一点的矩形，如下左图所示。

步骤 06 设置矩形的填充色为无、描边颜色为黑色，然后将打散的文字重新排版，效果如下中图所示。

步骤 07 将文字转换为描边，按下Ctrl+2组合键执行锁定操作，如下右图所示。

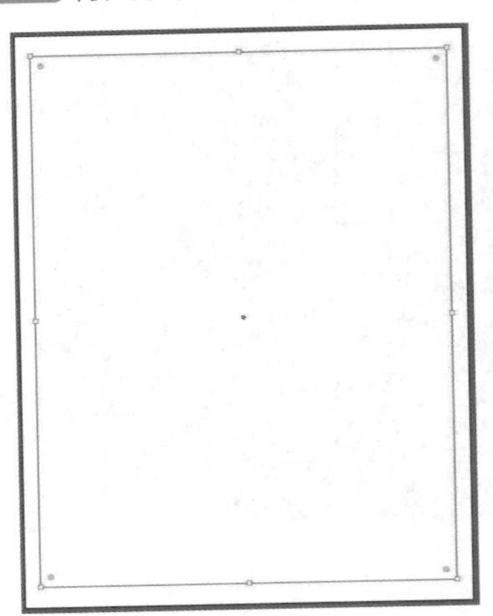

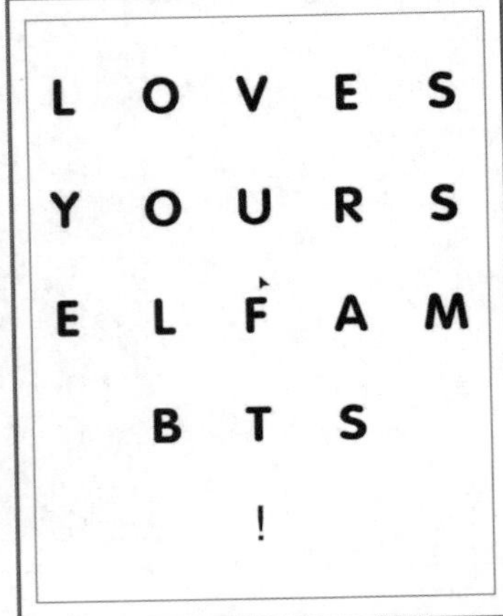

步骤 08 使用椭圆工具绘制3个正圆，并分别填充不同的渐变颜色，如下左图所示。

步骤 09 双击工具箱中的混合工具按钮，在打开的对话框中选择“间距”为“指定的步数”，值为100，单击“确定”按钮后依次单击三个渐变圆形，如下右图所示。

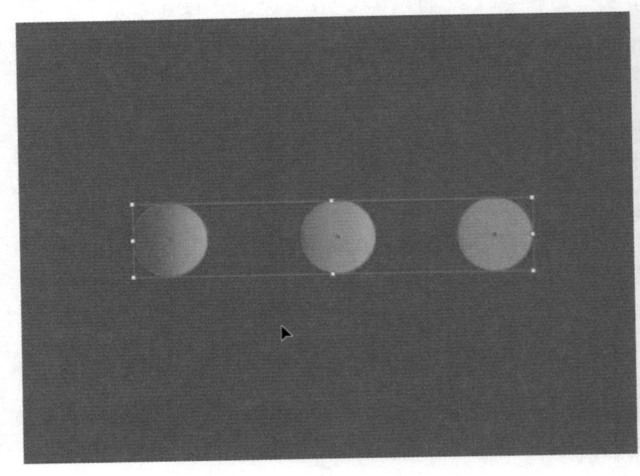

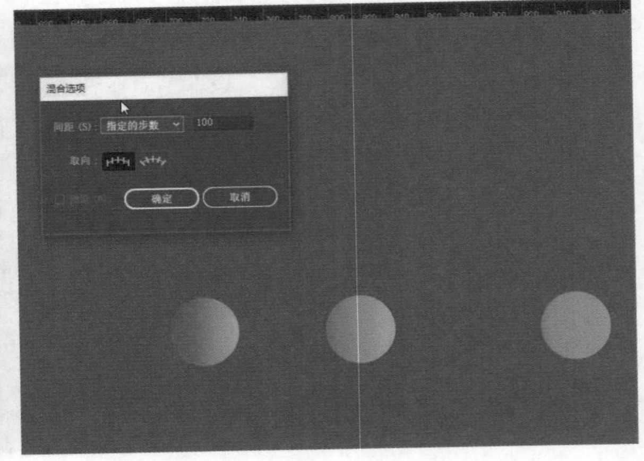

步骤 10 按住Alt键的同时拖动混合后的圆柱体，并执行复制操作，效果如下左图所示。

步骤 11 选择工具箱中的钢笔工具，设置无填充颜色，设置描边颜色为黑色，为锁定的字母绘制笔画，再把刚才绘制的圆柱体缩放到适当的大小，如下右图所示。

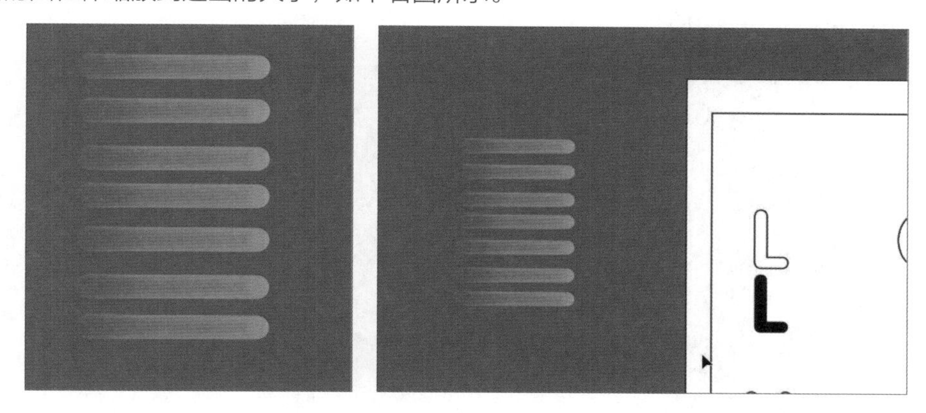

步骤 12 同时选中字母中的一个单独路径和混合圆柱体，执行“对象>混合>替换混合轴”命令，如下左图所示。

步骤 13 即可完成字母的替换操作，效果如下右图所示。

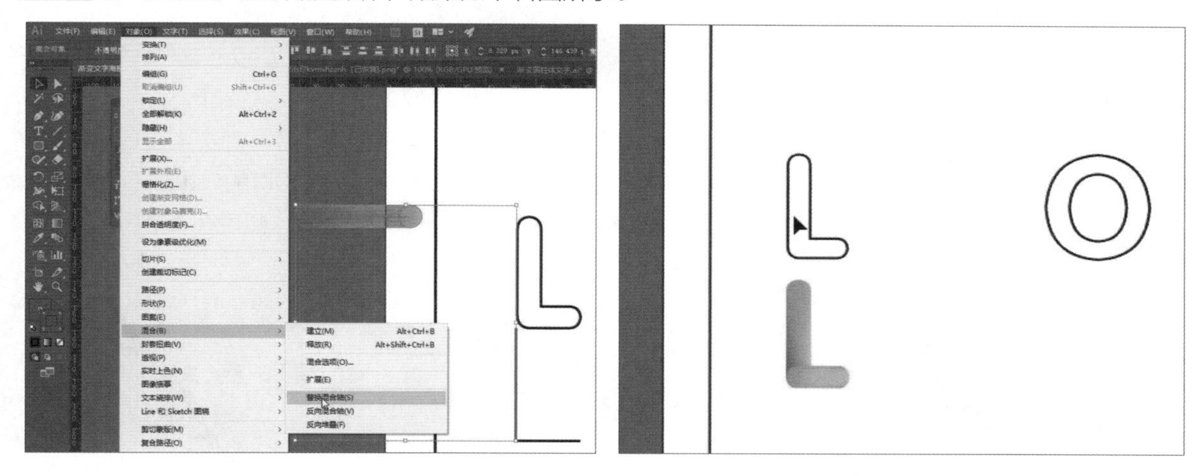

步骤 14 同样的方法，为每个字母都替换渐变效果，如下左图所示。

步骤 15 将之前黑色边框的描边设置为10，填充渐变颜色并适当缩小，如下右图所示。

步骤 16 使用矩形工具绘制一个和画布相同大小的矩形，添加渐变颜色后，置于底层设置为背景，如下左图所示。

步骤 17 使用文字工具在边框左下角输入文字，并设置字体格式，形成点缀效果。至此，完成文字海报的制作，最终效果如下右图所示。

6.2.4 旋转文字

在Illustrator中，用户可以对文字进行任意角度的旋转。选择文字，在“字符”面板中设置字符旋转的角度。设置文字旋转角度为30度的效果如下左图所示，设置文字旋转角度为-30度的效果如下中图所示。

用户还可以对单个文字进行旋转设置，首先使用修饰文字工具选中某个文字，然后在“字符”面板中设置旋转角度，效果如下右图所示。

6.3 “段落”面板的应用

在Illustrator中，用户可以通过“段落”面板设置段落的各种属性，如对齐、缩进、间距以及连字符等。通过对段落进行精确设置，可以获得丰富的段落效果。

6.3.1 “段落”面板概述

执行“窗口>文字>段落”命令，打开“段落”面板，单击面板右上角的扩展按钮，在菜单列表中选择“显示选项”命令，即可显示所有段落的参数选项。如下右图所示。

用户也可以在控制栏中设置段落格式，选中段落文本，单击控制栏中的“段落”按钮，即可打开相关面板，其面板中的选项和“段落”面板中的选项相同。

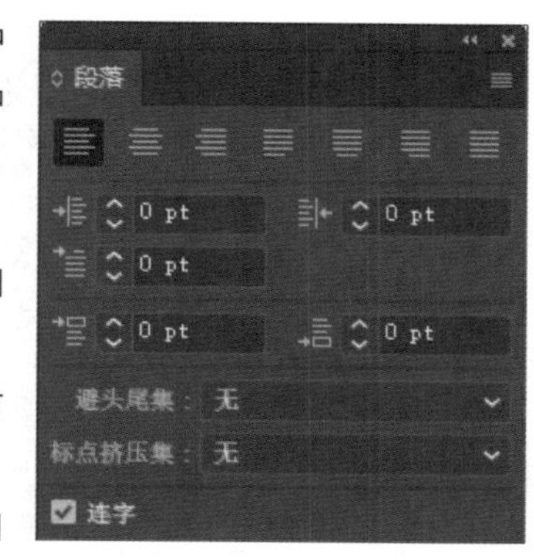

下面介绍“段落”面板中各种对齐方式的含义。

- **左对齐：** 单击该按钮，以文本左侧的边界为基准线并对齐文本，如下左图所示。
- **居中对齐：** 单击该按钮，每行文本的中心与段落文本框的中心对齐，如下中图所示。
- **右对齐：** 单击该按钮，以文本右侧的边界为基准线并对齐文本，如下右图所示。

- **两端对齐，末行左对齐：** 文本末行左对齐，其余文本为两端对齐，如下左图所示。
- **两端对齐，末行居中对齐：** 文本末行居中对齐，其余文本为两端对齐，如下中图所示。
- **两端对齐，末行右对齐：** 文本末行右对齐，其余文本为两端对齐。
- **全部两端对齐：** 两端对齐所有文本，如下右图所示。

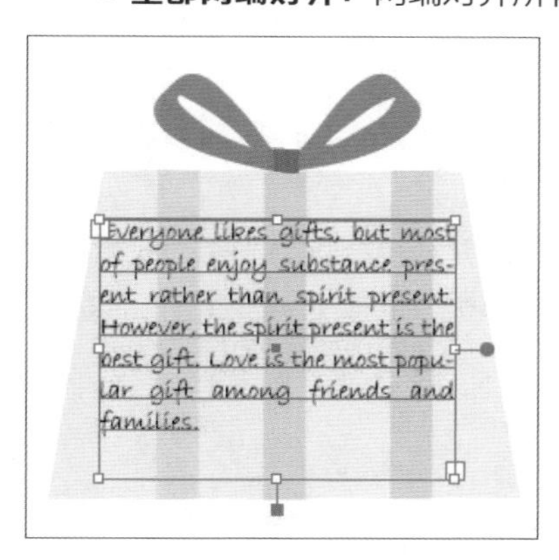

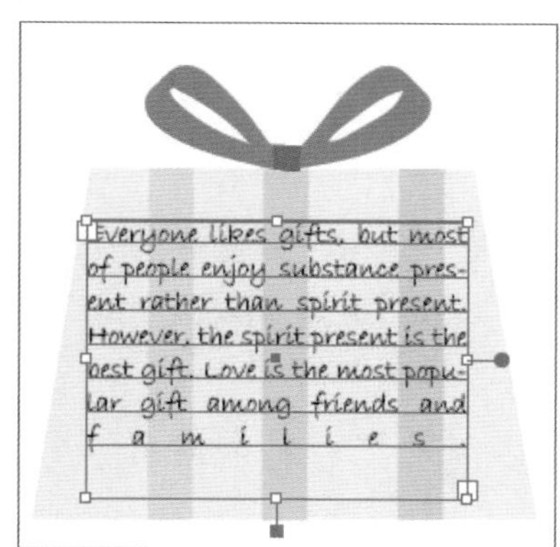

6.3.2 缩进文本

缩进是指文本和文字对象边界间的间距量。由于设置的缩进文本只对选中的段落有效，所以用户可以对每个段落设置不同的缩进量。

在工具箱中选择文字工具，定位需要缩进的段落，此处定位第1段文本，如下左图所示。然后执行“窗口>文字>段落”命令，打开“段落”面板，在“左缩进”数值框中输入20pt，返回画面中可见选中的第1段文本向左缩进，如下右图所示。

燕子去了，有再来的时候；杨柳枯了，有再青的时候；桃花谢了，有再开的时候。但是，聪明的，你告诉我，我们的日子为什么一去不复返呢？——是有人偷了他们罢：那是谁？又藏在何处呢？是他们自己逃走了：现在又到了哪里呢？
我不知道他们给了我多少日子；但我的手确乎是渐渐空虚了。在默默里算着，八千多日子已经从我手中溜去；象针尖上一滴水滴在大海里，我的日子滴在时间的流里，没有声音也没有影子。我不禁关涔涔面泪潸潸了。
去的尽管去了，来的尽管来着，去来的中间，又怎样的匆匆呢？早上我起来的时候，小屋里射进两三方斜斜的太阳。太阳他有脚啊，轻轻悄悄地挪移了；我也茫茫然跟着旋转。

燕子去了，有再来的时候；杨柳枯了，有再青的时候；桃花谢了，有再开的时候。但是，聪明的，你告诉我，我们的日子为什么一去不复返呢？——是有人偷了他们罢：那是谁？又藏在何处呢？是他们自己逃走了：现在又到了哪里呢？
我不知道他们给了我多少日子；但我的手确乎是渐渐空虚了。在默默里算着，八千多日子已经从我手中溜去；象针尖上一滴水滴在大海里，我的日子滴在时间的流里，没有声音也没有影子。我不禁关涔涔面泪潸潸了。
去的尽管去了，来的尽管来着，去来的中间，又怎样的匆匆呢？早上我起来的时候，小屋里射进两三方斜斜的太阳。太阳他有脚啊，轻轻悄悄地挪移了；我也茫茫然跟着旋转。

右缩进的方法和左缩进操作相同，使用文本工具选中第2段文本，打开“段落”面板，设置“右缩进”的值为30pt，效果如下左图所示。左缩进和右缩进的值设置为正数时，向边界内缩进；如果值为负数，则向边界外缩进。设置第3段文字左缩进的值为-30pt，效果如下右图所示。

燕子去了，有再来的时候；杨柳枯了，有再青的时候；桃花谢了，有再开的时候。但是，聪明的，你告诉我，我们的日子为什么一去不复返呢？——是有人偷了他们罢：那是谁？又藏在何处呢？是他们自己逃走了：现在又到了哪里呢？
我不知道他们给了我多少日子；但我的手确乎是渐渐空虚了。在默默里算着，八千多日子已经从我手中溜去；象针尖上一滴水滴在大海里，我的日子滴在时间的流里，没有声音也没有影子。我不禁关涔涔面泪潸潸了。
去的尽管去了，来的尽管来着，去来的中间，又怎样的匆匆呢？早上我起来的时候，小屋里射进两三方斜斜的太阳。太阳他有脚啊，轻轻悄悄地挪移了；我也茫茫然跟着旋转。

燕子去了，有再来的时候；杨柳枯了，有再青的时候；桃花谢了，有再开的时候。但是，聪明的，你告诉我，我们的日子为什么一去不复返呢？——是有人偷了他们罢：那是谁？又藏在何处呢？是他们自己逃走了：现在又到了哪里呢？
我不知道他们给了我多少日子；但我的手确乎是渐渐空虚了。在默默里算着，八千多日子已经从我手中溜去；象针尖上一滴水滴在大海里，我的日子滴在时间的流里，没有声音也没有影子。我不禁关涔涔面泪潸潸了。
去的尽管去了，来的尽管来着，去来的中间，又怎样的匆匆呢？早上我起来的时候，小屋里射进两三方斜斜的太阳。太阳他有脚啊，轻轻悄悄地挪移了；我也茫茫然跟着旋转。

在“段落”面板中还可以针对选中的段落设置首行左缩进效果。选中第1段文本，打开“段落”面板，设置“首行左缩进”的值为40pt，效果如下左图所示。设置“首行左缩进”的值为-40pt时，效果如下右图所示。

燕子去了，有再来的时候；杨柳枯了，有再青的时候；桃花谢了，有再开的时候。但是，聪明的，你告诉我，我们的日子为什么一去不复返呢？——是有人偷了他们罢：那是谁？又藏在何处呢？是他们自己逃走了：现在又到了哪里呢？
我不知道他们给了我多少日子；但我的手确乎是渐渐空虚了。在默默里算着，八千多日子已经从我手中溜去；象针尖上一滴水滴在大海里，我的日子滴在时间的流里，没有声音也没有影子。我不禁关涔涔面泪潸潸了。
去的尽管去了，来的尽管来着，去来的中间，又怎样的匆匆呢？早上我起来的时候，小屋里射进两三方斜斜的太阳。太阳他有脚啊，轻轻悄悄地挪移了；我也茫茫然跟着旋转。

燕子去了，有再来的时候；杨柳枯了，有再青的时候；桃花谢了，有再开的时候。但是，聪明的，你告诉我，我们的日子为什么一去不复返呢？——是有人偷了他们罢：那是谁？又藏在何处呢？是他们自己逃走了：现在又到了哪里呢？
我不知道他们给了我多少日子；但我的手确乎是渐渐空虚了。在默默里算着，八千多日子已经从我手中溜去；象针尖上一滴水滴在大海里，我的日子滴在时间的流里，没有声音也没有影子。我不禁关涔涔面泪潸潸了。
去的尽管去了，来的尽管来着，去来的中间，又怎样的匆匆呢？早上我起来的时候，小屋里射进两三方斜斜的太阳。太阳他有脚啊，轻轻悄悄地挪移了；我也茫茫然跟着旋转。

6.3.3 调整段落间距

在“段落”面板中，用户可以根据需要设置段前或段后的间距大小。使用文本工具选中第2段文本，打开“段落”面板，设置段前间距的值为30pt，可见选中段落与上一段落之间的距离增大了，效果如下左图所示。如果设置段后间距为正数时，选中段落与下一段落之间距离增大；如果设置的值为负数，段落间距减小，文本可能会重叠在一起。设置第2段文本的段后间距为-30pt时，效果如下右图所示。

6.3.4 连字符的应用

为了满足文本的对齐效果，Illustrator会将一行末端的单词分为两部分，移至下一行并使用连字符连接断开的单词。选择未使用连字符的文本，如下左图所示。打开“段落”面板，勾选“连字”复选框，可见present单词分为pres和ent两部分并使用连字符连接，如下右图所示。

提示：避头尾集功能

避头尾集功能用于设置不能位于行首或行尾的字符。选中段落文本，打开“段落”面板，单击“避头尾集”下拉按钮，在下拉列表中选择相应的选项。选择“无”选项，表示不用避头尾；选择“宽松”和“严格”选项，可以避免所选的字符位于行首或行尾。

选择“避头尾设置”选项，打开“避头尾法则设置”对话框，选择字符，单击“确定”按钮即可，如右图所示。

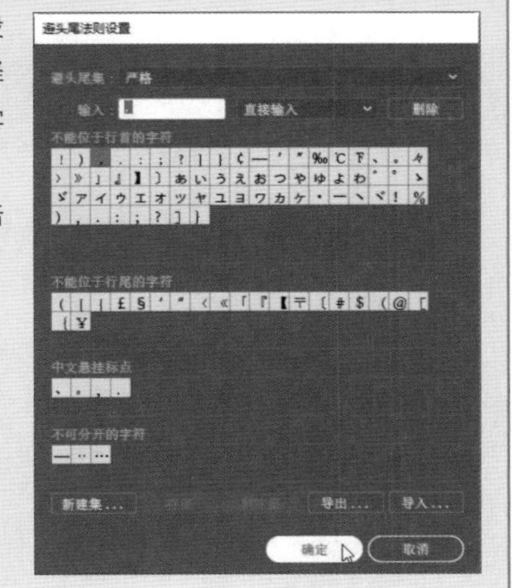

6.4 区域文字的编辑

输入区域文字后，对文本区域进行编辑时会影响文字内容的显示和排列方式。用户可以根据需要对文本区域的大小、形状、文本绕排方式和串接文本等进行设置。

6.4.1 设置区域文字选项

使用选择工具或文字工具选择区域文字，执行“文字>区域文字选项”命令，打开“区域文字选项”对话框，如下图所示。

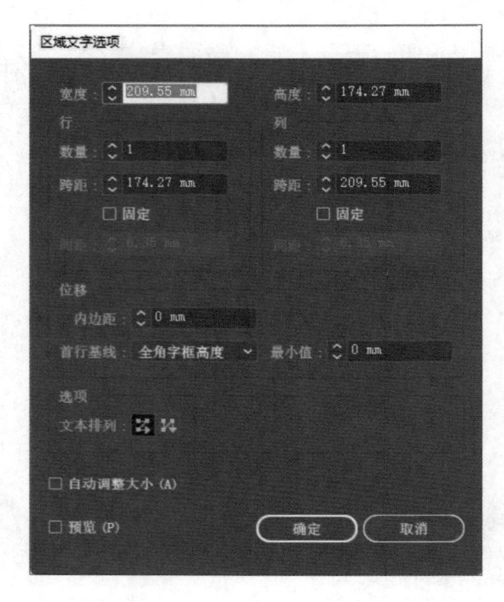

下面介绍“区域文字选项”对话框中各参数的含义。

- **宽度/高度：**在数值框中输入数值，调整文本区域的大小。
- **“行”选项区域：**“数量”值用于设置选中文本区域的行数；“跨距”值用于设置行与行之间的距离；“固定”表示在调整文字区域大小时，设置行高，勾选该复选框，调整区域大小时，只会改变行数和栏数，不改变高度。下左图为原始文字区域的效果，设置行数为3、跨距为54mm的效果如下右图所示。

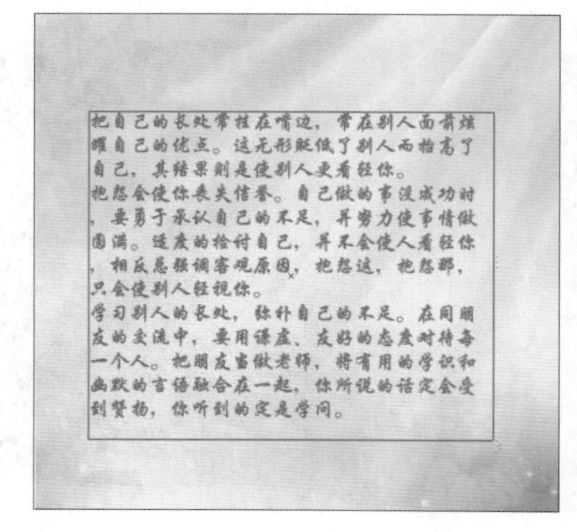

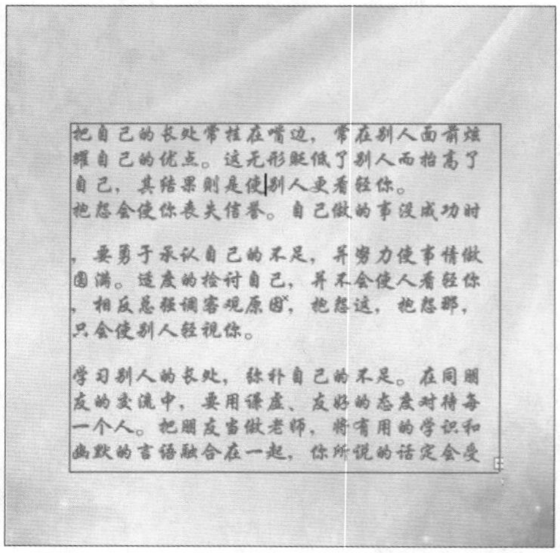

- **“列”选项区域：** 用于设置创建文本区域的列，该区域的参数功能和“行”选项区域相同，此处不再赘述。下左图为设置列数为2、跨距为100mm的效果，下右图为设置行数和列数均为2的效果。

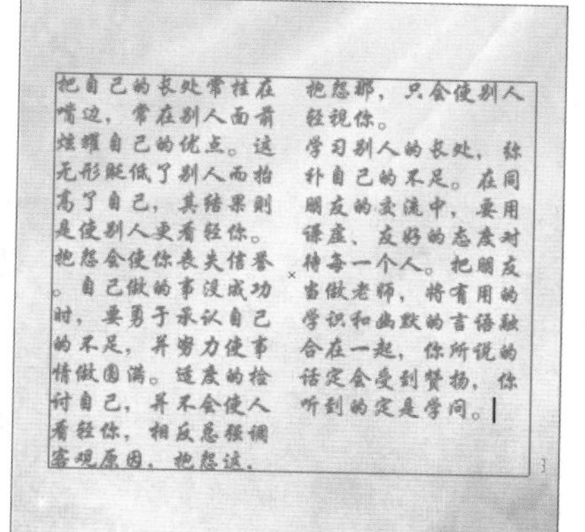

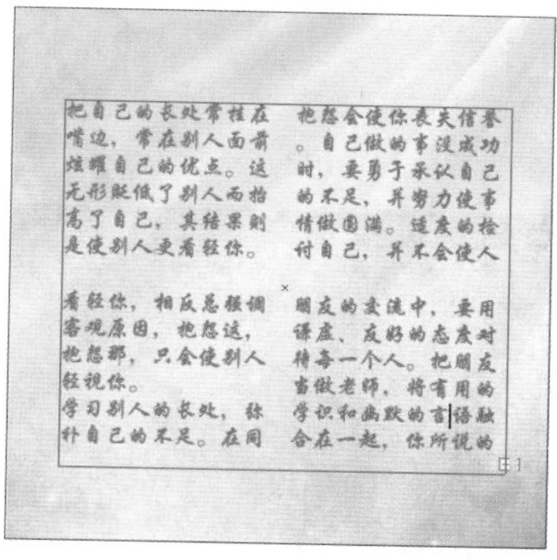

- **“位移”选项区域：** 在该区域可以设置内边距和首行基线的对齐方式。“内边距”用于设置区域文本和边框路径的距离，单位是毫米，直接在数值框中输入数值即可。设置“内边距”值为8mm的效果如下左图所示。“首行基线”用于控制第一行文本与边框顶部的对齐方式，在“最小值”数值框中输入数值，可以指定基线位移的最小值。设置“首行基线”为“大写字母高度”的效果如下右图所示。

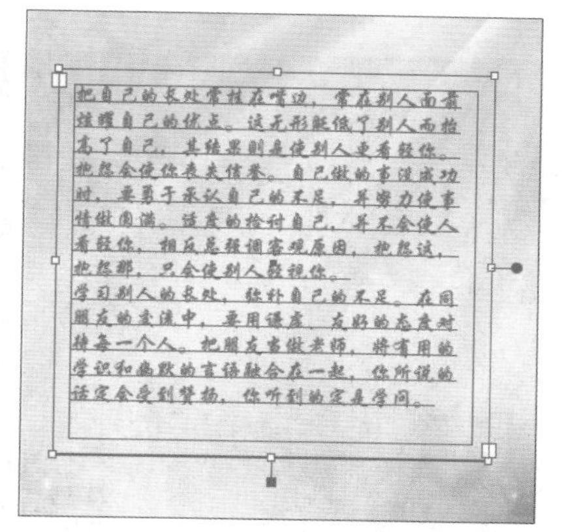

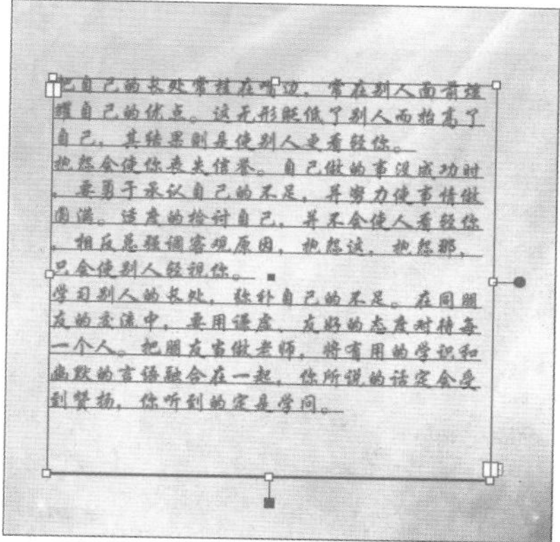

- **“选项”选项区域：** 该区域用于设置文本的走向，包含两个按钮。为了突出效果，先设置行数和列数均为2，单击“按行，从左到右”按钮，效果如下左图所示；单击“按列，从左到右”按钮，效果如下右图所示。

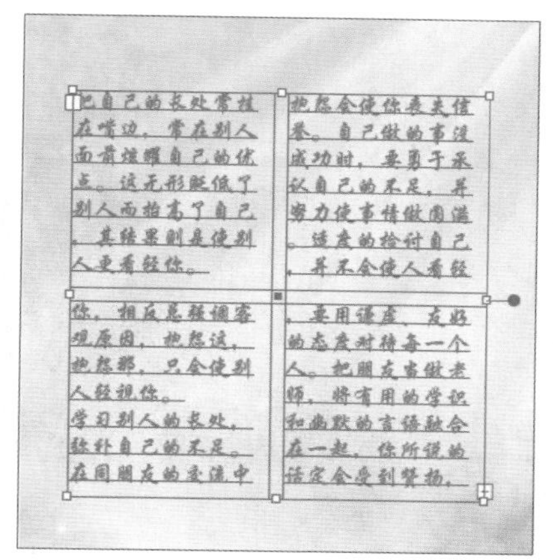

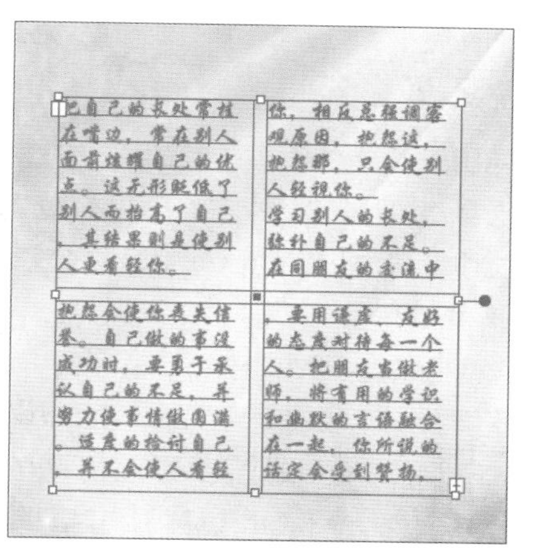

6.4.2 调整区域文本的大小和形状

区域文本创建完成后，用户可以根据需要调整其大小和形状，如缩小、扩大文本区域或旋转文本等，下面介绍具体操作方法。

步骤 01 在Illustrator软件中打开素材文件，使用选择工具选中区域文本，如下左图所示。

步骤 02 将光标移至文本框右下角的控制点上，按住鼠标左键进行拖曳，即可调整其大小，如下右图所示。

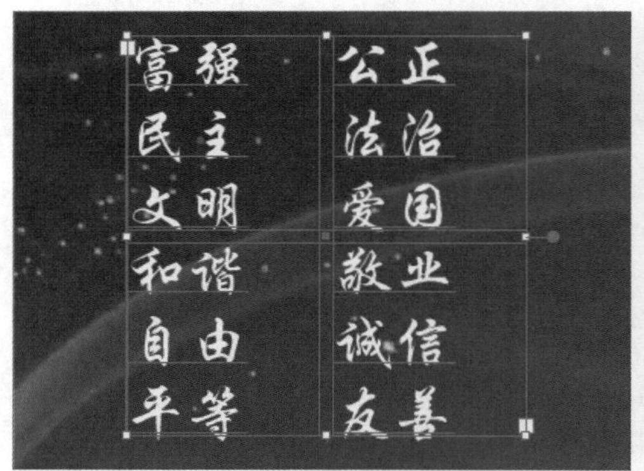

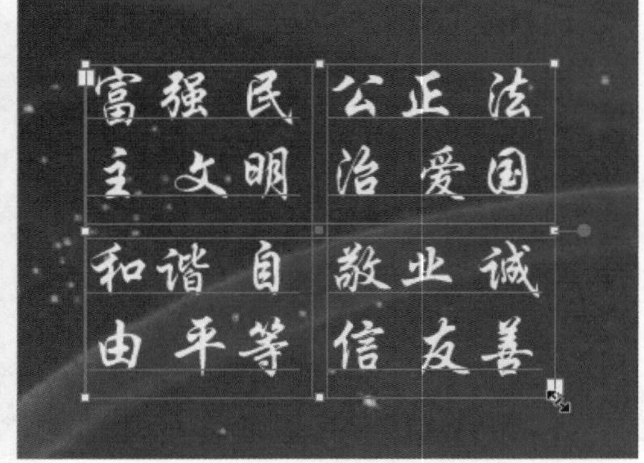

步骤 03 将光标移至控制点上方，变为弯曲的双向箭头时按住鼠标左键并进行旋转，如下左图所示。

步骤 04 可见文字在新区域内重新排列，但是其大小和方向不变，如下右图所示。

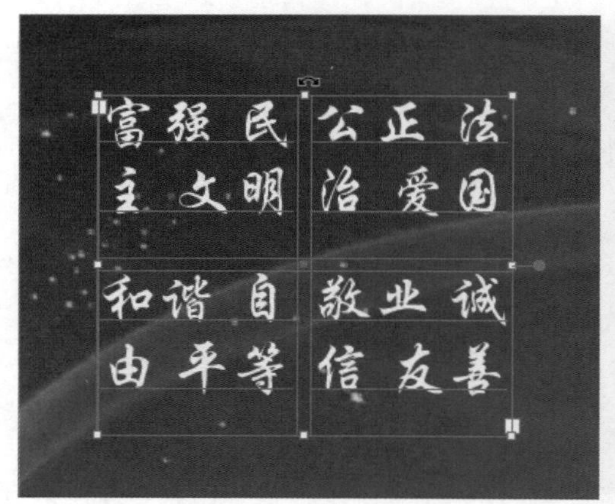

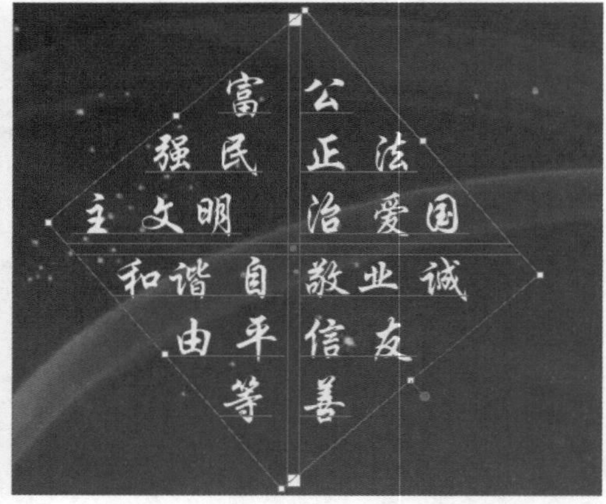

除了上述介绍的使用鼠标调整的方法外，用户还可以使用第3章介绍的比例缩放工具和旋转工具对区域文本进行调整。

6.4.3 创建文本绕排

文本绕排功能用于设置对象与文本的绕排方式，使文本和对象可以更完美的结合。执行“对象>文本绕排>文本绕排选项”命令，在打开的“文本绕排选项”对话框中设置相关参数，如右图所示。

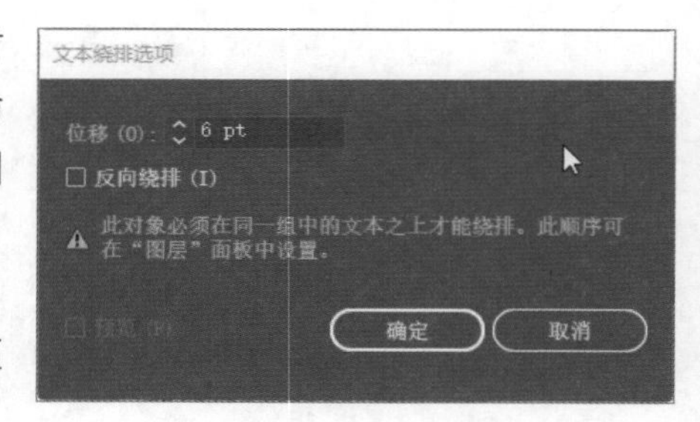

下面介绍该对话框中各参数的含义。

- **位移**：用于设置文本和对象之间的间距大小，直接在数值框内输入数值即可，可以是正数也可以是负数。
- **反向绕排**：勾选该复选框，可设置围绕对象反向绕排文本。

下面通过创建绕排文本来介绍具体的操作方法，步骤如下。

步骤 01 打开素材文件，可见文本覆盖了图像中的猫咪，如下左图所示。

步骤 02 使用钢笔工具沿着猫咪周围绘制图形，如下右图所示。

步骤 03 按住Shift键选中绘制的路径和文本，然后执行“对象>文本绕排>建立”命令，如下左图所示。

步骤 04 使用选择工具拖曳区域文本向路径移动，文字会重新排列，效果如下右图所示。

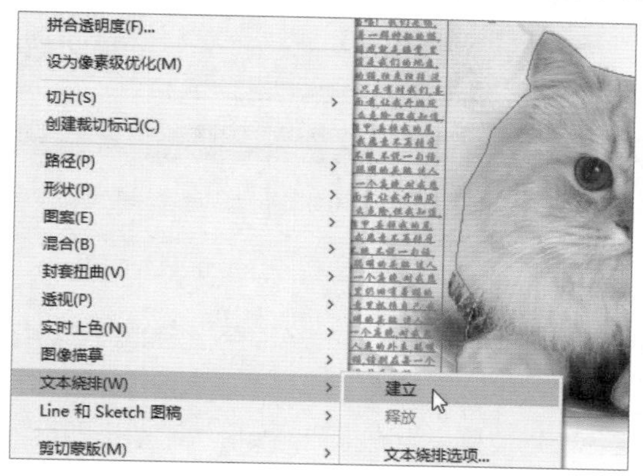

步骤 05 拖曳文本框使文本显示完全，选择文本框和路径，打开“文本绕排选项”对话框，设置“位移”值为-6pt，单击“确定”按钮，如下左图所示。

步骤 06 为了整体效果的美观，将绘制路径的描边设为无填充，效果如下右图所示。

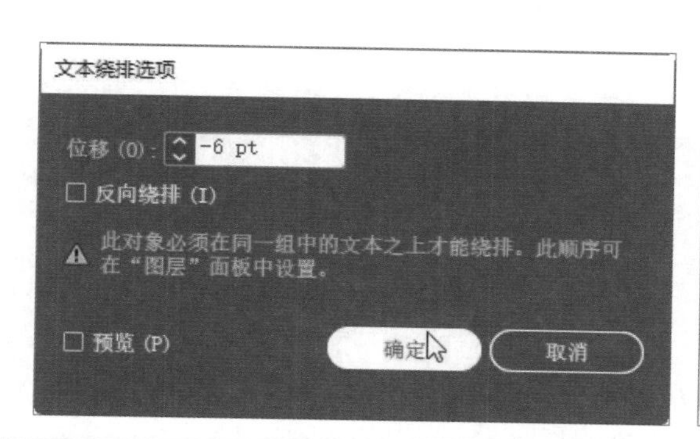

提示：释放绕排文本

如果需要将绕排文本恢复至原始状态，则选中文本框和路径，执行“对象>文本绕排>释放”命令即可。

6.4.4 串接文本

输入区域文本时，输入的文本信息超出路径范围时，可以使用文本串接功能，将未显示完全的文本显示在其他区域。打开素材文件，可见文本框的右下角出红色加号，表示文本内容未显示完全。将光标移至该图标上并单击，如下左图所示。当光标变为形状时，在其他区域单击或按住鼠标左键拖曳绘制文本区域，即可将溢出的文本显示完全，如下右图所示。

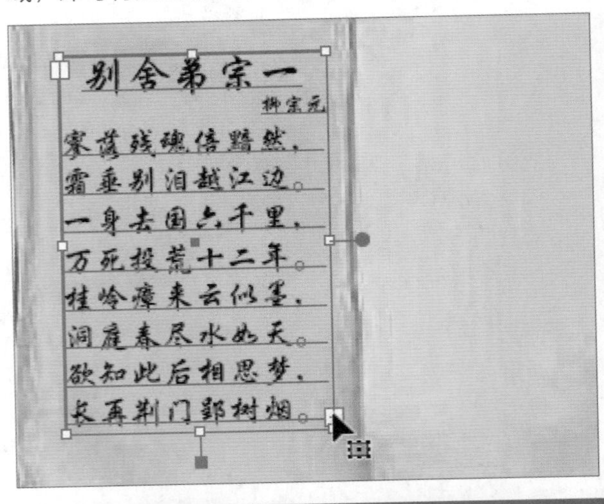

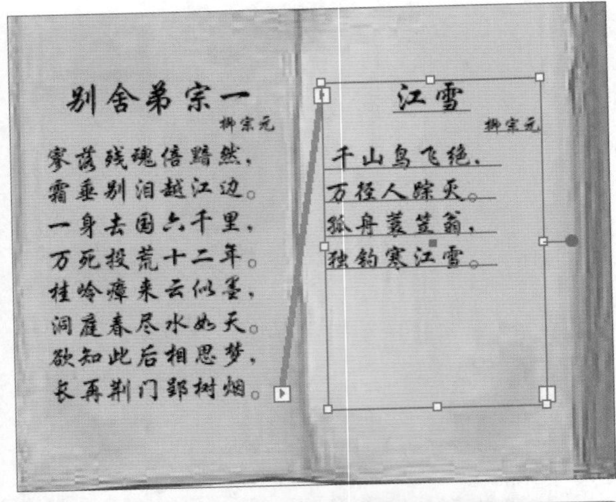

提示：使用命令创建串接文本

首先选择两个或两个以上的区域，然后执行“文字>串接文本>创建”命令，即可创建串接文本。创建串接文本后，若不显示串接标记，则执行“视图>显示文本串接”命令即可。

用户也可以将溢出的文本串接到指定的图形中，即单击红色加号后，将光标移至指定的图形边缘上，当光标变为形状时单击，文本会在指定图形中显示，如下左图所示。

如果用户需要删除串接的文本，可将光标移至原红色加号位置，当光标变为形状时单击即可，如下右图所示。串接的文本会自动在原对象内排列。

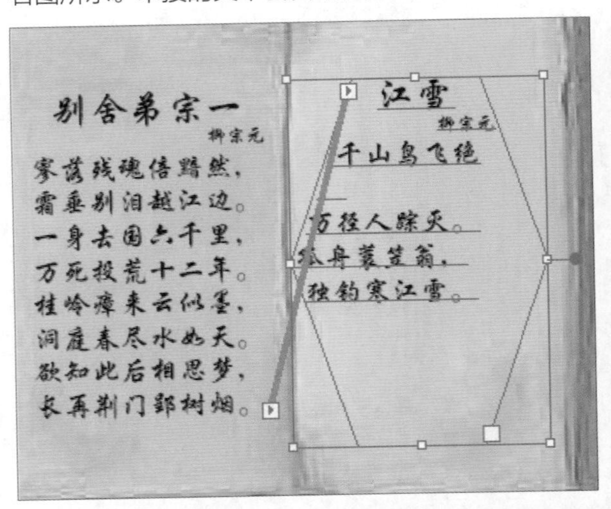

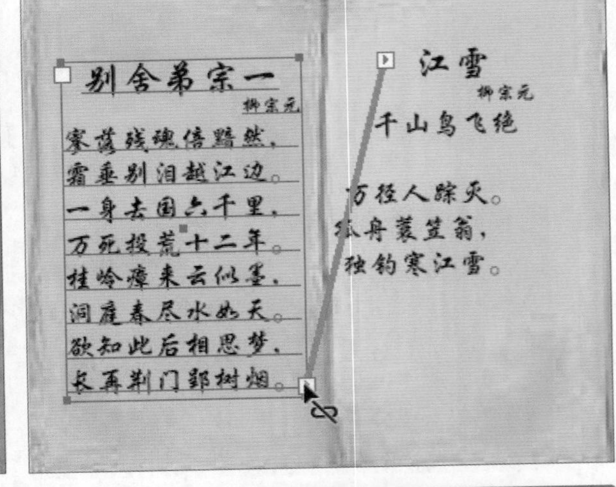

提示：释放串接文本

选中文本对象，然后执行“文字>串接文本>释放所选文字”命令，文本将保留在原位置。

6.5 路径文字的编辑

路径文字创建完成后，用户可以对文本执行移动、翻转等编辑操作，也可以在“路径文字选项”对话框中设置路径文字的效果。

6.5.1 移动和翻转路径文字

下面介绍移动和翻转路径文字的方法，具体步骤如下。

步骤 01 打开素材文件，查看创建的路径文字，如下左图所示。

步骤 02 使用钢笔工具选中路径文字，将光标移至文字最左侧时会变为形状，如下右图所示。

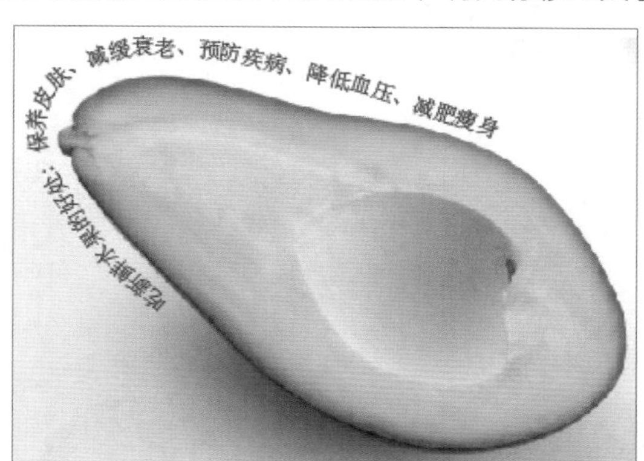

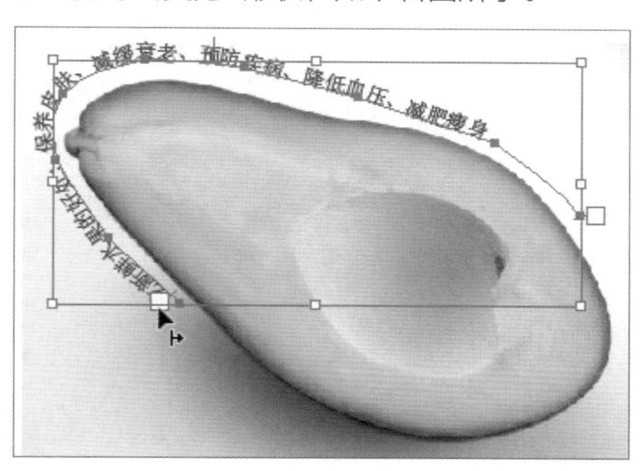

步骤 03 按住鼠标左键并拖曳，即可移动路径文字，如下左图所示。

步骤 04 将光标移至路径文字中点标记上，变为形状时向路径另一侧拖曳，如下右图所示。

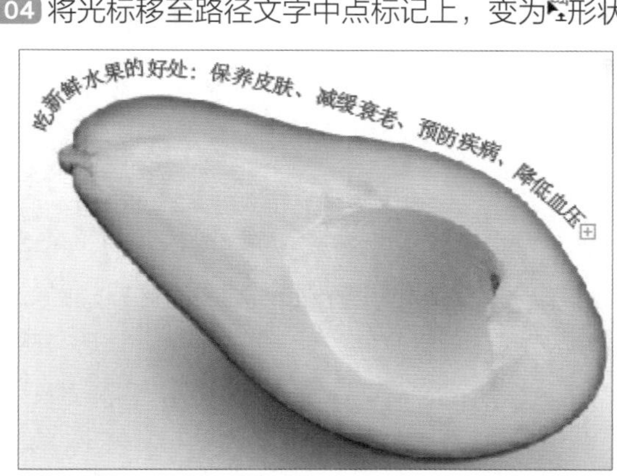

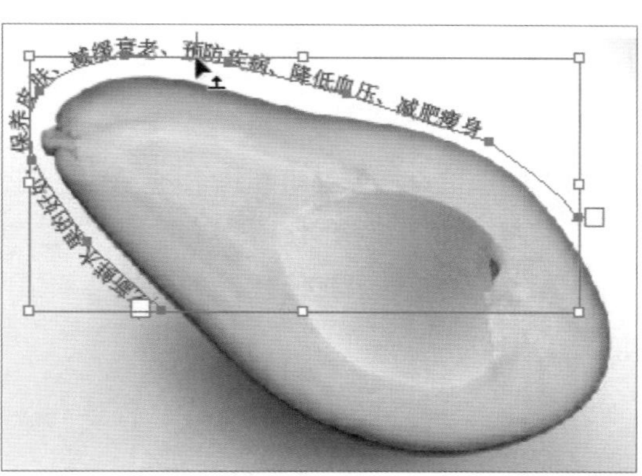

步骤 05 可见路径文字已经翻转，如右图所示。

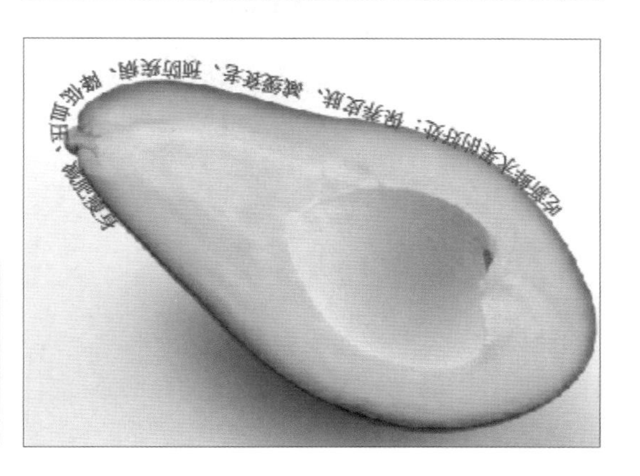

提示：翻转文字且不改变文字方向

用户可以通过在“字符”面板中设置“设置基线偏移”参数为负数，将路径文字移动至路径的另一侧，而且不改变文字的方向。

6.5.2 设置路径文字选项

用户还可以在“路径文字选项”对话框中设置路径文字的效果或对齐方式等参数。选择路径文字，执行“文字>路径文字>路径文字选项”命令，打开“路径文字选项”对话框，如下图所示。

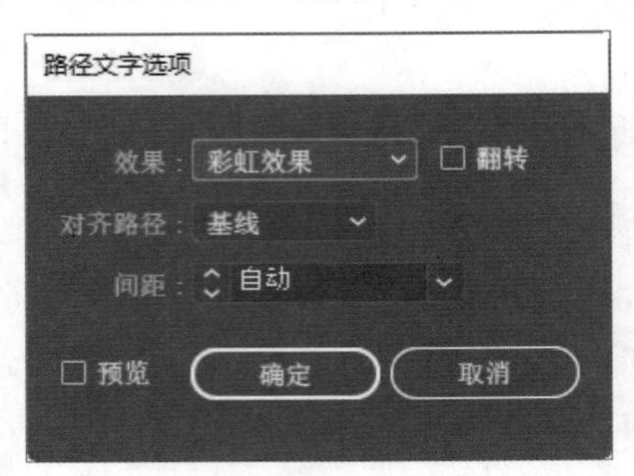

下面介绍该对话框中各参数的含义。

- **效果：** 该列表中包含5种路径文字的效果选项，用户也可以执行“文字>路径文字”命令，在子菜单中选择这几种效果。下左图为倾斜效果，下中图为阶梯效果，下右图为重力效果。

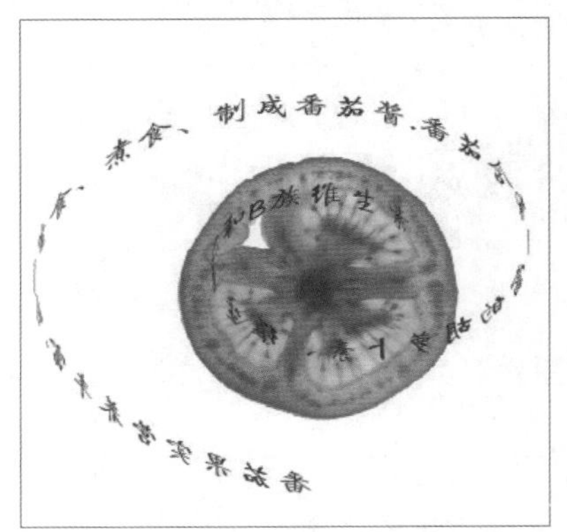
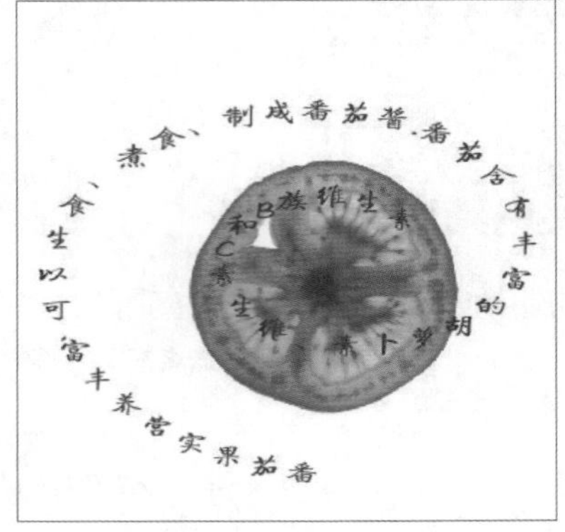
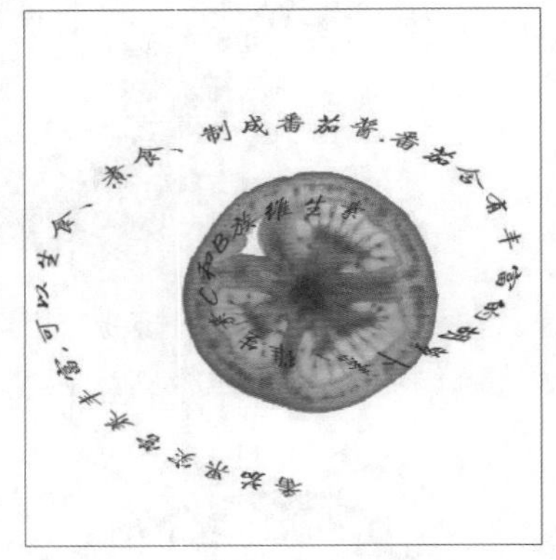

- **翻转：** 勾选该复选框即可翻转路径上的文字。
- **对齐路径：** 用于设置路径文字的对齐方式，默认为“基线”方式，还包括“字母上缘”、“字母下缘”和“居中”等几种方式。下左图为字母下缘对齐方式的效果，下右图为居中对齐方式的效果。

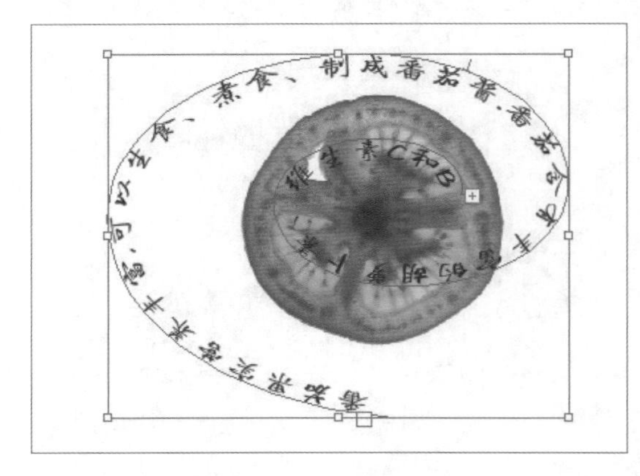
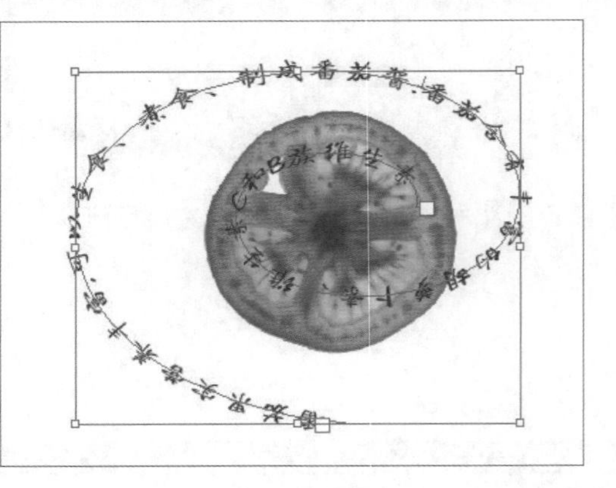

- **间距：** 如果字符沿着尖锐曲线进行排列，字符之间会出现额外的间距，此时调整“间距”的值可消除不必要的间距。“间距”的值对直线路径文字不产生任何影响。
- **预览：** 若勾选该复选框，则在该对话框中设置相关参数时，不单击“确定”按钮也可查看设置效果。

知识延伸：将文字转换为轮廓

为了更方便地编辑文字，用户可以将文字转换为轮廓，即可进行更多的文本编辑操作，如添加效果、设置渐变填充等。

打开素材文件，如下左图所示。选中文字，执行“文字>创建轮廓”命令，即可将选中的文字转换为轮廓，效果如下右图所示。

用户可以使用直接选择工具选中锚点，然后进行拖曳改变文字的形状，效果如下左图所示。选文字，执行“对象>取消编组”命令，然后分别对每个文字执行渐变填充操作，并设置不同的颜色，效果如下右图所示。

选中“文”文本，执行“效果>艺术效果>海报边缘”命令，在打开的对话框中设置相关参数，然后单击“确定”按钮，效果如下左图所示。根据相同的方法设置“字”文本的效果，如下右图所示。

上机实训：制作金属质感文字

要制作金属质感文字效果，用户首先要了解文字工具的使用，掌握设置渐变色及文字倒影的方法，还要熟练应用渐变、扩展和蒙版等功能，具体操作过程如下。

步骤 01 首先按下Ctrl+N组合键，创建一个200x200mm的空白文档，名称设置为“金属质感文字”，颜色模式为CMYK，单击“创建”按钮，如下左图所示。

步骤 02 使用矩形工具绘制和文档同样大小的矩形，将其填充为黑色，轮廓设置为无。按下Ctrl+2组合键，执行锁定操作，如下右图所示。

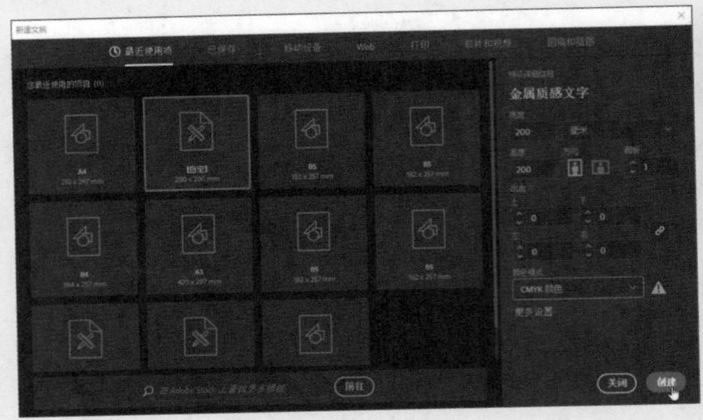

步骤 03 使用文字工具输入black，按下Ctrl+T组合键打开“字符”面板，对相关参数进行设置，效果如下左图所示。

步骤 04 选择输入的文字并右击，在快捷菜单中选择“创建轮廓”命令，如下右图所示。

步骤 05 选择输入的文字，按下Ctrl+F9组合键，弹出“渐变”面板，设置0%的CMYK值为46、37、35、0， 52%的CMYK值为7.2、5.4、5.8、0，100%的CMYK值为67、57.6、55、7，效果如右图所示。

步骤 06 选择创建的文字，按下Ctrl+C组合键复制文本，按下Ctrl+V组合键执行粘贴操作。选择下层文字，将描边颜色设置为黑色，将描边粗细设置为3pt，如下左图所示。

步骤 07 执行“窗口>色板”命令，选择创建的文字，单击“新建色板”按钮，将色板名称改为“金属”，如下右图所示。

步骤 08 选择添加描边的文字，在“色板”面板中选中创建的“金属”色板，如下左图所示。

步骤 09 选中描边的文字，执行“对象>扩展”命令，在打开的对话框中设置扩展参数，如下右图所示。

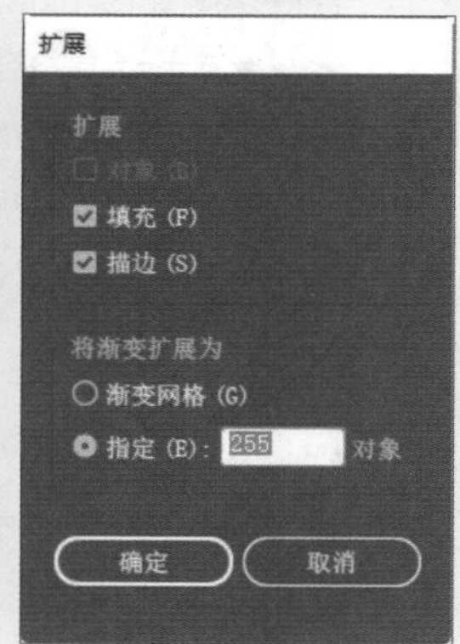

步骤 10 将创建的两行文字对齐并按下Ctrl+G组合键执行编组操作。选中编组后的文字并右击，选择“变换>对称”命令，在弹出的“镜像”对话框中将轴设置为水平，如下左图所示。

步骤 11 单击“确定”按钮，选择镜像的对象，适当调整位置，效果如下右图所示。

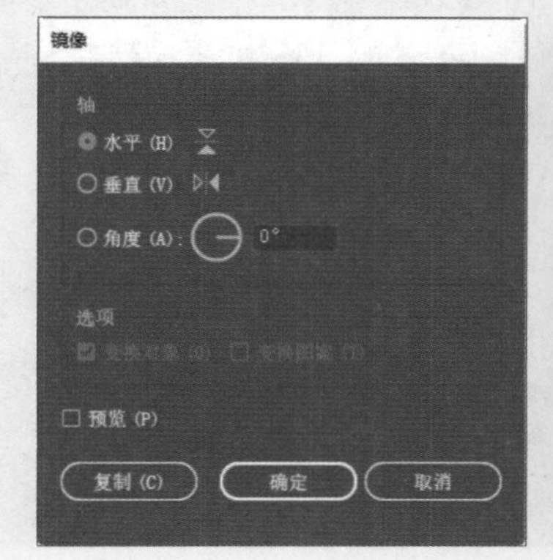

步骤 12 选择矩形工具，绘制矩形，使其能够覆盖镜像后的文字，如下左图所示。

步骤 13 选择创建的矩形，将其填充设为白色到黑色的渐变，轮廓设置为无，如下右图所示。

步骤 14 选择矩形和矩形下的文字，按下Shift+Ctrl+F10组合键，弹出“透明度”面板，单击面板右上角的扩展按钮，在打开的列表中选择“建立不透明度蒙版”选项，如下左图所示。

步骤 15 在“透明度”面板中选择蒙版，在场景中选择矩形并设置渐变颜色，如下右图所示。

步骤 16 选中文字，按下Ctrl+G组合键执行编组操作，然后适当调整位置。至此，金属质感文字作品制作完成，最终效果如右图所示。

课后练习

1. 选择题

（1）在Illustrator中执行“窗口>文字”命令，在子菜单中选择（　　）命令可打开“字符”面板。

A. 文字　　B. 字符样式　　C. 字形　　D. 字符

（2）执行“窗口>文字>段落”命令，或按下（　　）组合键，可打开“段落”面板。

A. Ctrl+T　　B. Alt+Ctrl+T　　C. Shift+Ctrl+T　　D. Alt+T

（3）在“路径文字选项”对话框中，（　　）属于路径文字的效果选项。

A. 3D带状效果　　B. 倾斜　　C. 阶梯效果　　D.彩虹效果

（4）选中区域文本和形状，执行（　　）命令，可以创建串接文本。

A. 文字>串接文本>创建　　B. 文字>创建串接文本

C. 文字>串接文本　　D. 文字>创建串接

2. 填空题

（1）要将Word文档中的文本置入到Illustrator中，可执行________命令或按下________组合键，打开“置入”对话框。

（2）打开“字符”面板，单击________按钮，即可选择其中一个文字。

（3）在“文本绕排选项”对话框中设置“位移”为________时，文本与形状的距离变大；设置“位移”为________时，文本与形状的距离变小。

（4）选中创建的点文本，执行________命令或按下________组合键，可将文字转换为轮廓。

3. 上机题

用户可以根据本章所学内容，使用创建点文字、区域文字、编辑文字等功能创建文字海报排版，效果如下图所示。

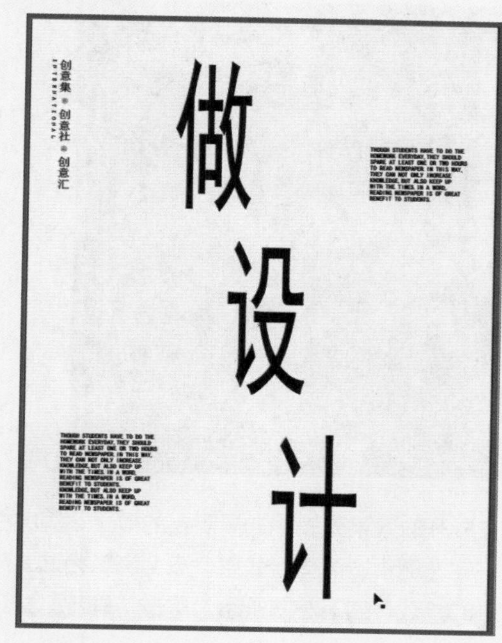

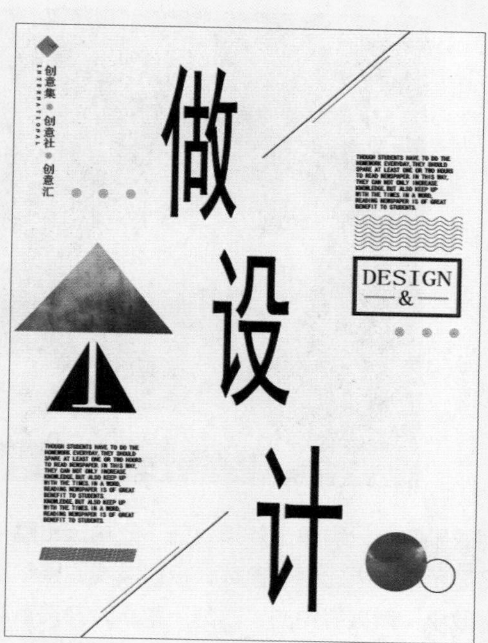

Chapter 07 滤镜与效果的应用

本章概述

Illustrator的滤镜和效果是最吸引人的功能之一，用户可以通过对对象进行简单的设置，制作出令人惊叹的效果。本章主要介绍各种滤镜和效果的基本知识、应用方法，并制作出精美的案例。

核心知识点

1. 掌握3D效果的应用
2. 熟悉SVG滤镜效果的应用
3. 掌握扭曲和变换效果的应用
4. 掌握风格化效果的应用

7.1 效果的基础知识

效果的应用是实时的，主要用于修改对象的外观属性，可以直接应用在对象上，如为对象添加3D立体效果、投影效果以及扭曲效果等。

7.1.1 效果的应用

“效果”菜单中包括矢量效果和栅格效果两种类型的效果。矢量效果选项在菜单的上半部分，包括3D、SVG滤镜、变形、扭曲和变换、栅格化等；栅格效果选项在菜单的下半部分，包括效果画廊、像素化、扭曲和画笔描边等。

应用效果的方法非常简单，选择需要应用效果的对象，执行“效果”命令，在弹出的菜单中选择相应的效果命令，然后弹出对应的对话框，进一步设置效果的参数，最后单击“确定”按钮即可应用该效果。

若需要对图像应用栅格效果，则执行相应的命令打开对应的对话框，或执行“效果>效果画廊”命令，在打开的对话框中设置栅格效果，如下图所示。

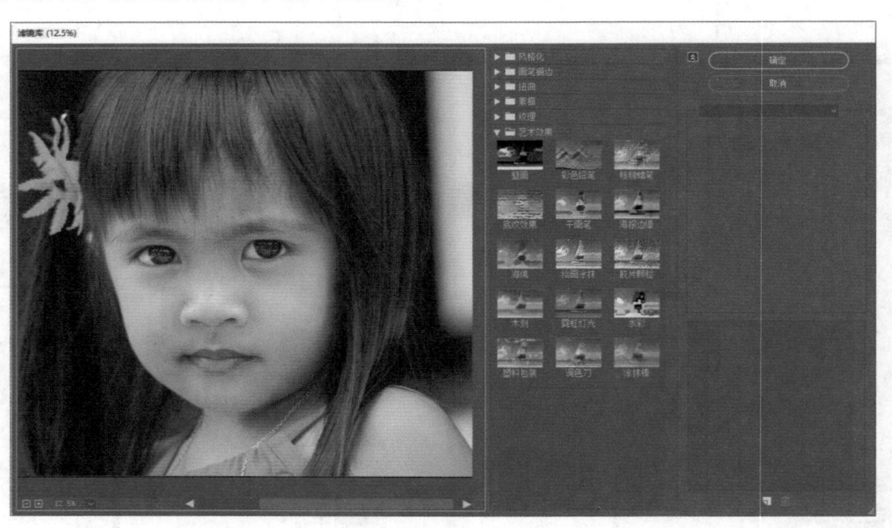

应用效果时，只需单击效果组前下三角按钮▶，在展开的效果列表中选择需要的效果，同时在对话框的右侧将显示该效果的相关参数，根据需要调整参数，在左侧预览区查看效果，直至满意为此。为对象应用“艺术效果”效果组中的“木刻”效果，并设置对应的参数，如下左图所示。单击“确定”按钮，稍等片刻，即可为图像应用该效果，如下右图所示。

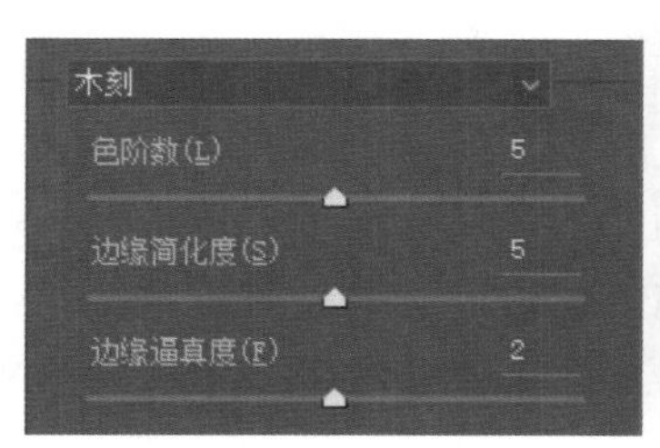

7.1.2 编辑效果

在Illustrator中为对象应用效果后，效果会在“外观”面板中显示出来，用户可以通该面板对应用的效果进行编辑、移动和删除等操作。

选择需要修改效果的对象，执行“窗口>外观”命令，打开“外观”面板，如下左图所示。双击效果的名称可打开效果对话框，选择其他效果，如“扩散亮光”效果，进一步设置参数，单击“确定”按钮，效果如下右图所示。

如果需要删除应用的效果，则在“外观”面板中选择需要删除的效果，然后单击面板右下角的“删除所选项目”按钮即可。

提示：应用上次使用的效果

如果用户需应用上次使用的效果并对该效果的参数设置，例如若使用用上次使用的“木刻”效果，则选择对象，执行“效果>应用‘木刻’”命令，如下左图所示。即可应用上次使用的效果，如下右图所示。

如果只是应用上次使用的效果并进行参数设置，执行“效果>木刻”命令即可。

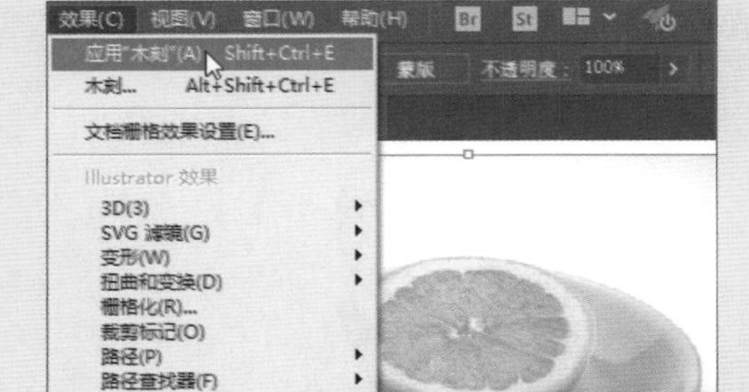

7.2 3D效果的应用

Illustrator的3D效果可以将位图或矢量图形创建为三维效果，应用高光、旋转和投影等参数控制3D对象的外观，还可以设置3D场景中的光源。

7.2.1 “凸出和斜角”效果

“凸出和斜角”效果可以沿对象的Z轴拉伸2D对象，增加对象的深度从而创建3D效果。选择一个2D图像，如下左图所示。执行“效果>3D>凸出和斜角”命令，打开“3D凸出和斜角选项”对话框，如下右图所示。

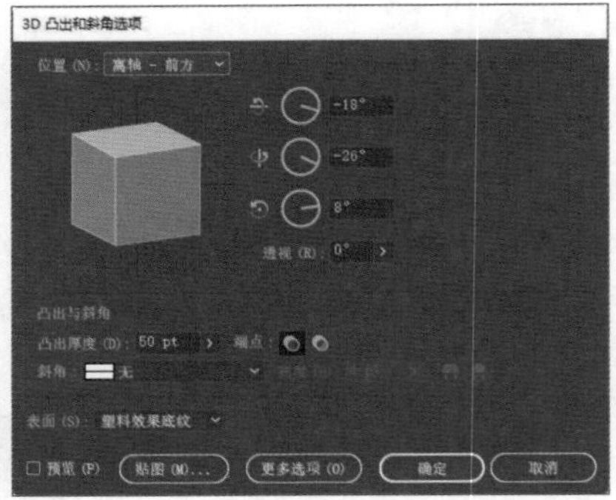

下面介绍“3D凸出和斜角选项”对话框中各参数的含义。

- **位置：** 在下拉列表中选择对象的旋转方式。用户可以在右侧数值框中精确设置旋转角度，也可以拖曳示意图的立方体调整。将示意图的立方体向右下方拖曳，效果如下左图所示。设置X轴旋转角度为-18°，Y轴旋转角度为-73°，Z轴旋转角度为50°，效果如下右图所示。

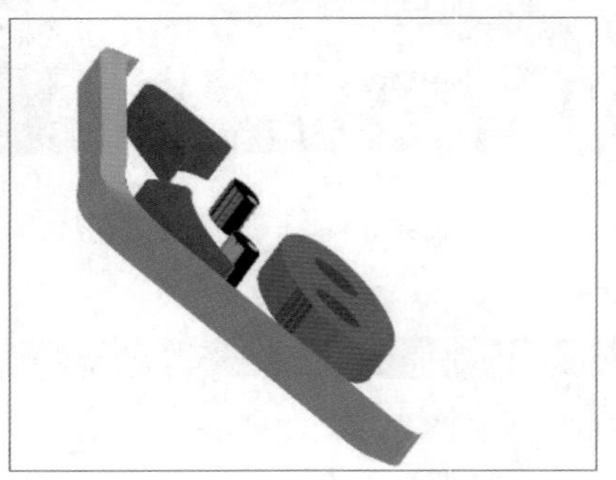

- **透视：** 用于设置对象的3D透视角度，使立体感更加真实。用户可以在数值框中直接输入数值，透视角度介于0至160之间，也可以单击右侧的三角按钮，拖曳滑块进行调整。下左图为原始图形，下右图为设置透视角度为130° 的效果。

- **端点：**包括两个按钮，单击不同的按钮，确定3D图形是空心还是实心。下左图为原始图形。单击“开启端点以建立实心外观”按钮，效果如下中图所示。单击“关闭端点以建立空心外观”按钮，效果如下右图所示。

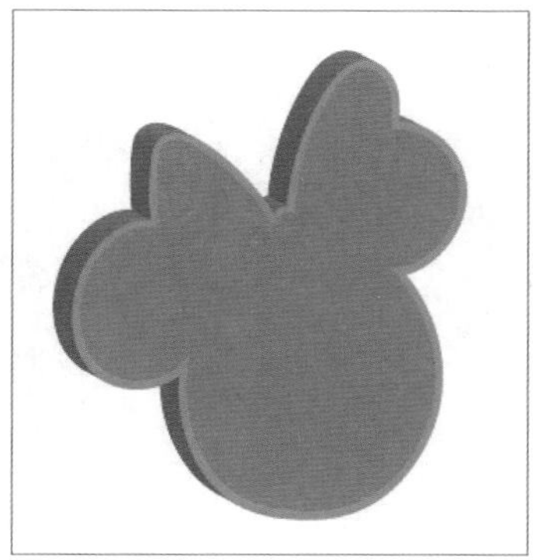

- **凸出厚度：**用于设置对象凸出的厚度，默认为50pt，数值范围为0-2000pt。
- **斜角：**在下拉列表中可设置对象的边缘斜角效果。下左图为原始图形，下中图为拱形的效果，下右图为圆形的效果。

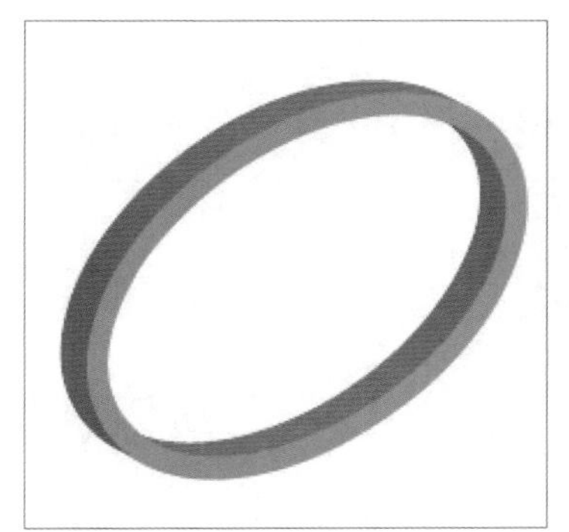

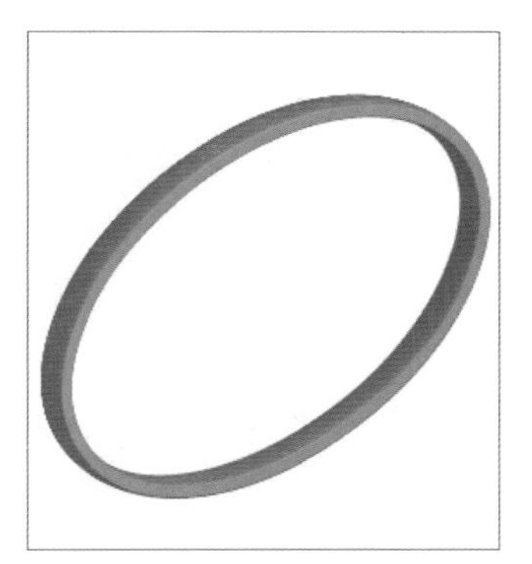

- **高度：**为对象设置斜角效果后，在“高度”数值框中输入高度值，单击“斜角外扩”按钮可在保持对象大小的基础上，增加像素形成斜角；单击“斜角内缩”按钮，将从原图像上切除部分像素形成斜角。

7.2.2 “绕转”效果

“绕转”效果可以围绕Y轴绕转一条路径或剖面，绕转轴是垂直固定的。选择绘制好的路径，如下左图所示。执行“效果>3D>绕转”命令，打开“3D绕转选项”对话框，如下右图所示。

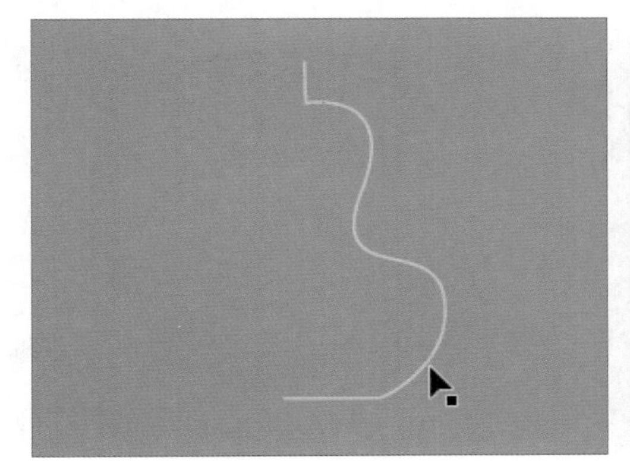
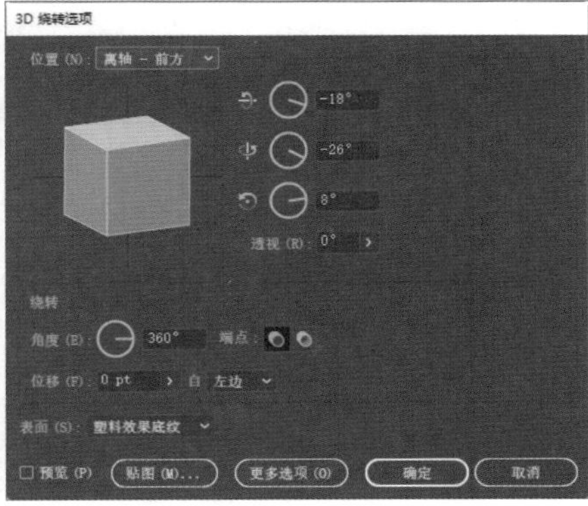

下面介绍“3D绕转选项”对话框中各参数的含义。

- **角度：** 在数值框中输入角度值，范围在0-360度之间。角度为360° 的效果如下左图所示，角度为270° 的效果如下右图所示。

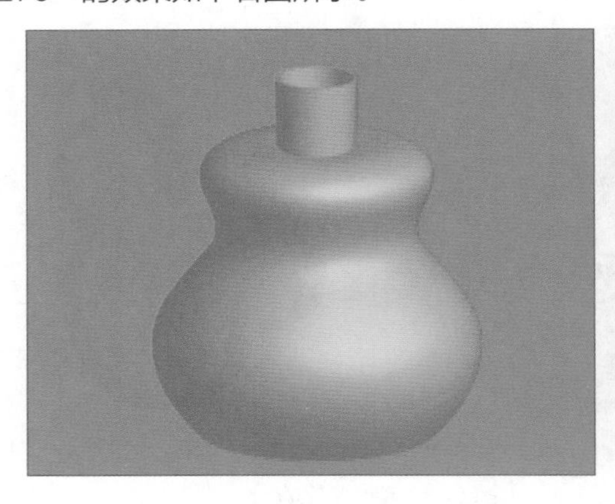

- **位移：** 用于设置绕转轴与路径之间的距离，该值越高，对象偏离轴心就越远。设置“位移”值为10pt的效果如下左图所示，设置“位移”值为40pt的效果如下右图所示。

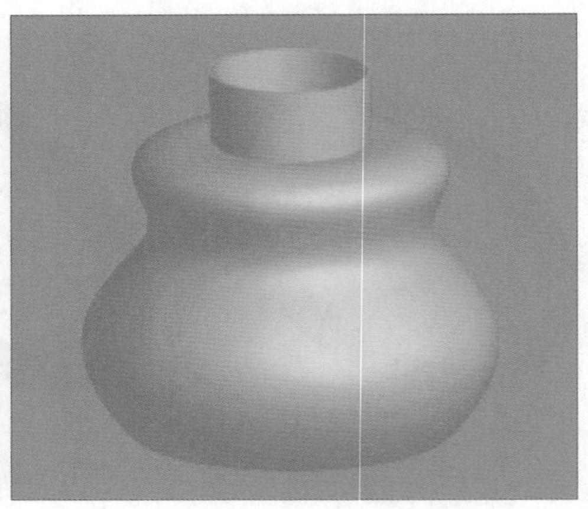

- **自：** 用于设置对象绕转的轴，包括“左边”和“右边”两种类型。使用上述相同的路径，设置“自”为“右边”时，效果如下左图所示。
- **表面：** 用于设置渲染的样式。使用上述相同的路径，设置“表面”为“线框”时，效果如下右图所示。

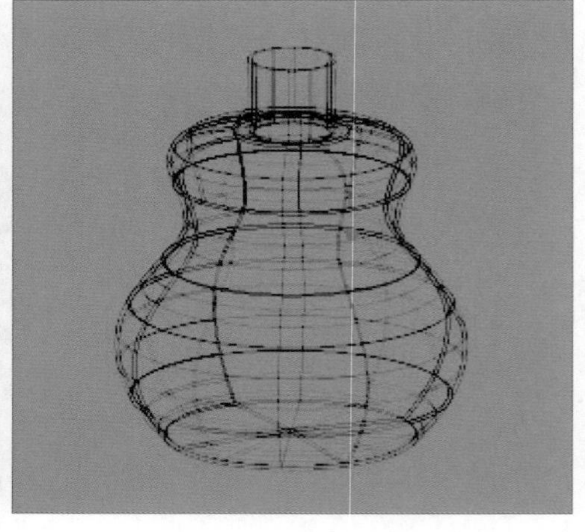

7.2.3 “旋转”效果

“旋转”效果可以在三维空间中旋转对象，从而模拟出透视的效果。选中对象，执行“效果>3D>旋转”命令，打开“3D旋转选项”对话框，如下图所示。

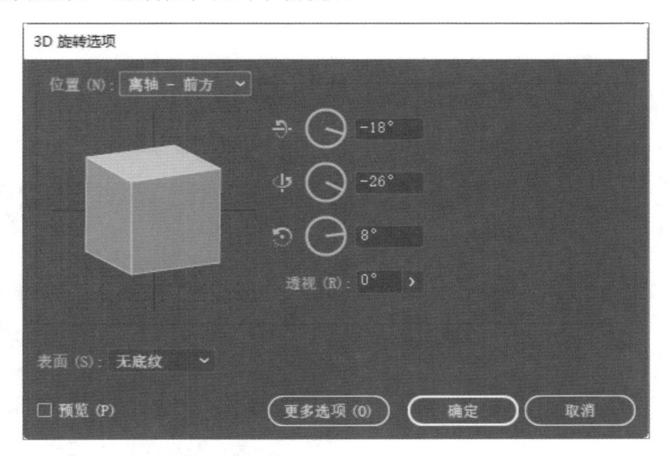

在“3D旋转选项”对话框的“位置”选项区域中设置各轴的旋转角度，或拖曳示意图的立方体进行旋转，如下左图所示。设置透视的角度为80，效果如下右图所示。

提示：设置光源

若为对象设置“凸出和斜角”或“绕转”效果，设置表面为“扩散底纹”或“塑料效果底纹”时，单击打开对话框中的“更多选项”按钮，可以设置光源效果，如光源强度、大小等，如下图所示。

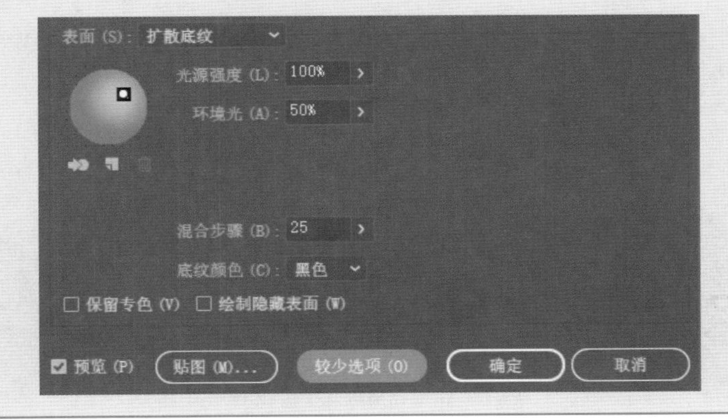

7.3 “SVG滤镜”效果的应用

“SVG滤镜”效果可以将图像描述为形状、路径、文本和滤镜效果的矢量格式。选择对象，执行“效果>SVG滤镜”命令，在子菜单中选择需要的滤镜效果，如下左图所示。

用户也可通过对话框设置和预览应用SVG滤镜的效果，执行“效果>SVG滤镜>应用SVG效果”命令，打开“应用SVG滤镜”对话框，在列表框中选择滤镜选项，然后单击“确定”按钮，如下右图所示。

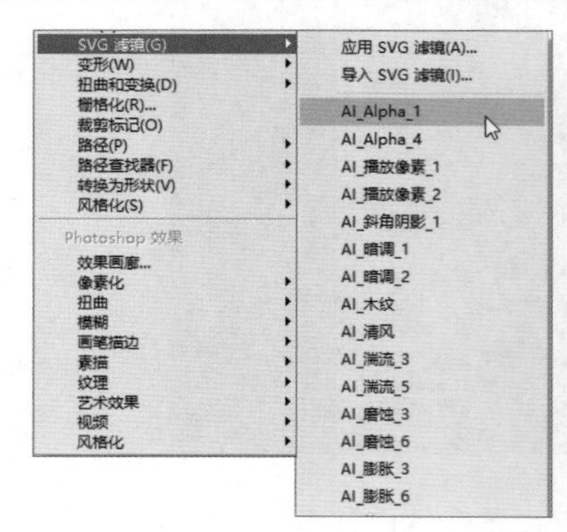

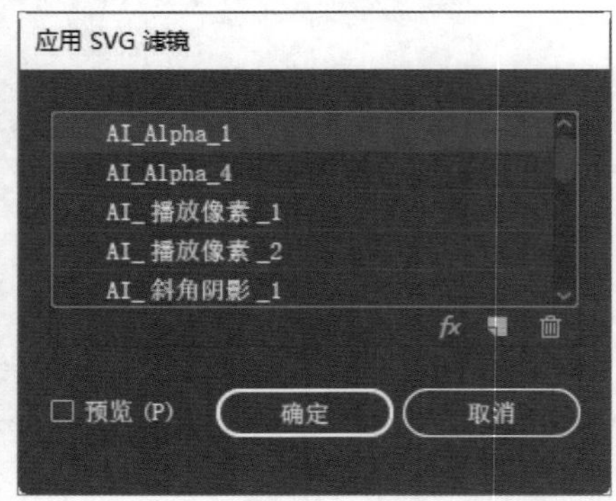

7.4 “变形”效果的应用

“变形”效果可以改变对象的外观形状，不是永久变形，用户可以根据需要进行修改或删除。选中需要变形的对象，执行“效果>变形”命令，在子菜单中包含15种变形效果，用户可以根据需要进行选择，如下左图所示。即可打开“变形选项”对话框，对变形效果的参数进行设置，如下右图所示。

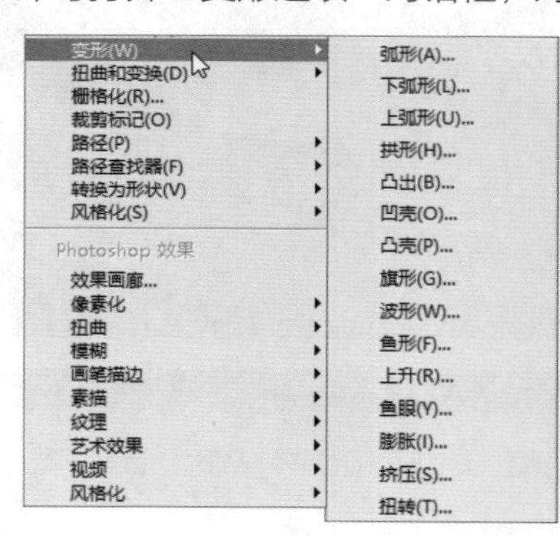

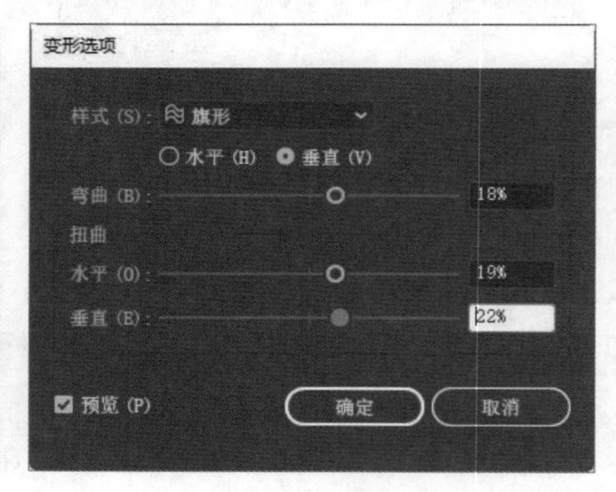

原始图形如下左图所示，设置图形的波形效果如下中图所示，设置图形的扭转效果如下右图所示。

7.5 “扭曲和变换”效果的应用

“扭曲和变换”效果可以对路径、文本以及位图等对象使用预定义的扭曲和变换，该效果组中的效果也不是永久的，用户可以根据需要随时修改或删除。执行“效果>扭曲和变换”命令，在子菜单中选择相应的效果选项。

7.5.1 “变换”效果

“变换”效果是通过调整对象的大小、移动、旋转等参数，来改变图形的外观。选中对象，如下左图所示。执行“效果>扭曲和变换>变换”命令，在打开的“变换效果”对话框设置各项参数，如下中图所示。设置完成后单击“确定”按钮，效果如下右图所示。

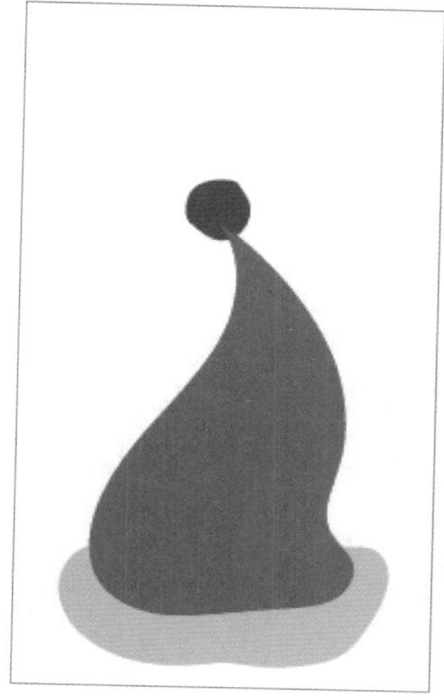

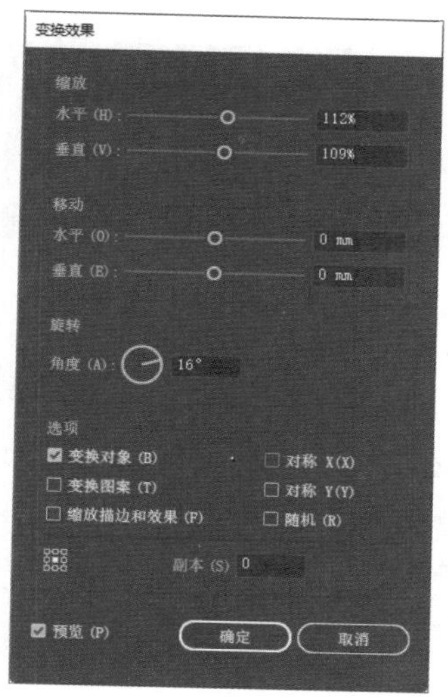

7.5.2 “扭拧”效果

“扭拧”效果可以随机地向内或向外弯曲或扭曲路径段。选中对象后，执行“效果>扭曲和变换>扭拧”命令，打开“扭拧”对话框，如下左图所示。设置参数后单击“确定”按钮，效果如下右图所示。

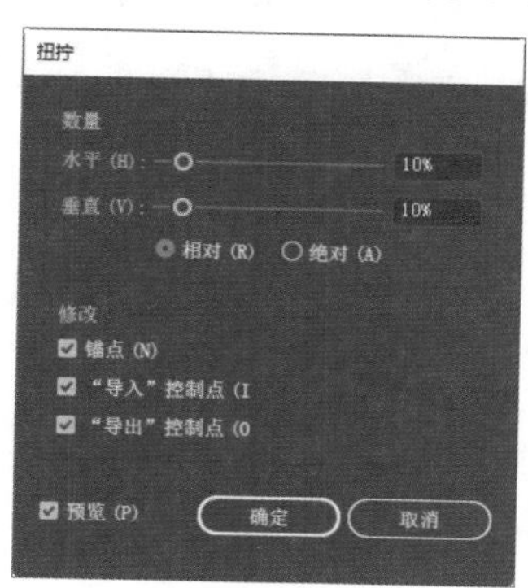

- **“数量”选项区域：** 该选项区域可以设置扭拧效果的水平和垂直扭曲程度。用户也可以设置按照相对量或绝对量进行扭拧。
- **“修改”选项区域：** 在该选项区域可以设置扭拧对角的类型，有锚点、“导入”的控制点和“导出”的控制点3种。

7.5.3 “扭转”效果

“扭转”效果用于旋转对象，在旋转时，中心的旋转程度比边缘的旋转程度小。选中需要扭转的对象，如下左图所示。执行“效果>扭曲和变换>扭转”命令，在打开的“扭转”对话框中设置相关参数，如下中图所示。设置完成后单击“确定”按钮，效果如下右图所示。

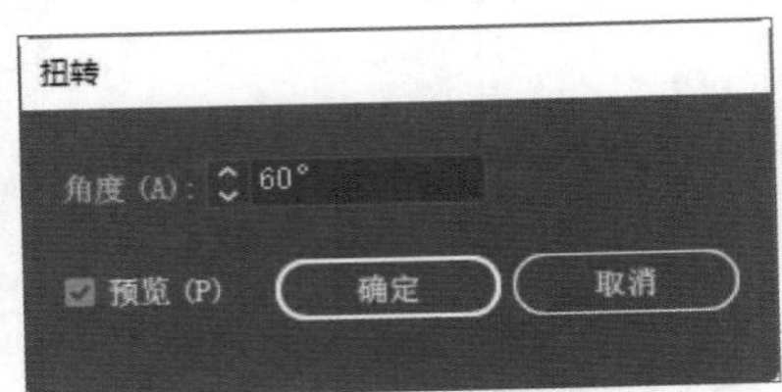

7.5.4 “收缩和膨胀”效果

“收缩和膨胀”效果可以将线段向内弯曲时，向外拉出矢量对象的锚点；也可以将线段向外弯曲时，向内拉入锚点。选择需要添加收缩和膨胀效果的对象，如下左图所示。执行“效果>扭曲和变换>收缩和膨胀”命令，打开“收缩和膨胀”对话框，如下右图所示。

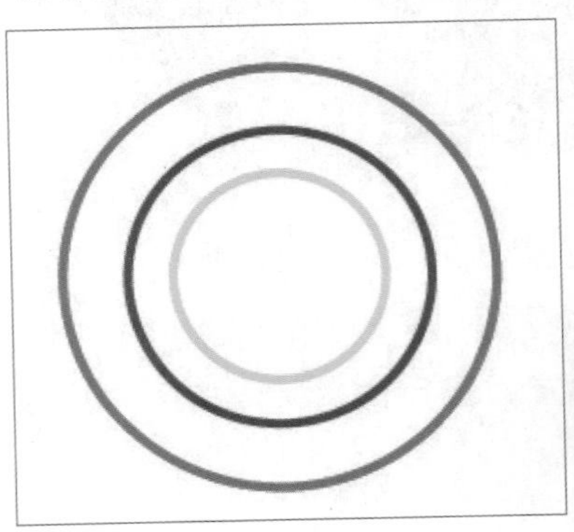

在“收缩和膨胀”对话框的数值框内输入-50%，效果如下左图所示。在数值框中输入50%，效果如下右图所示。

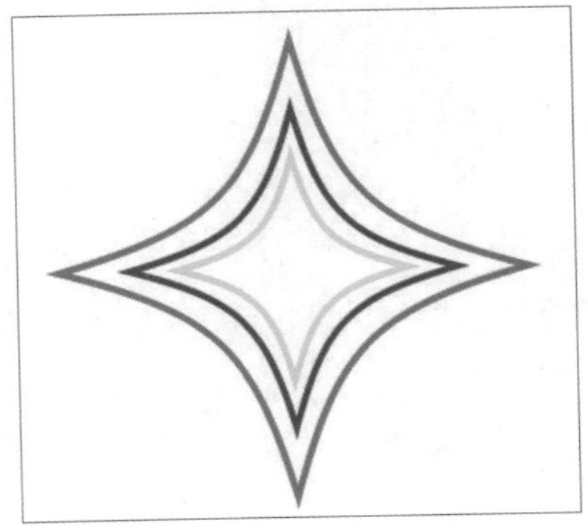

实战练习 制作3D三角形模型效果

介绍了滤镜和效果的基础知识和应用后，本案例主要使用3D效果组中的“凸出和斜角”效果制作立体的三角形模型效果，下面介绍具体操作方法。

步骤 01 首先创建一个空白文档，参数设置如下左图所示。

步骤 02 使用矩形工具绘制一个竖向的矩形，效果如下右图所示。

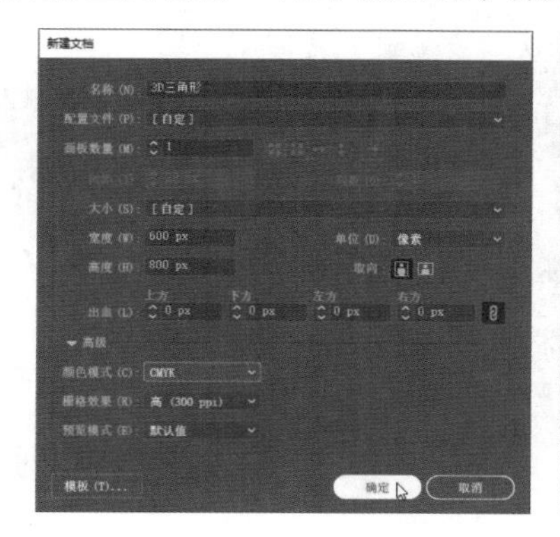

步骤 03 复制一个矩形并旋转90°，然后叠加到竖向矩形的下方并对齐，效果如下左图所示。

步骤 04 选中两个矩形，打开“路径查找器”面板，单击“联集”按钮，效果如下右图所示。

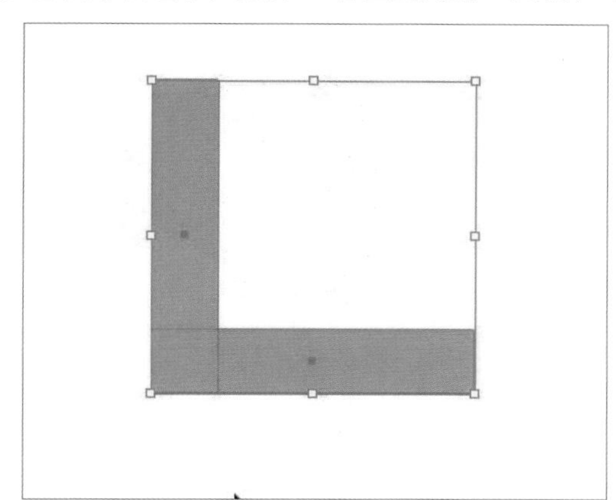

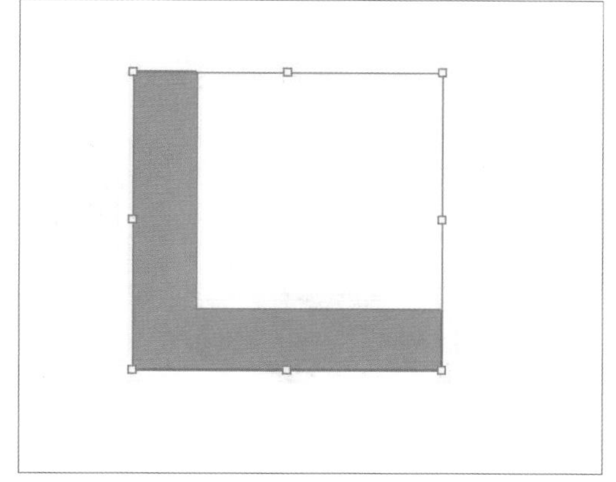

步骤 05 复制合并的形状并右击，在弹出的快捷菜单中选择“变换>对称>水平”命令，效果如下左图所示。

步骤 06 先选择左侧的图形，然后执行“效果>3D>凸出和斜角”命令，如下右图所示。

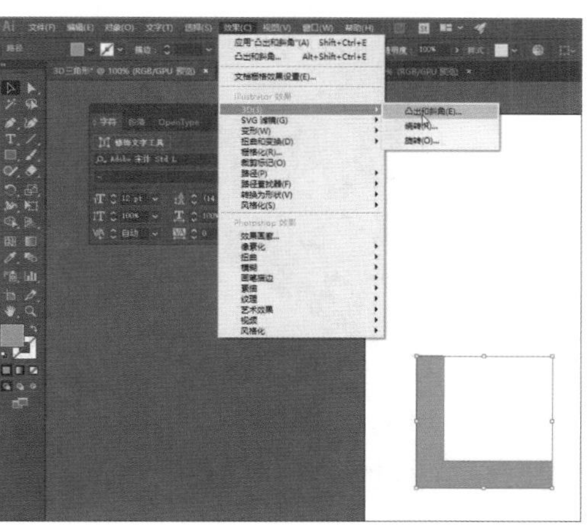

步骤 07 在弹出的“3D凸出和斜角选项”对话框中设置“位置”为“等角—右方”，如下左图所示。

步骤 08 选择右侧的图形，在“3D凸出和斜角选项”对话框中设置“位置”为“等角—左方”，如下右图所示。

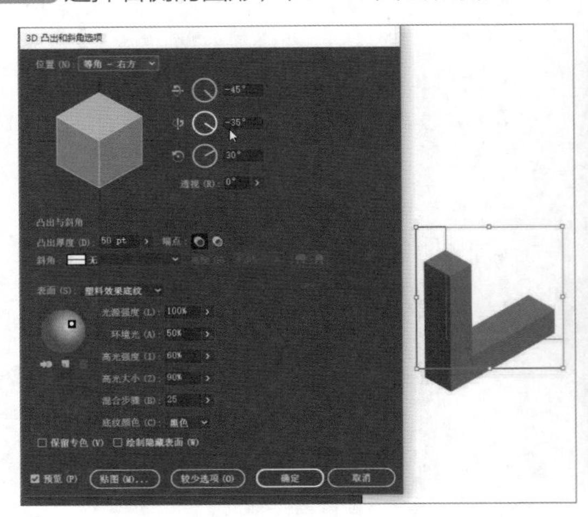

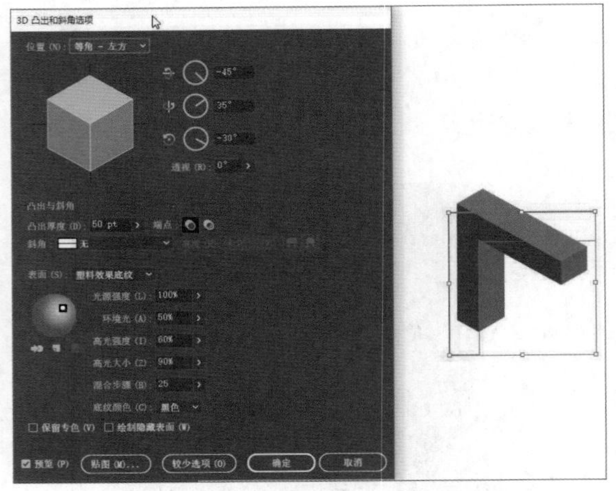

步骤 09 选中两个图形，然后执行“对象>扩展外观”命令，如下左图所示。

步骤 10 然后适当调整两个图形的位置，效果如下右图所示。

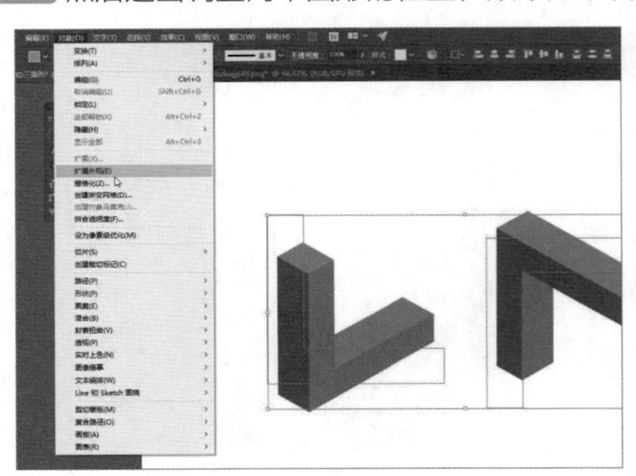

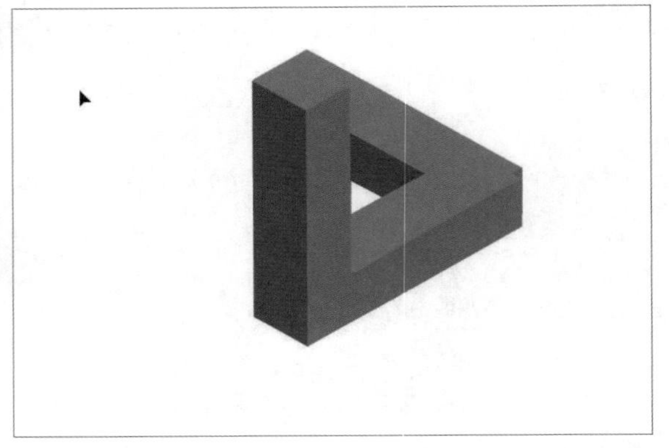

步骤 11 选中两个图形并右击，在弹出的快捷菜单中选择“取消编组”命令。多执行此命令，直到不能取消为止，如下左图所示。

步骤 12 选中左下角的4个锚点并向下移动，效果如下右图所示。

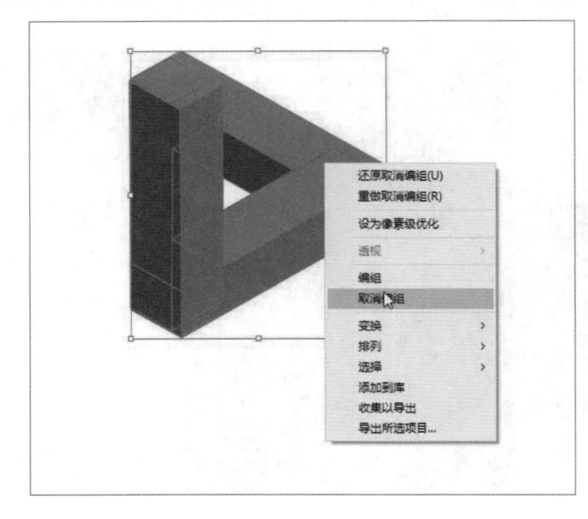

步骤 13 使用直接选择工具，调整第一个面，效果如下左图所示。

步骤 14 同样的方法调整第三个面，然后删除多余的面，效果如下右图所示。

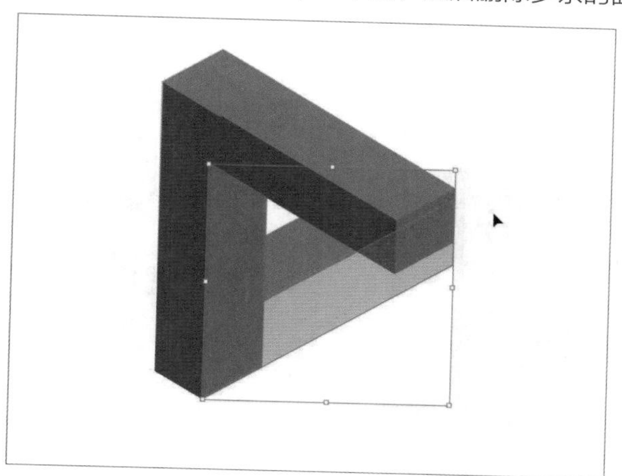

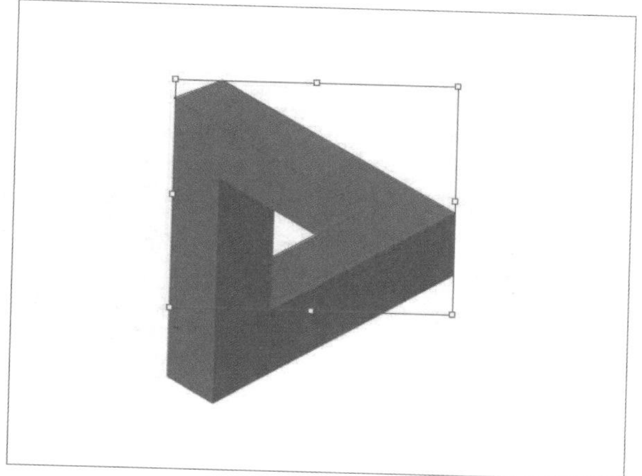

步骤 15 选中第一个面并为其添加渐变色，效果如下左图所示。

步骤 16 分别为第二和第三个面添加不同的渐变颜色，效果如下右图所示。

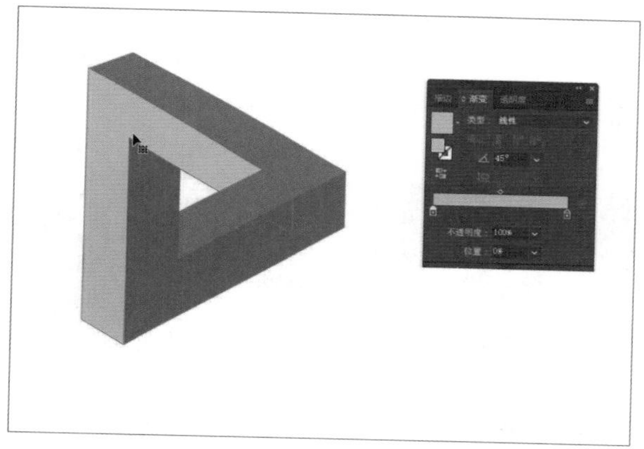

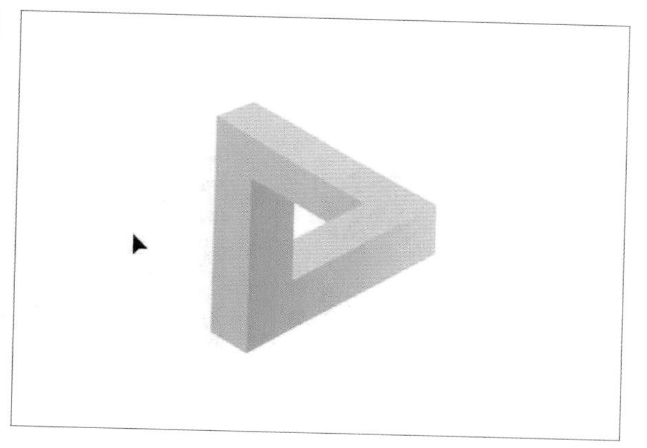

步骤 17 使用矩形工具绘制一个和画布大小相同的矩形，为其添加径向渐变并置于底层作为背景，如下左图所示。

步骤 18 将制作的3D三角形移至矩形上方，完成3D三角形模型的制作，最终效果如下右图所示。

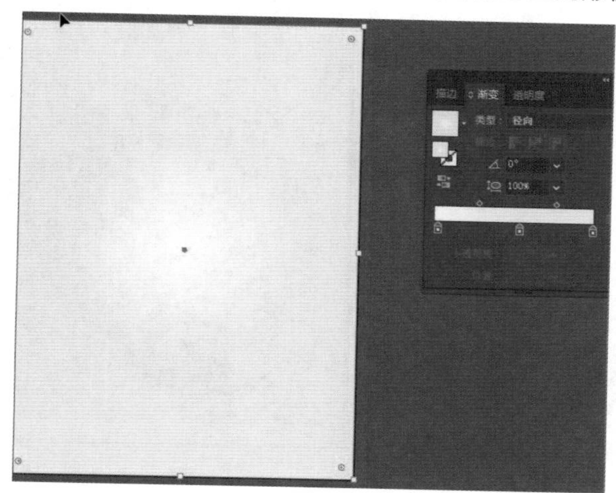

7.5.5 波纹效果

波纹效果可以将对象的路径变为大小一样的锯齿和波形数组。选择需要添加效果的对象后，选中对象最外边的圆形，如下左图所示。执行“效果>扭曲和变换>波纹效果”命令，打开“波纹效果”对话框，如下中图所示。设置相应的参数后，单击“确定”按钮，效果如下右图所示。

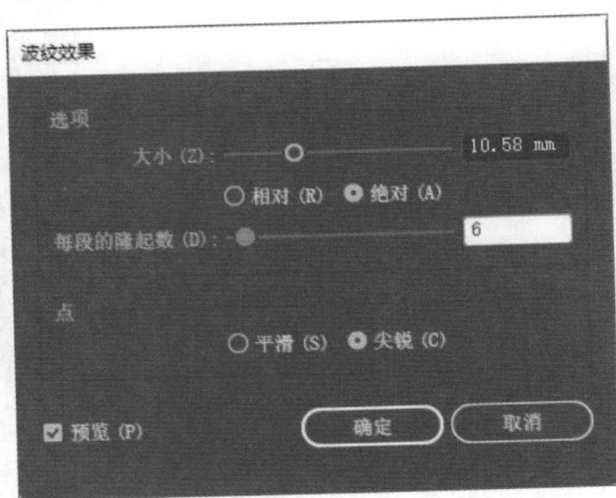

7.5.6 “粗糙化”效果

“粗糙化”效果可将矢量对象的路径变形为各种大小的尖峰和凹谷锯齿数组。选择需要添加效果的对象后，选中对象最外边的圆形，如下左图所示。执行“效果>扭曲和变换>粗糙化”命令，打开“粗糙化”对话框，如下中图所示。设置相应的参数后，单击“确定”按钮，效果如下右图所示。

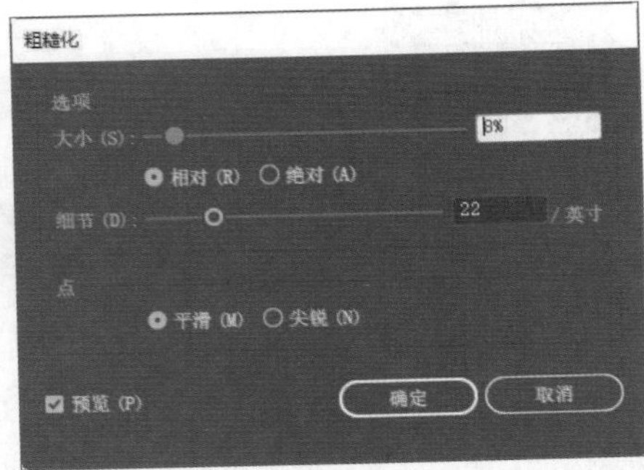

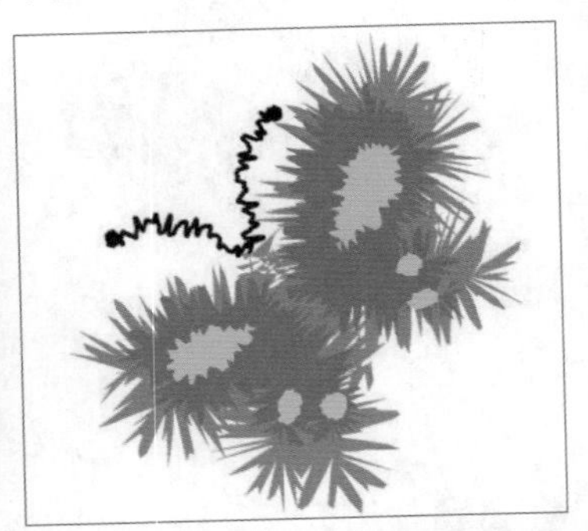

提示：自由扭曲对象

自由扭曲功能可以自由拖曳4个角的控制点并进行扭曲。选中对象，如下左图所示。执行“效果>扭曲和变换>自由扭曲”命令，打开“自由扭曲”对话框并进行扭曲参数设置，如下中图所示。单击“确定”按钮，效果如下右图所示。

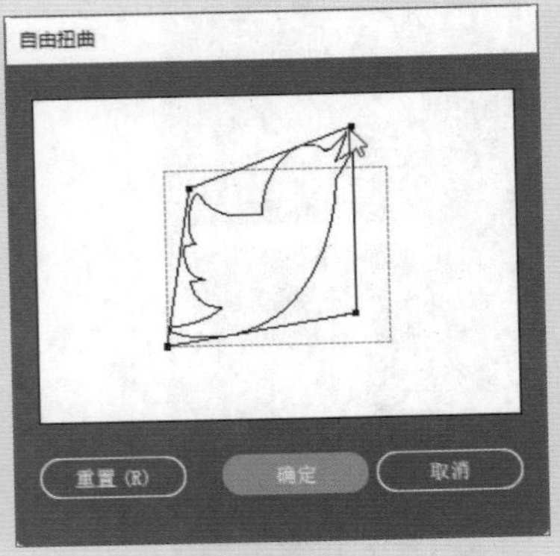

7.6 风格化效果的应用

Illustrator的风格化效果可以为对象添加发光、投影、羽化等外观样式。执行“效果>风格化”命令，在子菜单中包含“内发光”、“外发光”、“圆角”、“投影”等命令。

7.6.1 “内发光”和“外发光”效果

“内发光”和“外发光”效果可以在对象的内部或外部创建发光效果，两者的设置参数相同的，下面以“内发光”效果为例进行介绍。选择需要设置内发光的对象，如下左图所示。打开“内发光”对话框，设置发的颜色和模糊值，选中“中心”单选按钮并单击“确定”按钮，如下中图所示。可见对象的内部出现红色的发光效果，如下右图所示。

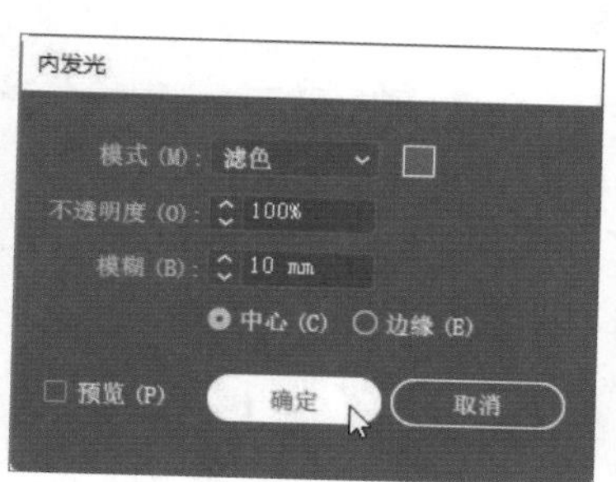

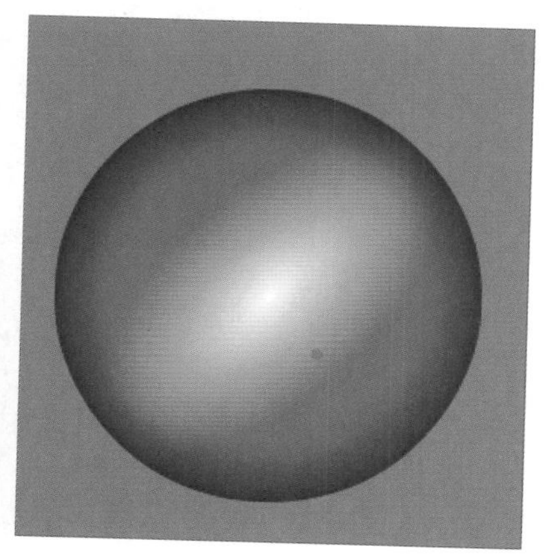

下面介绍“内发光”对话框中各参数的含义。

- **模式：** 用于设置发光的混合模式，包括正片双底、滤色、颜色减淡等10多种选项。
- **不透明度：** 用于设置发光效果的不透明度。
- **模糊：** 用于设置发光效果的模糊范围。
- **中心/边缘：** 用于设置对象产生发光的位置。

7.6.2 “圆角”效果

“圆角”效果可以将对象的边角控制点转换为平滑的曲线。选择需要设置圆角效果的对象，如下左图所示。在“圆角”对话框中设置曲线的半径，如下中图所示。单击“确定”按钮后查看效果，如下右图所示。

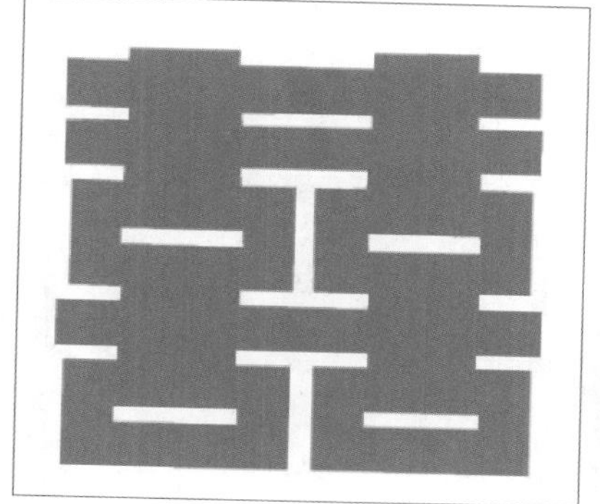

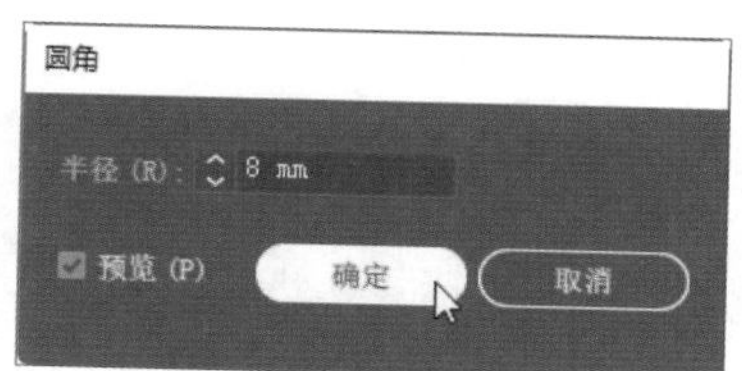

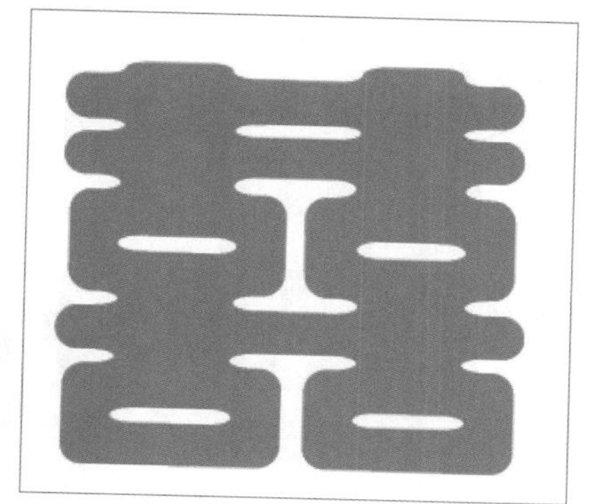

7.6.3 “涂抹”效果

“涂抹”效果可以将对象中的填充颜色和线条转换成手绘或涂抹的效果。首先打开原始对象，如下左图所示。用户可以在“涂抹选项”对话框中设置涂抹效果的相关参数，如下左图所示。该对话框包含的参数比较多，用户可根据需要进行设置，在对话框的“设置”列表中提供了11种预设的涂抹效果。

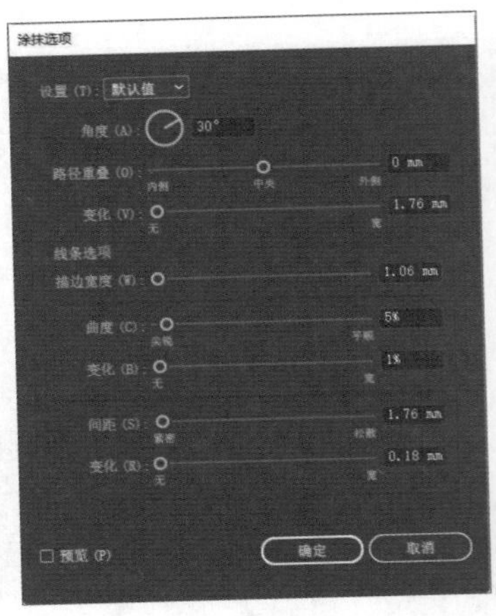

9种常用的涂抹效果选项的应用如下图所示。

提示：“羽化”效果的应用

使用风格化效果还可以羽化外观样式，使用“羽化”效果，可以使用图形边缘虚化。选择对象，打开“羽化”对话框，设置羽化的半径，效果如右图所示。

知识延伸：图形样式的应用

在Illustrator中除了本章介绍的滤镜和效果可以改变对象的外观外，应用图形样式也可以快速改变对象的外观效果，如修改对象的填充颜色、描边或应用多种预设效果等。

执行“窗口>图形样式”命令，打开“图形样式”面板，如下左图所示。选中对象，直接在面板中选择样式选项即可。用户也可以单击“图形样式库菜单”下三角按钮，在下拉列表中选择所需的图形样式库，打开相应的面板，选择图形样式选项即可，如下右图所示。

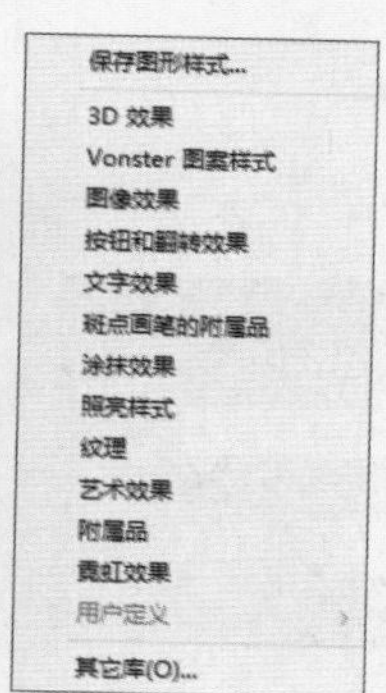

用户还可以根据需要创建图形样式，首先选择需要创建图形样式的对象，如下左图所示。打开“图形样式”面板，为对象设置“斜角红色”图形样式，效果如下右图所示。

在“图形样式”面板中单击“新建图形样式”按钮，即可创建图形样式，如下左图所示。如果为创建的图形样式命名，则在“图形样式”面板中按住Alt键双击创建的图形样式，打开“图形样式选项”对话框，在“样式名称”文本框中输入名称，单击“确定”按钮即可，如下右图所示。

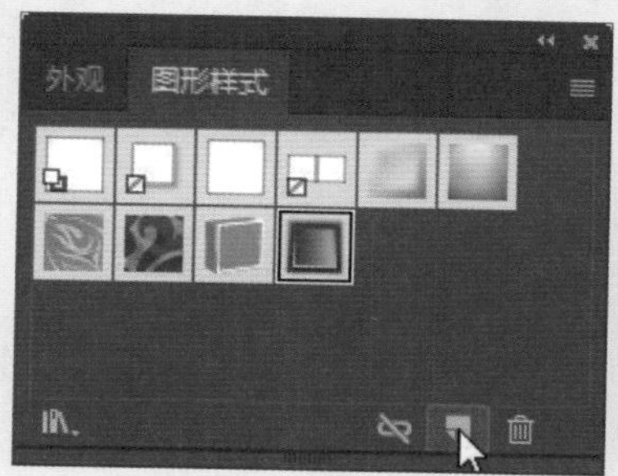

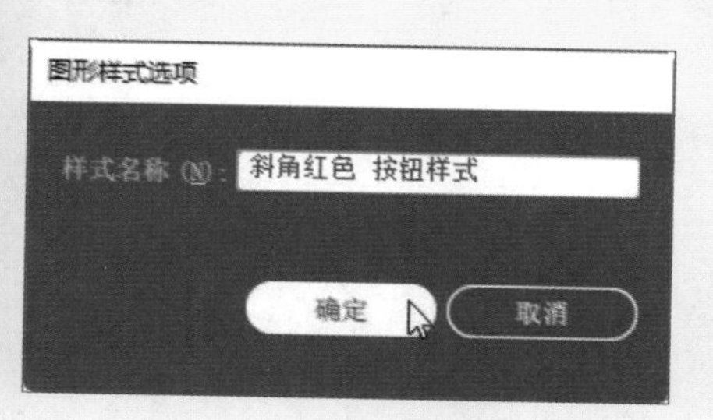

上机实训：制作立体图标效果

通过本章知识的学习，掌握了滤镜和效果的基础知识和应用技巧。本案例主要介绍使用扭曲和变换以及3D效果制作出立体图标的操作方法，具体步骤如下。

步骤 01 首先创建一个空白文档，使用椭圆工具绘制半径为190mm的正圆，参数设置如下左图所示。

步骤 02 选中绘制的正圆，设置描边为无，在“渐变”面板中设置渐变颜色，效果如下右图所示。

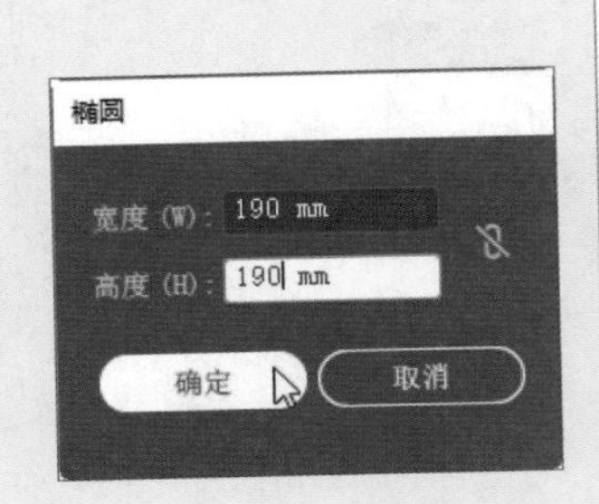

步骤 03 按住Alt键复制正圆，将其放大并调整至底层，设置渐变填充和渐变描边，效果如下左图所示。

步骤 04 使用钢笔工具绘制云朵形状，效果如下右图所示。

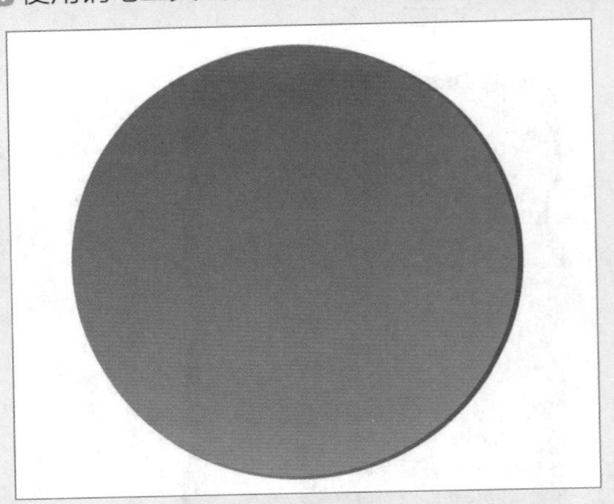

步骤 05 复制云朵形状并填充为蓝色，按下Ctrl+[组合键后移一层并调整位置，效果如下左图所示。

步骤 06 按住Alt键复制白云图案，缩小并放置在右下角，如下右图所示。

步骤 07 选中复制后的白云图形，在“渐变”面板中设置黑白渐变效果，如下左图所示。

步骤 08 在“透明度”面板中设置混合模式为滤色，效果如下右图所示。

步骤 09 选中设置渐变效果的云朵，执行“效果>扭曲和变换>扭转”命令，如下左图所示。

步骤 10 在打开的对话框中设置角度为50°，单击“确定”按钮，效果如下右图所示。

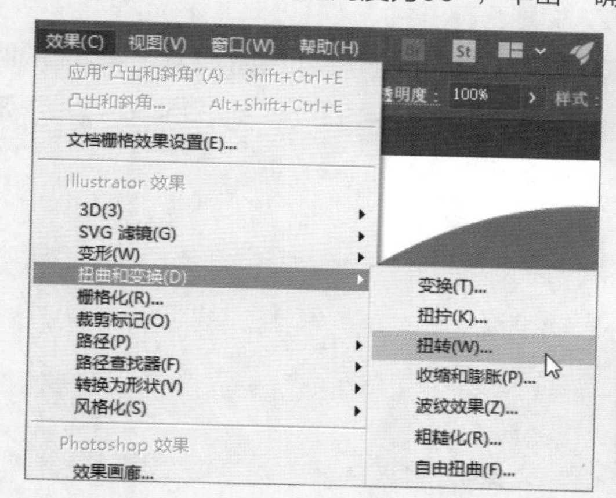

步骤 11 复制扭转后的白云形状，放置在大白云的左下角，并调整其位置和大小，效果如下左图所示。

步骤 12 选中大白云图形，执行“对象>创建渐变网格”命令，在弹出的“创建渐变网格”对话框中设置网格数量，如下右图所示。

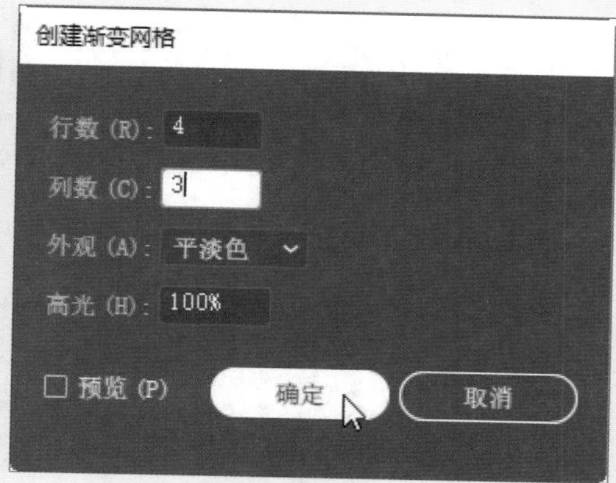

步骤 13 选择创建网格后的白云，按A键激活直接选择工具，选中一个锚点后，锚点上将出现十字手柄，如下左图所示。

步骤 14 利用拾色器选取颜色，并调整透明度和锚点位置，效果如下右图所示。

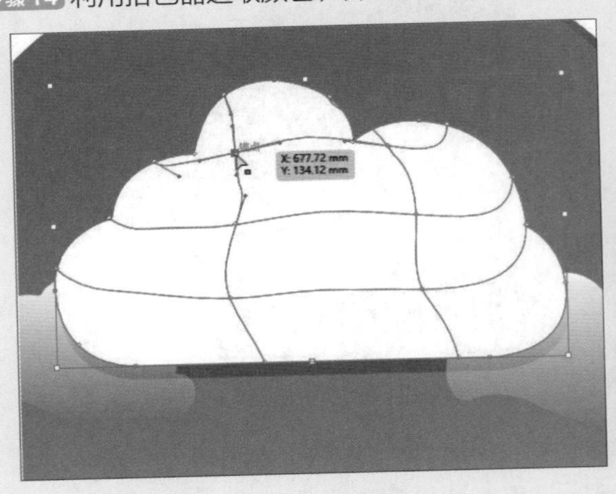

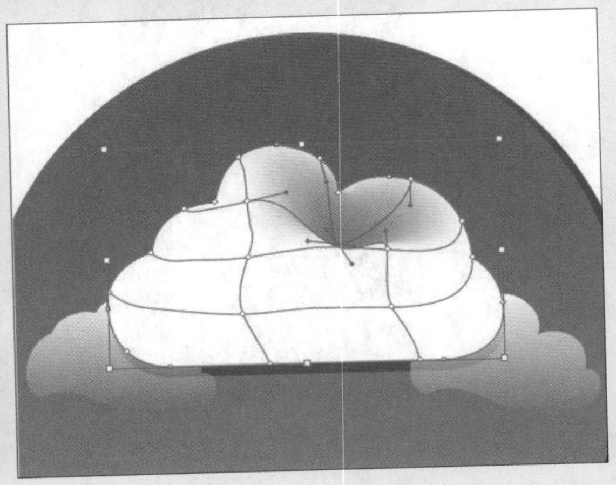

步骤 15 根据相同的方法对其他锚点进行设置，效果如下左图所示。

步骤 16 使用椭圆工具在云朵左下角绘制一个椭圆，然后复制一个椭圆并调整位置和形状，如下右图所示。

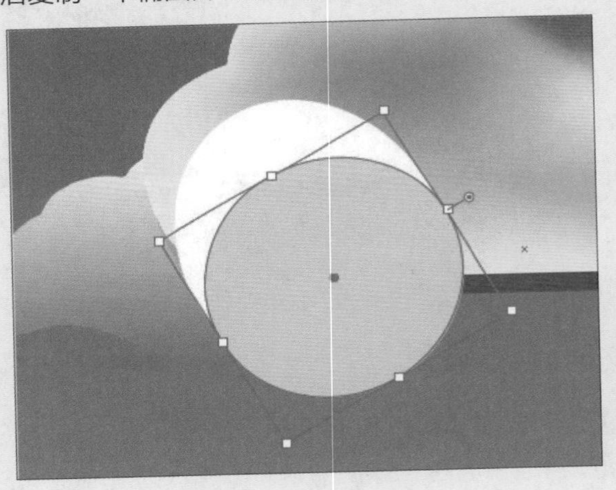

步骤 17 选中两个椭圆，在“路径查找器”面板中进行分割操作，并取消编组，最后删除多余的部分，制作出月牙形状，如下左图所示。

步骤 18 然后在“渐变”面板中设置白色到黑色的渐变效果，如下右图所示。

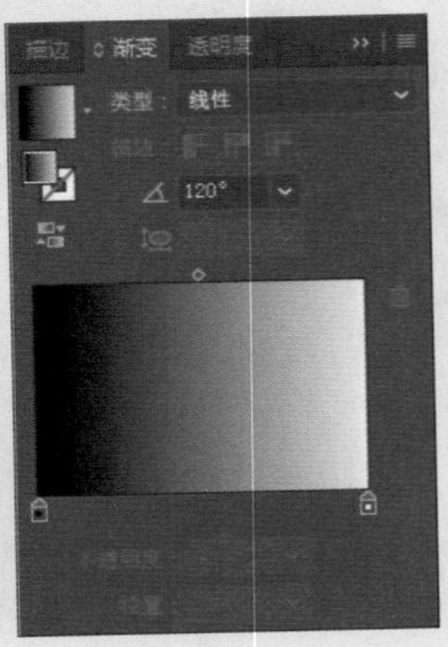

步骤19 接着在“透明度”面板中设置模式为滤色，适当调整月牙形状的大小和位置，效果如下左图所示。

步骤20 根据相同的方法在其它位置创建月牙形状，效果如下右图所示。

步骤21 使用椭圆工具绘制椭圆，使用直接选择工具选中椭圆的顶点，如下左图所示。

步骤22 选择锚点工具，将光标移至椭圆顶部锚点并单击，将圆点转化为角点，效果如下右图所示。

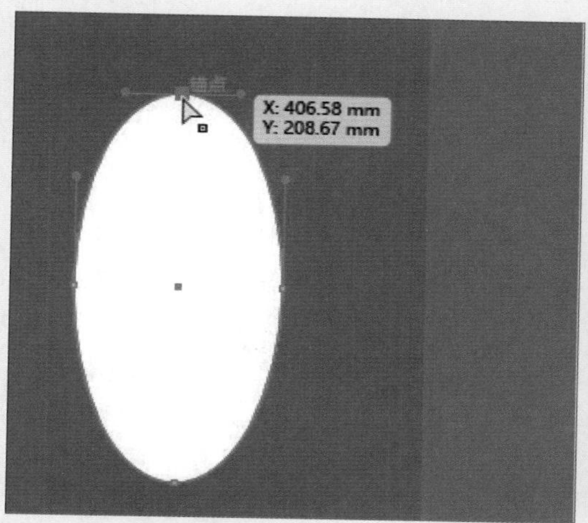

步骤23 旋转雨滴图形，然后设置浅灰白到白色透明的渐变，白色不透明度为60%，如下左图所示。

步骤24 在雨滴图形右下角绘制正圆，并设置白色到白色透明的渐变填充，右侧滑块白色不透明度为0%，效果如下右图所示。

步骤 25 选中雨滴和高光图形，将其编组并拖至白云图形下方，然后复制并调整大小，效果如下左图所示。

步骤 26 使用椭圆工具在画面中绘制半径为165mm的正圆，设置正圆的描边渐变色，如下右图所示。

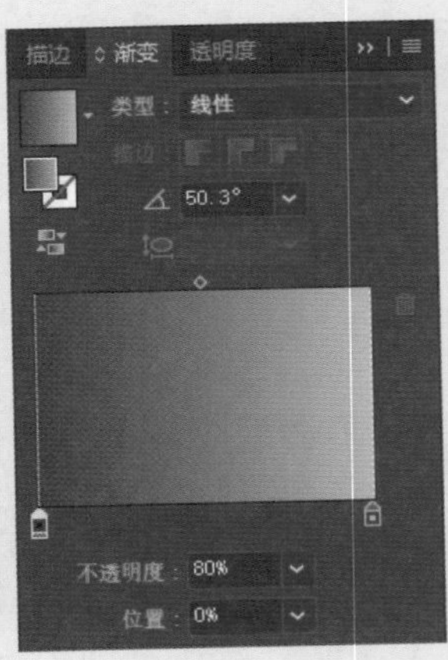

步骤 27 打开“透明度”面板，将其模式设置为滤色，利用渐变工具进行调整，并调整其位置，如下左图所示。

步骤 28 使用椭圆工具在白云上方绘制椭圆，填充灰色到黑色渐变，角度为90°，效果如下右图所示。

步骤 29 在“透明度”面板中将模式设置为滤色，效果如下左图所示。

步骤 30 执行“文件>导出>导出为”命令，设置导出为JPG格式并单击“导出”按钮，在打开的“JPEG选项”对话框中设置相关参数，如下右图所示。

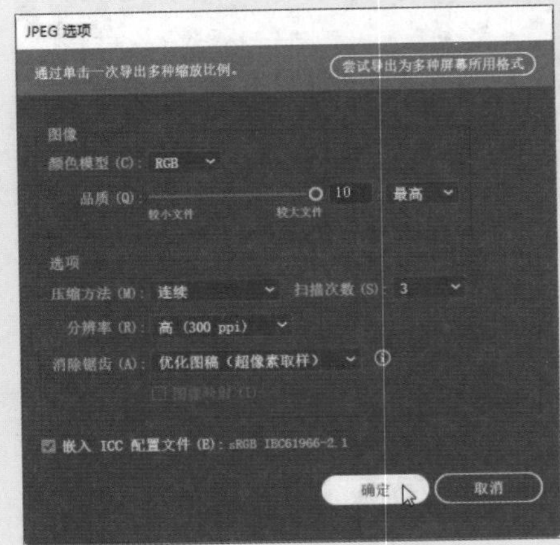

步骤31 执行“窗口>画板”命令，在打开的“画板”面板中单击“新建面板”按钮，如下左图所示。

步骤32 将导出的文件置入新创建的画板中，单击“嵌入”按钮，效果如下右图所示。

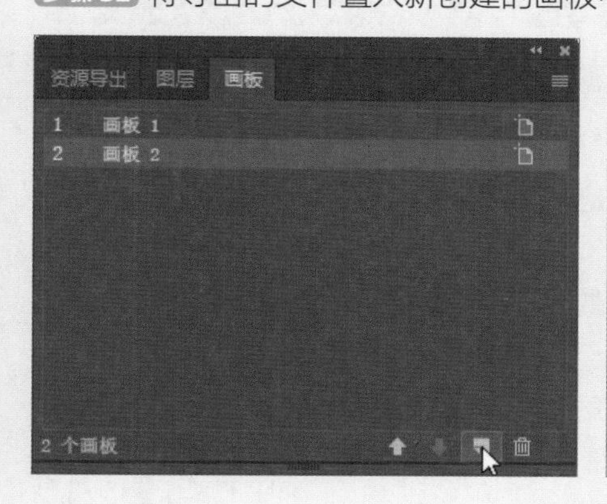

步骤33 使用椭圆工具，绘制椭圆并覆盖导入的图形，为了便于观察，将不透明度调低，描边设置为无，如下左图所示。

步骤34 选中椭圆和置入的图形并右击，在快捷菜单中选择“创建剪切蒙版”命令，如下右图所示。

步骤35 选中剪切后的图标，执行“效果>3D>凸出和斜角”命令，在打开的对话框中设置参数。至此，立体图标制作完成，为了突出效果，将两个画板中的图形进行比较，效果如下图所示。

课后练习

1. 选择题

（1）在Illustrator中执行“效果”命令，子菜单中不属于栅格效果的是（　　）。

A. 像素化　　B. 模糊　　C. 栅格化　　D. 风格化

（2）（　　）效果可以围绕Y轴绕转一条路径或剖面。

A. 绕转　　B. 扭拧　　C. 旋转　　D. 扭转

（3）在“风格化”效果组中不包含（　　）效果。

A. 内发光　　B. 波纹效果　　C. 圆角　　D. 涂抹

（4）在Illustrator中执行“窗口>图形样式”命令，可打开“图形样式”面板，用户还可以按下（　　）组合键打开该面板。

A. Shift+F5　　B. Ctrl+F5　　C. Shift+F6　　D. Ctrl+F6

2. 填空题

（1）“扭转”效果用于旋转对象，中心的旋转程度比边缘的旋转程度________。

（2）________效果可以使图形边缘虚化，产生过渡效果。

（3）________可以将对象的路径变为大小一样的锯齿和波形数组。

3. 上机题

学习完本章知识后，用户可以使用涂抹效果制作出粉笔字的效果，参考效果如下图所示。

Part 02

综合案例篇

综合案例篇共4章内容，以实用案例的形式对Illustrator的重点知识进行精讲和应用。通过这些案例的学习，可以使读者更加深刻掌握Illustrator的功能应用，达到运用自如、融会贯通的学习目的。

Chapter 08 DM单页设计

本章概述

DM单页是一种能直接传递信息到目标群体的广告形式，是一种大众化的宣传工具。相较于其他的广告形式，DM单页更能体现直接准确的信息传递优势。本章通过制作咖啡DM单页的案例，详细介绍DM单页的设计方法。

核心知识点

❶ 了解DM单页的制作方法
❷ 熟悉形状工具的应用
❸ 掌握建立和释放蒙版的应用
❹ 熟悉文字工具的应用

8.1 DM单页简介

DM单页发展至今主要有两种形式，分别为“直接邮寄广告”和“直投杂志广告”。相信很多用户都收到过各种类型的传单，如房产、美食、展会以及礼品等的宣传单，这些都属于DM单页的形式。

8.1.1 DM单页的制作要求

一份完美的DM单页不仅需传递信息，还要在短时间内吸引受众的眼球，因此若要DM单发挥有效的作用，必须在DM单页的设计上下一番功夫，使其更美观，更招消费者喜欢。

一份好的DM单页，要求设计师在设计时要考虑到DM单页本身的优点与产品的优点，对提高DM单页的广告效果有很大帮助。下面介绍设计DM单页的基本要求。

- 设计师要透彻了解商品，并知道使用该商品消费者的习性。
- DM单页的内容要新颖脱俗、有创意，印刷也要精美。
- 根据产品或消费者实际情况，灵活掌握DM单页的设计形式。
- 要考虑DM单页的尺寸大小和重量，以方便邮寄或赠送。
- 针对一些折叠的DM单页，可以在折纸的设计形式上下功夫，从而让消费者对单页的内容产生好奇心，达到信息传递的目的。
- 在图片使用方面，要选择与传递的信息有强烈关联的图案，达到刺激消费者记忆的效果。
- 充分考虑DM单的色彩搭配，颜色是最有魅力、最让人眼前一亮的元素之一。

下图是一些制作精美的DM单页，供用户欣赏、学习。

8.1.2 DM单页的常用规格

DM单页一般使用157的铜版纸，用户也可以根据实际需要进行选择。DM单页的尺寸规格根据用途来分，常用的有如下几种。

尺寸	无出血	带出血
标准16K宣传单	206×285mm	212×291mm
标准8K宣传单	420×285mm	426×291mm
标准16k样本	420×285mm	426×291mm
16K三折页宣传单	206×283mm	212×289mm

在DM单页的设计过程中，只有保证宣传单的尺寸、出血、最小分辨率和CMYK色彩模式，才能符合标准的印刷条件。

8.2 制作咖啡DM单页

咖啡DM单页将采用标准的16K宣传单的规格，本案例主要以图片和文字元素来制作宣传单页。通过咖啡和美食等图片刺激消费者内在的需求，再通过文字加深消费者对咖啡的渴望。整个DM单页设计简洁明了、图文并茂。

8.2.1 设计DM单页的版式

首先设计咖啡DM单的版式，主要使用直线段工具、混合工具和矩形工具，并置入所需的图片，下面介绍具体操作过程。

步骤 01 打开软件后，首先创建一个空白文档，参数设置如下左图所示。

步骤 02 执行“文件>置入”命令，在打开的对话框中选择所需的素材文件，单击“置入”按钮，如下右图所示。

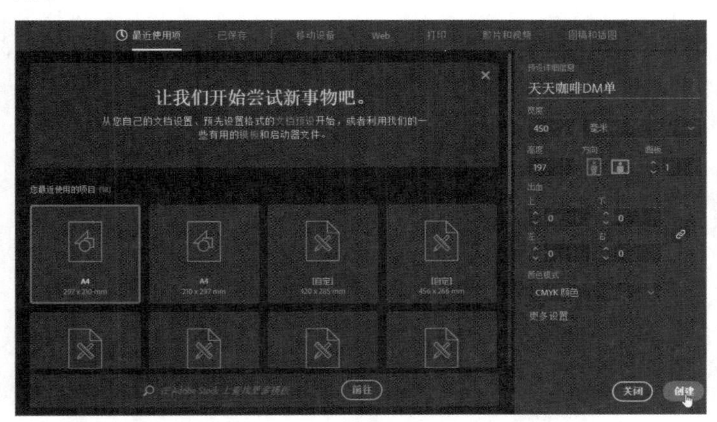

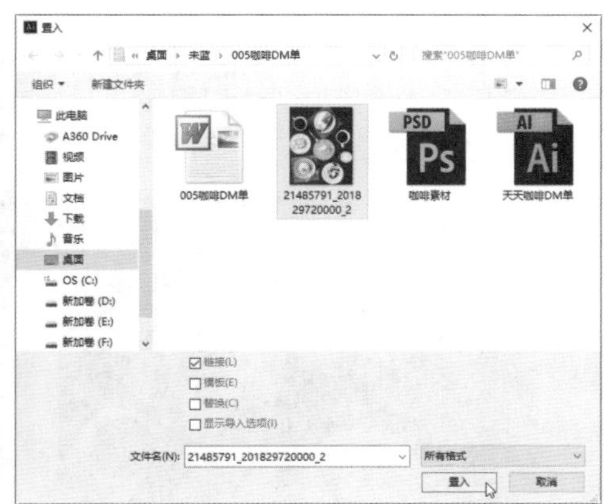

步骤 03 单击控制面板中的“嵌入”按钮，然后选择直线段工具，在画板上绘制直线段，如下左图所示。

步骤 04 选中绘制的直线并右击，在快捷菜单中选择“变换>倾斜”命令，在打开的对话框中设置倾斜角度为20°，单击“确定”按钮，如下中图所示。

步骤 05 将直线段的描边粗细设置为5pt，并填充为浅灰色，设置透明度为40%，效果如下右图所示。

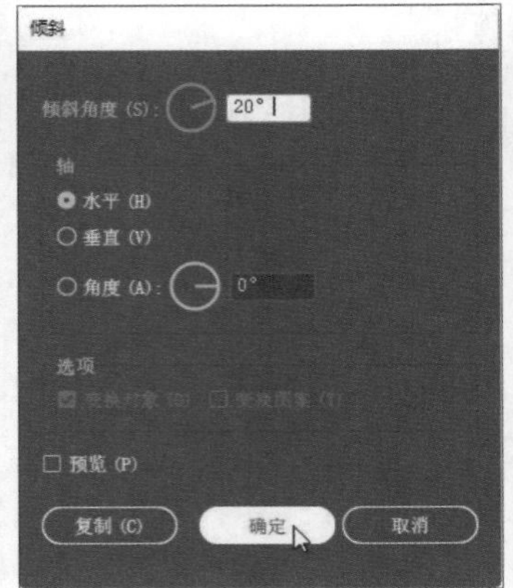

步骤 06 按住Alt键的同时按住鼠标左键，将直线段向右下方拖曳进行复制，如下左图所示。

步骤 07 选中直线段并按下Ctrl+D组合键，进行复制阵列并编辑成组，如下右图所示。

步骤 08 使用矩形工具绘制200×197mm的矩形，使其与图片左侧和上部对齐，然后设置矩形透明度为0%，描边为无，如下左图所示。

步骤 09 同时选中绘制的线段组和透明矩形并右击，在弹出的快捷菜单中选择“建立剪切蒙版”命令，如下右图所示。

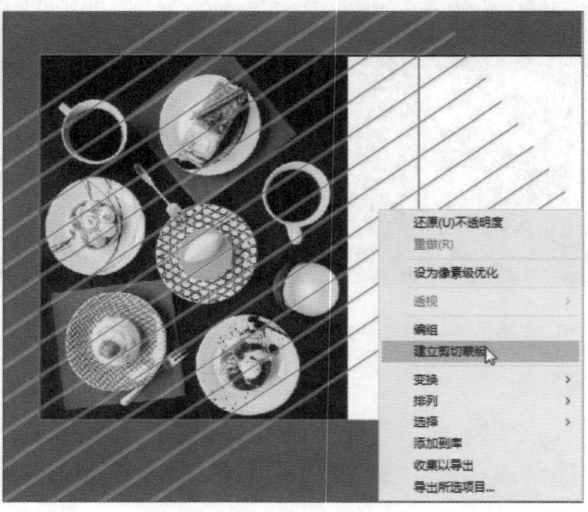

步骤 10 使用矩形工具绘制一个宽为38mm、高为197mm的矩形，将其放置在图片素材右侧，按下I键吸取图片素材中的紫红色，如下左图所示。

步骤 11 选中绘制的矩形，按下Shift+Ctrl+F10组合键，打开“透明度”面板，设置不透明度值为90%，如下右图所示。

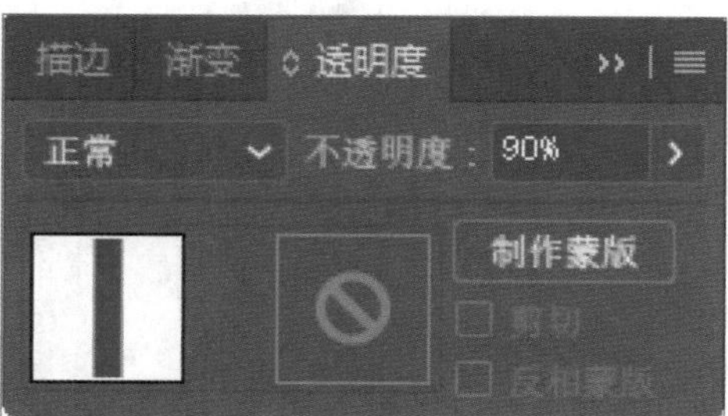

步骤 12 使用矩形工具绘制宽为250mm、高为197mm的矩形，覆盖图中空白区域，按下I键吸取素材图片中的橘黄色，效果如下左图所示。

步骤 13 使用钢笔工具绘制线段，并设置线段描边粗细为6pt，设置颜色为紫红色，如下右图所示。

步骤 14 按下Shift+L组合键，在画面中绘制正圆并填充为白色，描边设置为无，如下左图所示。

步骤 15 复制绘制的圆形，将其放置在右侧并缩小，如下右图所示。

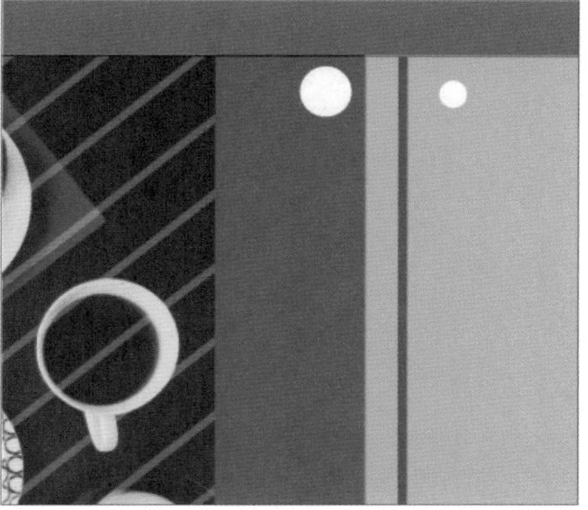

8.2.2 制作DM单页的内容

咖啡DM单的版式制作完成后，我们还需要添加广告语以及咖啡店的地址和联系方式等信息。这样才能起到DM单页的宣传目的，下面介绍具体操作方法。

步骤 01 继续使用文字工具，在大点圆形下方输入COFFEE文本并设置颜色和字体样式，然后设置文字的旋转角度为-90°，如下左图所示。

步骤 02 单击“确定”按钮，可见输入的文字顺时针旋转90°，效果如下右图所示。

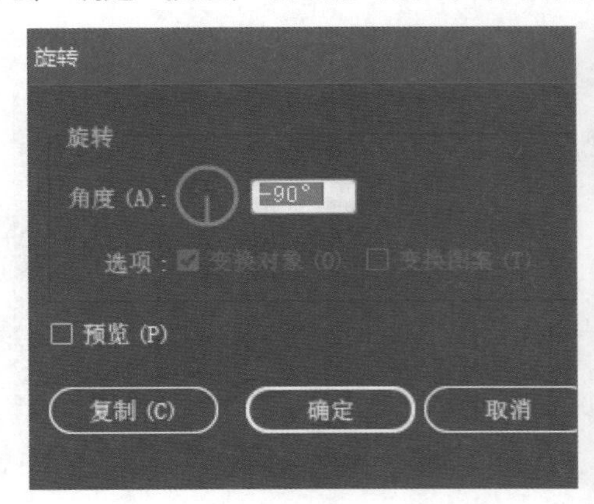

步骤 03 继续使用文字工具输入地址和电话信息，然后设置文字的格式，同样将文字旋转-90°，效果如下左图所示。

步骤 04 打开“置入”对话框，置入“咖啡素材.psd”文件，单击“嵌入”按钮，如下右图所示。

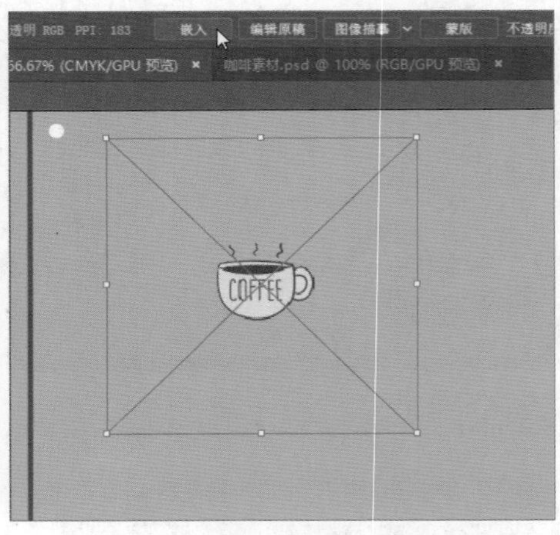

步骤 05 选中置入的图片并右击，在弹出的快捷菜单中选择“释放剪切蒙版”命令，如右图所示。

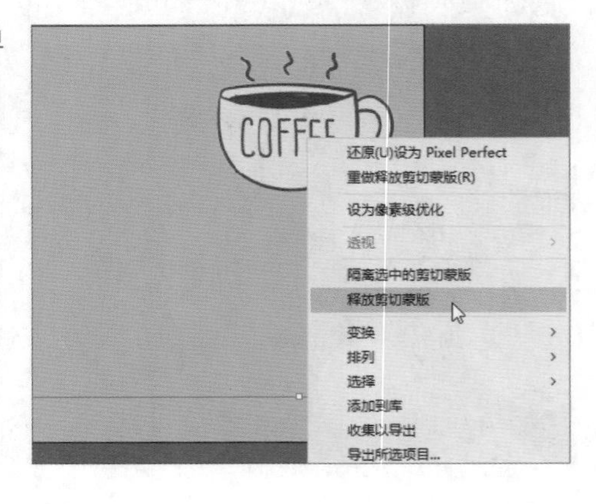

步骤 06 右击置入的图片，执行“变换>对称”命令，打开“镜像”对话框，选中“水平”单选按钮，单击“复制”按钮，如下左图所示。

步骤 07 使用矩形工具绘制一个矩形并覆盖镜像后的对象，如下右图所示。

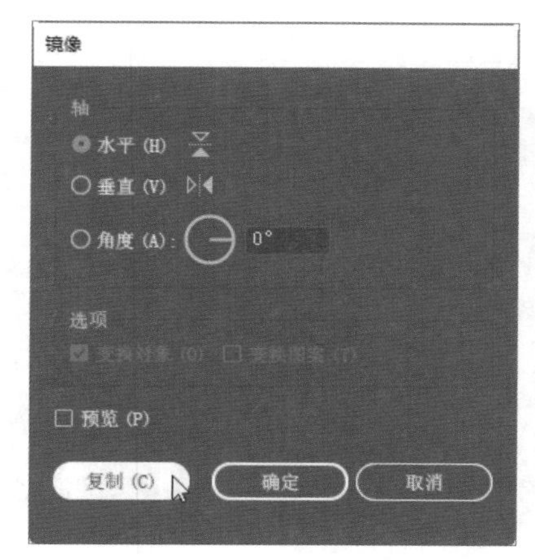

步骤 08 然后打开“渐变”面板，为矩形设置渐变效果，如下左图所示。

步骤 09 同时选中设置渐变后的矩形和镜像对象，打开“透明度”面板，单击右上角扩展菜单按钮，在打开的列表中选择“建立不透明蒙版”选项，如下右图所示。

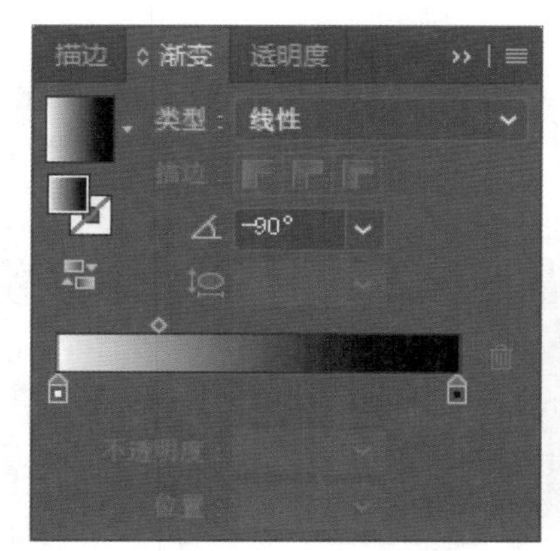

步骤 10 建立蒙版后，制作出倒影效果，如下左图所示。

步骤 11 选择镜像前图片并右击，在弹出的快捷菜单中选择“排列>置于顶层”命令，如下右图所示。

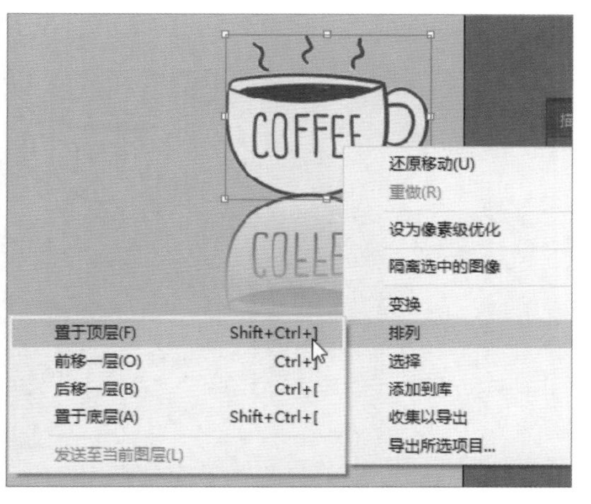

步骤 12 适当调整图片的位置，使用直排文字工具输入“咖啡”文本，设置字体颜色为黑体，字号为132pt，效果如下左图所示。

步骤 13 然后设置文字的颜色，在左侧输入“新的一天”文本，字号设置为48pt，颜色为白色，如下右图所示。

步骤 14 根据相同的方法在画面中输入“从一杯”和“开始”文本，并分别设置文本字号，效果如下左图所示。

步骤 15 在“开始”文本下方输入COFFEE文本，在“新的一天”文本上方输入NEW DAY，并分别设置文本的字体格式，效果如下右图所示。

步骤 16 选择输入的COFFEE和NEW DAY文本，设置其不透明度为75%，效果如下左图所示。

步骤 17 在画面中绘制一个正圆，设置描边颜色为白色、描边粗细为3pt、填充颜色为深橘色，然后调整正圆的位置，如下右图所示。

步骤 18 使用钢笔工具绘制时钟的时针，设置描边颜色为白色、粗细为3pt，如下左图所示。

步骤 19 选中时钟的分针，打开“描边”面板并设置相关参数，如下右图所示。

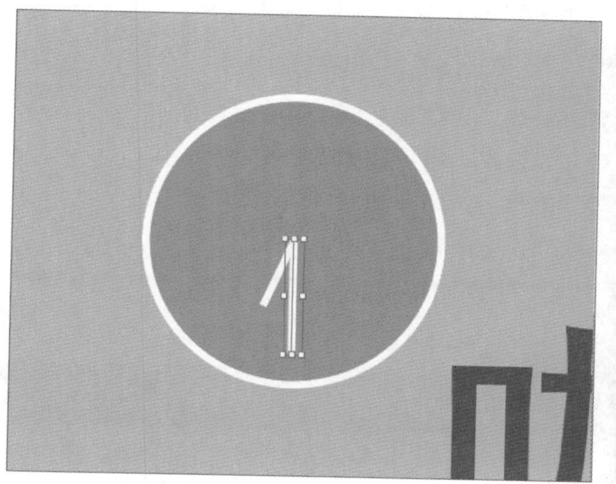

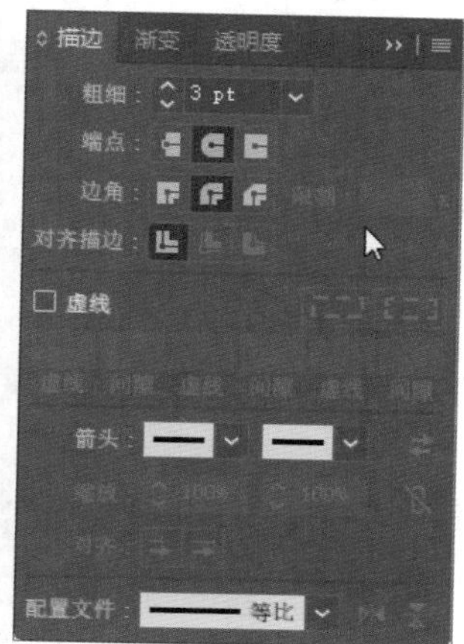

步骤 20 按住Alt键复制表盘，将其缩小放于右下角，效果如下左图所示。

步骤 21 继续使用文字工具，在复制的正圆左侧输入“天天咖啡”文本，设置字号为30pt、颜色为白色，如下右图所示。

步骤 22 至此，咖啡DM单页制作完成，最终效果如下图所示。

Chapter 09 播放按钮图标设计

本章概述

在使用Illustrator设计作品时，对颜色的掌控是非常重要的，将关系到整个作品的美观程度。本章通过制作播放按钮图标的过程，介绍设置颜色填充的方法和技巧，使用户能够制作出精美的图形效果。

核心知识点

1. 掌握渐变颜色设置的方法
2. 熟悉风格化效果的应用
3. 掌握制作高光效果的方法
4. 掌握不透明度的设置方法

9.1 制作按钮图标的基本形状

播放按钮图标主要由圆角矩形和正圆形组成，首先根据制作要求绘制按钮图标的基本形状，并对其进行颜色填充，具体操作方法如下。

步骤 01 首先创建一个空白文档，参数设置如下左图所示。

步骤 02 选择圆角矩形工具，在画面中单击，在弹出的“圆角矩形”对话框中设置相关参数，单击“确定”按钮，如下右图所示。

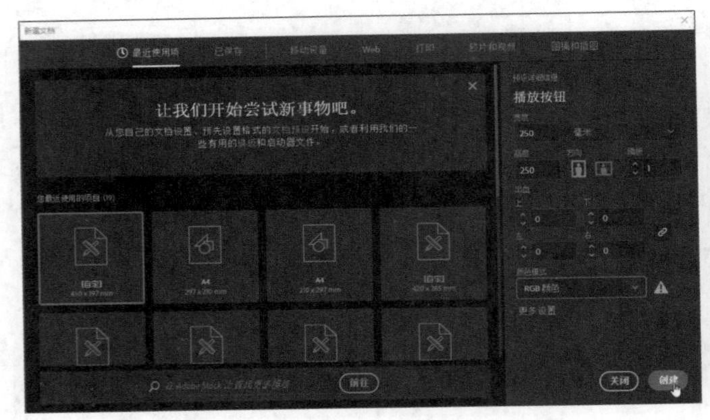

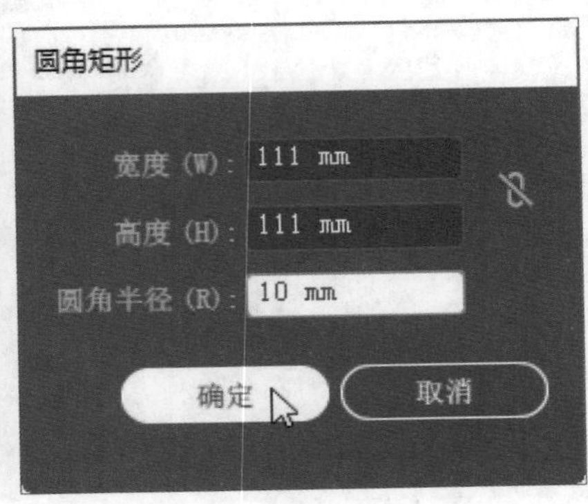

步骤 03 打开“渐变”面板，将圆角矩形的填充颜色设置为渐变，设置渐变类型为线型，角度为90°，如下左图所示。

步骤 04 双击左侧滑块，在打开的面板中单击“颜色”按钮，然后设置RGB的值，如下右图所示。

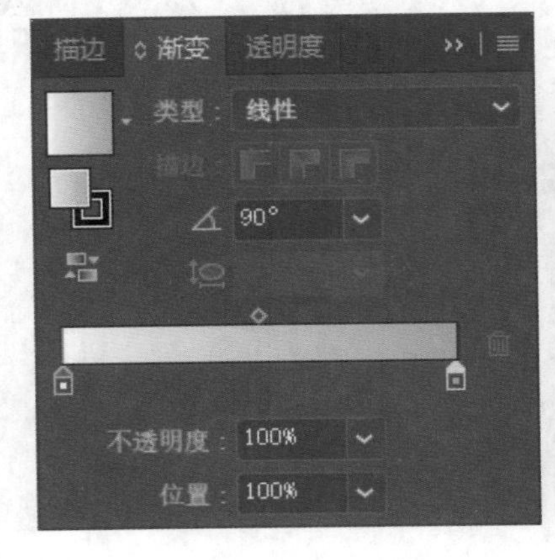

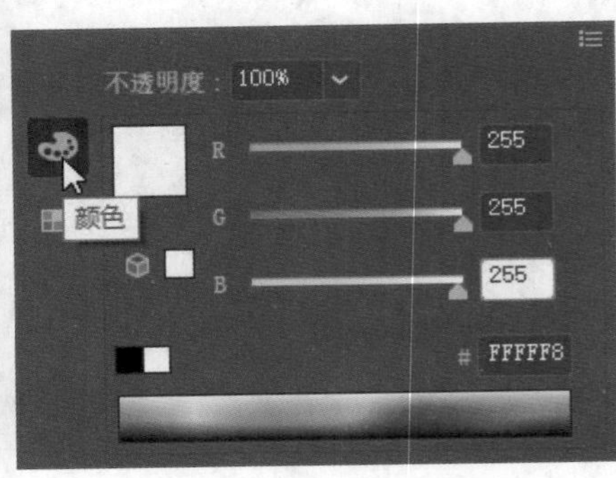

步骤 05 根据相同的方法设置右侧滑块的RGB颜色值，如下左图所示。

步骤 06 接着将圆角矩形的描边与填充设置为相同的渐变，将其渐变角度设置为30°，效果如下右图所示。

步骤 07 选择圆角矩形并复制，将其填充颜色设置为黑色，将描边设为无，并放置到渐变矩形的正上方，如下左图所示。

步骤 08 选择黑色的圆角矩形，执行“效果>风格化>外发光”命令，打开“外发光”对话框并设置相关参数，如下右图所示。

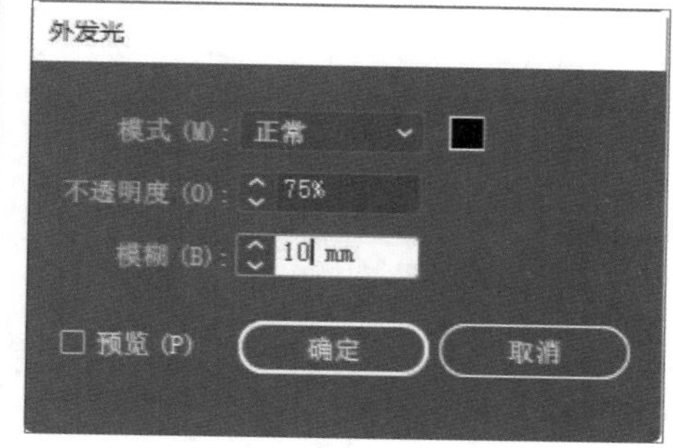

步骤 09 单击“外发光”对话框中的黑色方块，在弹出的“拾色器”对话框中设置RGB的颜色值，如下左图所示。

步骤 10 设置完成后依次单击“确定”按钮，最终效果如下右图所示。

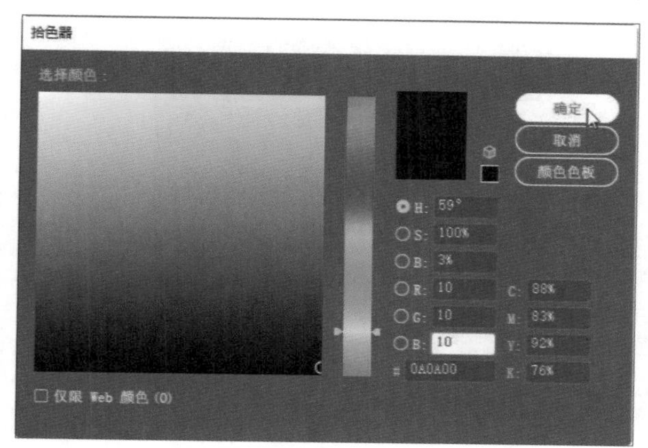

步骤 11 选择创建渐变的圆角矩形并进行复制，修改填充渐变色，将左侧滑块设置为灰色，如下左图所示。将右侧滑块颜色设置为白色，最后进行对齐调整。

步骤 12 设置其描边角度为-45°，将3个圆角矩形重叠放置，底层为第一次绘制的矩形，中间为黑色矩形，顶层为调整渐变后的矩形，如下右图所示。

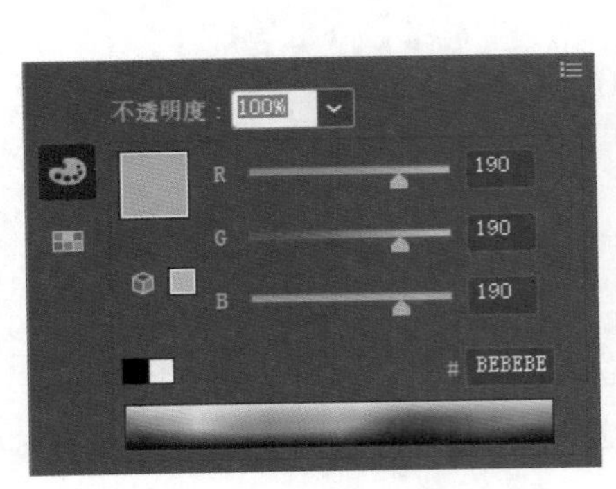

步骤 13 绘制小一点的圆角矩形并选中，同时选中顶层的圆角矩形，单击顶层矩形，将出现较粗的蓝边，设置为水平居中对齐，效果如下左图所示。

步骤 14 选中创建的圆角矩形并填充白色到黑色的渐变，效果如下右图所示。

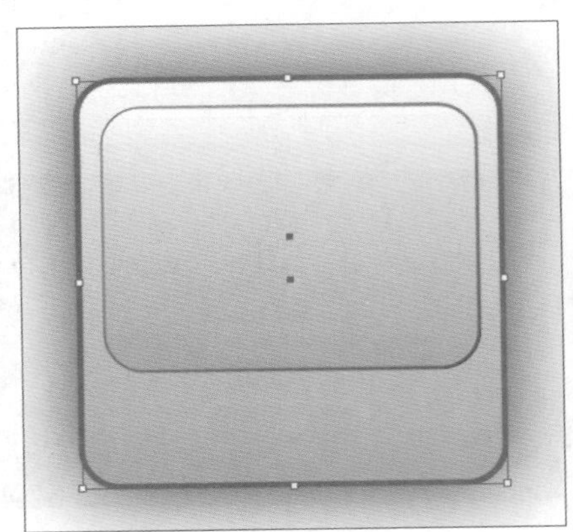

步骤 15 将创建的圆角矩形的描边设置为无，在“透明度”面板中设置模式为滤色，不透明度为15%，效果如下左图所示。

步骤 16 利用椭圆工具绘制半径为91.5mm的正圆，并设置渐变色，参数如下右图所示。

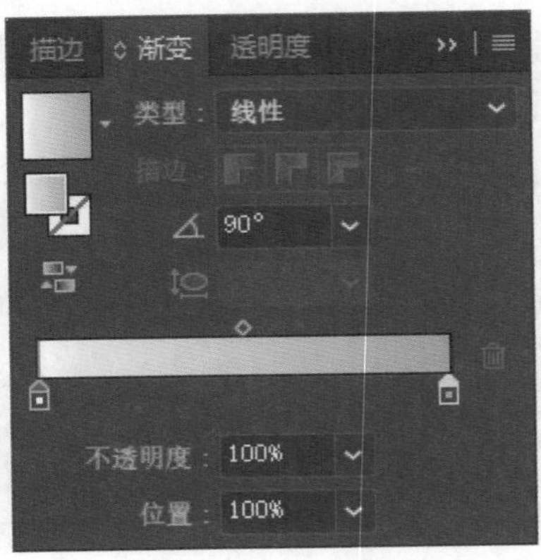

步骤 17 设置完成后的效果如下左图所示。

步骤 18 继续绘制半径为87mm的正圆，放置到上一步绘制的圆的正上方，选中两个正圆后单击渐变圆，出现蓝色粗线，设置水平居中和垂直居中对齐，如下右图所示。

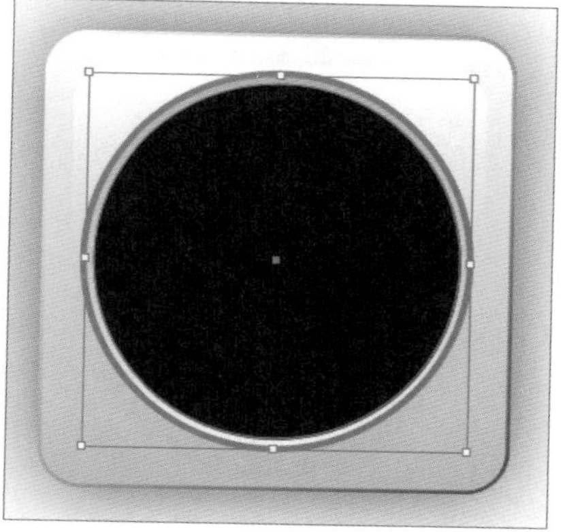

步骤 19 选择上一步创建的正圆，设置渐变色，将右侧滑块设为黑色，左侧滑块参数设置如下左图所示。

步骤 20 继续绘制半径为83mm的正圆，并对齐其他正圆，效果如下右图所示。

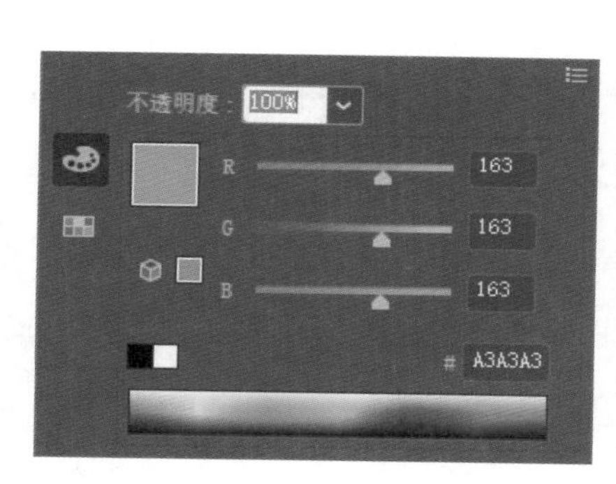

9.2 制作按钮图标的立体效果

下面为按钮制作高光和立体效果，在制作过程中用到的功能包括矩形工具、渐变填充、不透明度等，具体操作过程如下。

步骤 01 选择最后绘制的正圆，打开“渐变”面板，设置0%位置滑块的RGB值为218、8、0，设置48%位置滑块的RGB值为208、0、0，设置100%位置滑块的RGB值为99、0、0，如右图所示。

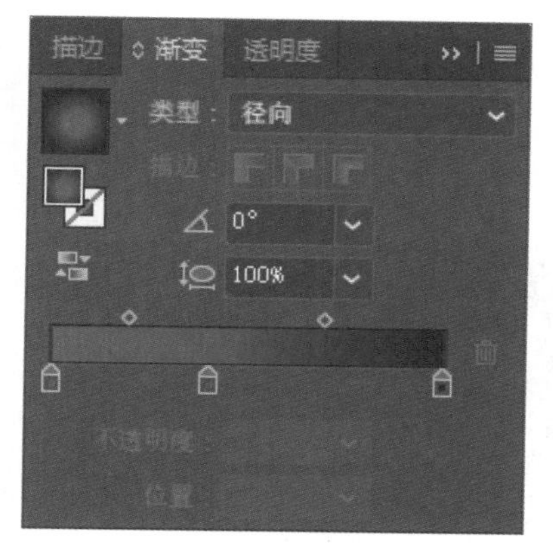

步骤 02 设置渐变填充后的效果如下左图所示。

步骤 03 选择并复制上一步创建的圆形，按下Ctrl+F组合键粘贴到当前位置，修改复制后正圆的渐变色，参数设置如下右图所示。

步骤 04 选择正圆，打开“透明度”面板，将其模式设为滤色，效果如下左图所示。

步骤 05 使用椭圆工具，绘制两个相交的椭圆，位置如下右图所示。

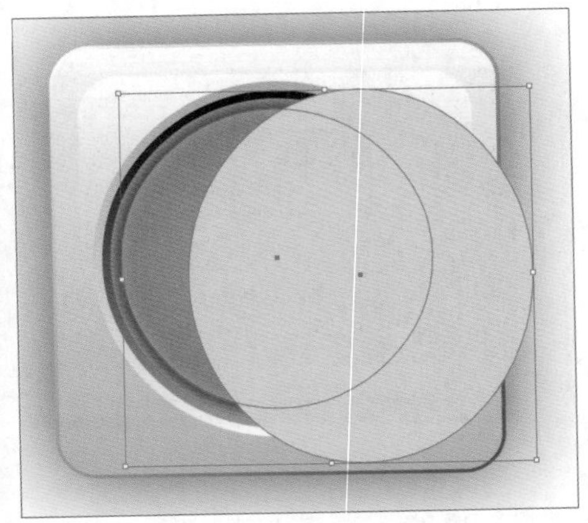

步骤 06 选中绘制的两个椭圆，打开“路径查找器”面板，单击“分割”按钮，如下左图所示。

步骤 07 右击绘制的椭圆，在弹出的快捷菜单中选择“取消编组”命令，删除多余的形状，效果如下右图所示。

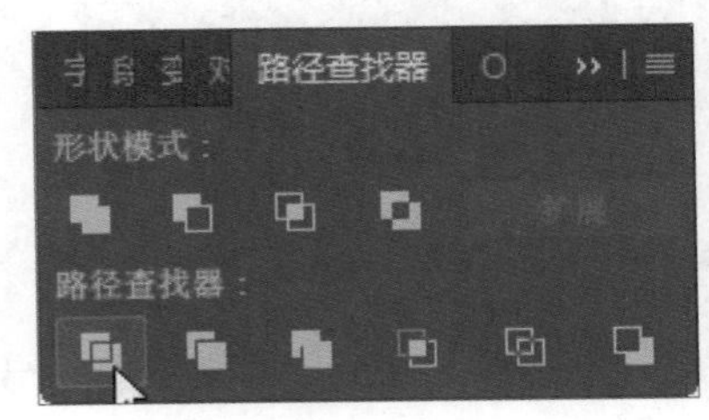

步骤 08 继续绘制椭圆并旋转调整其位置，将椭圆和月牙形状的图形选中，根据上两步方法进行设置，效果如下左图所示。

步骤 09 选中上一步制作的图形，设置不透视明度为15%，然后继续绘制正圆，颜色填充为白色，设置不透明度为50%，如下右图所示。

步骤 10 继续绘制椭圆，将填充颜色设置为无，描边粗细设置为6pt，复制两个椭圆并逐层缩小，效果如下左图所示。

步骤 11 选中复制的两个椭圆，执行“对象>扩展”命令，在弹出的“扩展”对话框中勾选“填充”和“描边”复选框，如下右图所示。

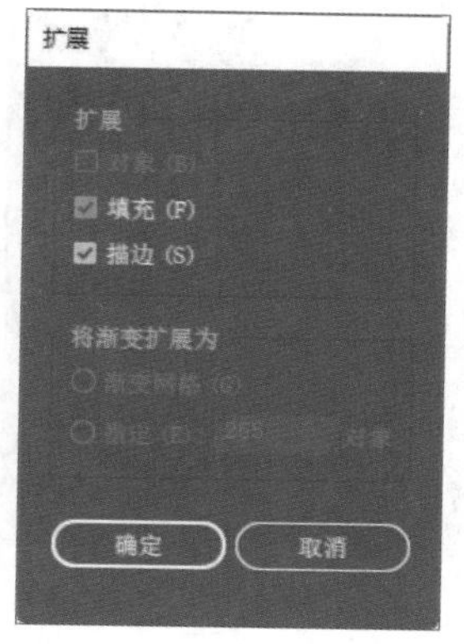

步骤 12 同时选中绘制的4个椭圆，打开“路径查找器”面板，单击“分割”按钮，并取消编组，将不需要的部分删除，效果如下左图所示。

步骤 13 使用钢笔工具绘制三条弧线，设置描边粗细为6pt，效果如下右图所示。

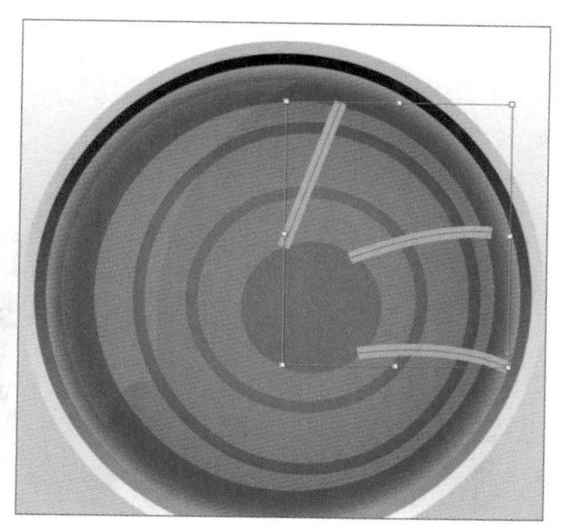

步骤14 选中3条弧线，执行“对象>扩展”命令，在弹出的对话框中勾选“填充”和“描边”复选框，效果如下左图所示。

步骤15 同时选中三个圆环和三段弧线，打开“路径查找器”面板，单击“分割”按钮并取消编组，然后删除不需要的部分，效果如下右图所示。

步骤16 选择分割后图形上方中间的形状，设置描边为无，在打开的“渐变”面板中设置相关参数，如下左图所示。

步骤17 保持该区域为选中状态，在“透明度”面板中将混合模式设置为滤色，效果如下右图所示。

步骤18 使用相同的方法绘制其他的高光区域，并对绘制的图形编组。然后利用钢笔工具绘制图形，如下左图所示。

步骤19 选中绘制的图形，对其填充白色到黑色的渐变，并设置不透明度为50%，混合模式设为滤色，效果如下右图所示。

步骤 20 利用椭圆工具绘制半径为72mm的正圆，并设置填充渐变，然后利用渐变工具进行调整，效果如下左图所示。

步骤 21 选择正圆，设置透明度的混合模式设为滤色，利用渐变工具逐渐调整，使用前面介绍的方法，再次制作按钮的反光部分，如下右图所示。

9.3 制作播放图标

下面介绍为播放按钮添加播放图标的操作方法，具体步骤如下。

步骤 01 选择星形工具，按住Shift键和下方向键绘制正三角形，颜色填充为黑色，描边设置为无，如下左图所示。

步骤 02 将绘制的三角形顺时针旋转90°，设置不透明度设为40%，然后放置在合适的位置，效果如下右图所示。

步骤 03 适当调整画面的效果，完成播放按钮图标的设计过程，最终效果如右图所示。

Chapter 10 CD包装设计

本章概述

随着产品销售市场竞争的日益激烈和消费者文化品位的不断提升，包装设计越来越被企业和消费者重视。包装设计是产品特性、品牌理念和消费心理的综合反映，直接影响着消费者的购买欲。本章以制作CD包装为例介绍包装设计的制作过程。

核心知识点

❶ 了解包装设计的概念
❷ 熟悉混合工具的应用
❸ 掌握路径查找器的应用
❹ 掌握剪切蒙版的应用

10.1 包装设计概述

包装设计涉及到平面包装设计和广告艺术设计领域的专业知识和技能，是平面设计和结构设计的有机结合。设计师在设计作品时，除了必须掌握专业的知识和技能，还要了解广告、材料、营销、包装和运储等相关知识。

包装是消费者对产品的视觉体验，是产品个性的直接传递，是企业形象定位的直接表现，好的包装是企业创造利润的重要手段之一。包装作为商品品质的外在表现形式，不仅要包括商品的品牌、商标、形状、颜色、文字、图案和材质等要素，还应考虑消费者的文化背景、民族特色、生活方式等深层次的内涵。策略定位准确、符合消费者心理的产品包装设计，能够帮助企业在众多竞争品牌中脱颖而出。

包装具有宣传产品、提升产品形象、促进销售的功能，一般应遵循以下基本原则。

- 产品包装要能保证产品不损坏、不变质、不变形、不渗漏、不串味等。
- 产品包装要便于运输、保管、陈列、携带和使用。
- 产品包装应具有美化和宣传产品的作用，要充分显示产品的特色、风格和艺术性。
- 产品包装的设计和使用，应防止增加不必要的昂贵包装成本，应努力减轻消费者负担，节约社会资源。
- 产品包装设计要准确、鲜明、直观地传递产品信息，文字与图案说明要规范、统一、准确、实事求是。
- 在包装设计中，企业应根据不同国家或地区消费者的文化环境和风俗习惯，设计不同的包装以适应不同目标市场的需求。

常见的包装设计效果如下图所示。

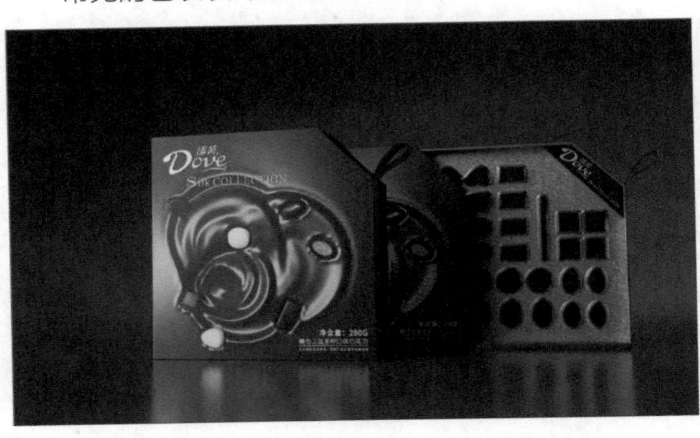

10.2 制作CD外包装盒

CD包装盒的设计相对简单点，在设计过程中会使用形状工具、混合工具、渐变以及蒙版创建等知识，下面介绍具体操作方法。

步骤 01 首先创建一个空白文档，具体参数设置如下左图所示。

步骤 02 使用矩形工具绘制一个正方形，使用椭圆工具绘制一个正圆，效果如下右图所示。

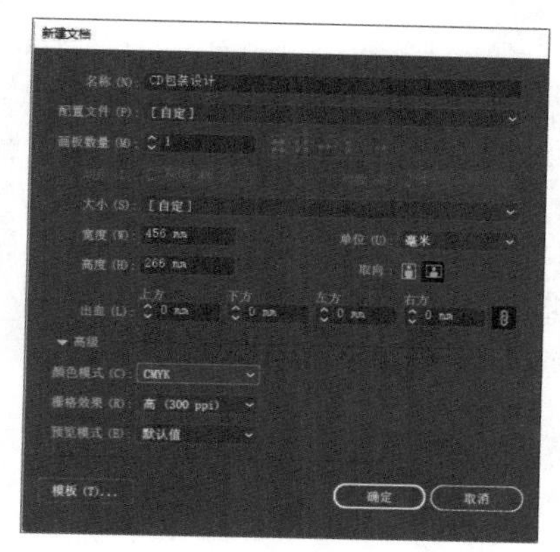

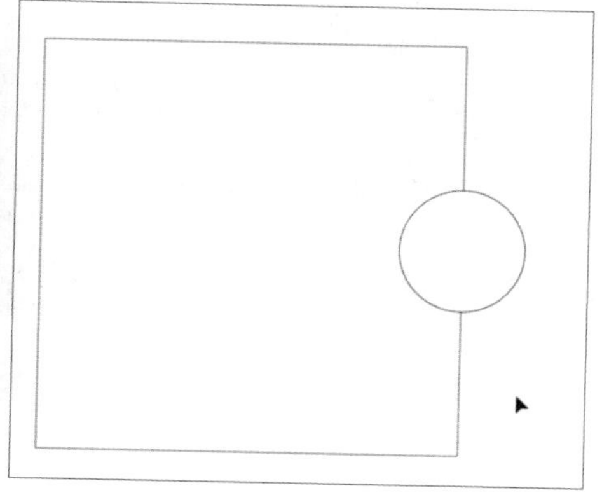

步骤 03 同时选中两个图形，打开“路径查找器”面板，单击“分割”按钮，如下左图所示。

步骤 04 选中图形并右击，在弹出的快捷菜单中选择“取消编组”命令，如下右图所示。

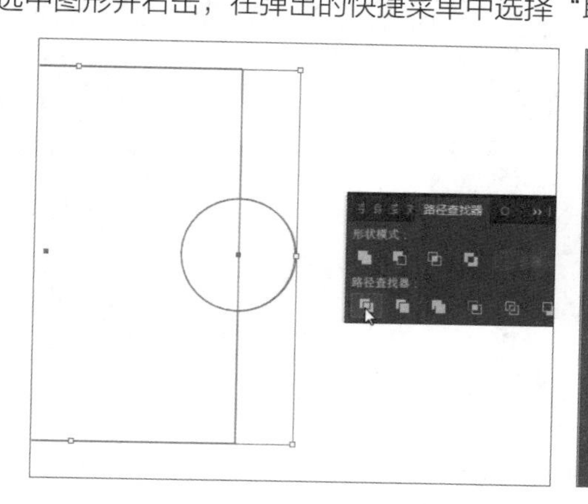

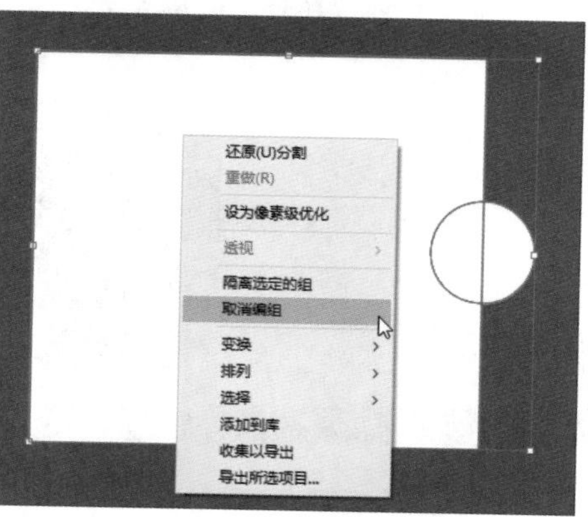

步骤 05 选中不需要的图形，按Delete键将其删除，效果如下左图所示。

步骤 06 选中绘制的图形，将描边设置为无，然后进行复制，设置复制的图形颜色为灰色，如下右图所示。

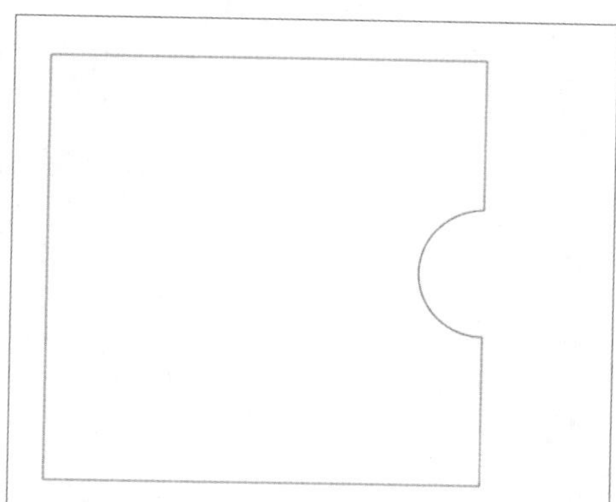

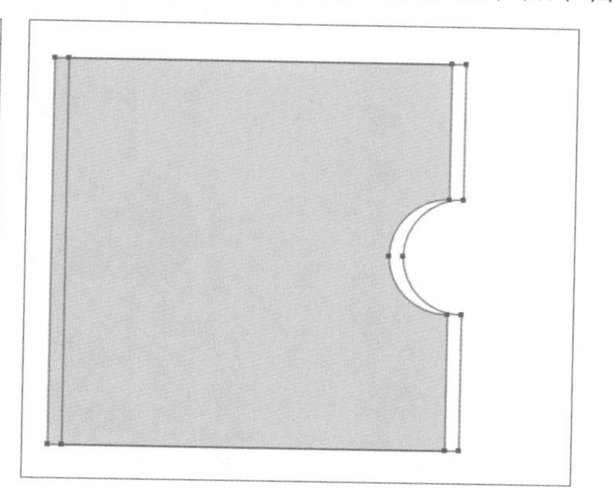

步骤 07 双击工具箱中的混合工具按钮，打开“混合选项”对话框，设置“间距”为“指定的距离”，并在右侧数值框中输入7mm，选择“取向”为“对齐路径”，单击“确定”按钮，如下左图所示。

步骤 08 返回场景中，分别单击绘制的图形，混合后的效果如下右图所示。

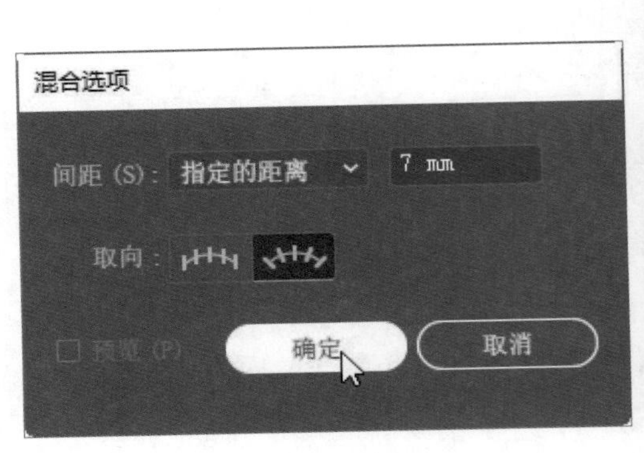

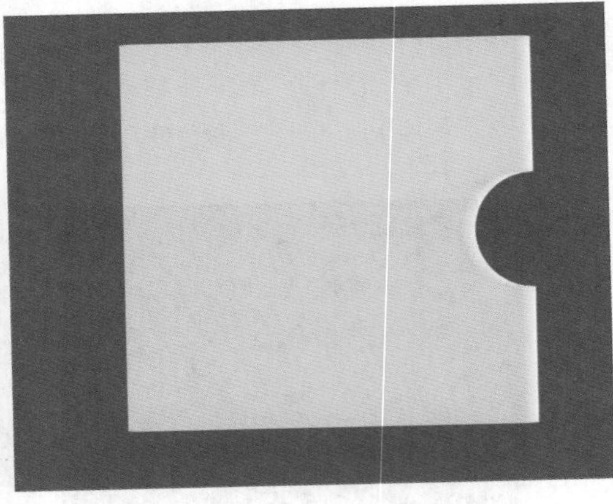

步骤 09 选中创建的混合对象，对其进行复制，在“透明度”面板中设置复制对象透明度的混合模式为“颜色加深”，如下左图所示。

步骤 10 选中创建的两个混合对象，打开“对齐”面板，将对齐设为“所选对象”，单击“水平居中对齐”和“垂直居中对齐”按钮，效果如下右图所示。

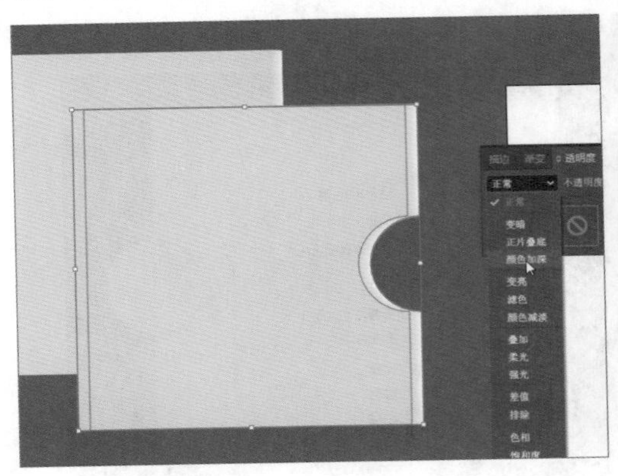

步骤 11 根据对齐的对象，利用钢笔工具绘制图像，只留出阴影部分，效果如下左图所示。

步骤 12 选择上一步创建的对象，将其填充颜色设为渐变色，并设置类型为径向，如下右图所示。

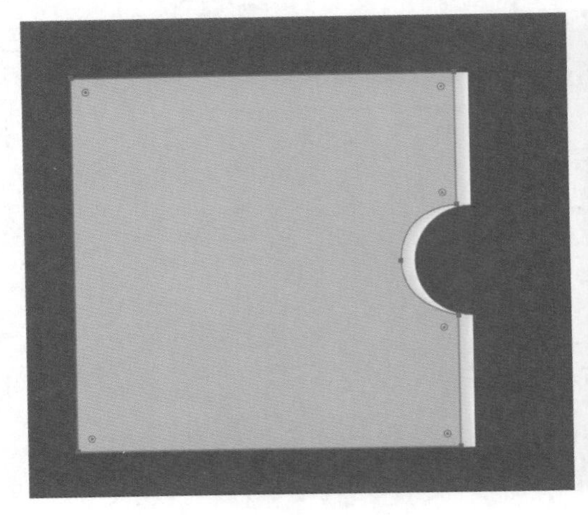

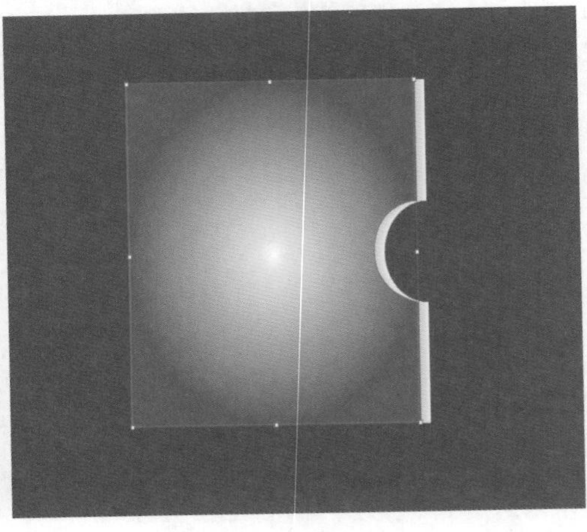

步骤13 继续选择绘制的对象，利用渐变工具对渐变色进行调整，如下左图所示。

步骤14 执行“文件>打开”命令，选择相应的素材文件并拖曳到文档中，如下右图所示。

步骤15 选择文字工具，输入Red文本，设置文本颜色为红色，并设置相应的字体样式，如下左图所示。

步骤16 选择创建的所有包装对象，进行编组，然后选择创建的渐变对象并执行复制操作，为了便于观察，将填充色设置为无，如下右图所示。

步骤17 选择创建的对象和素材并右击，在弹出的快捷菜单中选择“创建剪切蒙版”命令，如下左图所示。

步骤18 将其放入CD封面并调整位置，效果如下右图所示。

步骤 19 选择椭圆工具，在画布中单击，打开“椭圆”对话框，设置参数后单击“确定”按钮，如下左图所示。

步骤 20 选择上一步创建的对象，执行“效果>风格化>羽化”命令，如下右图所示。

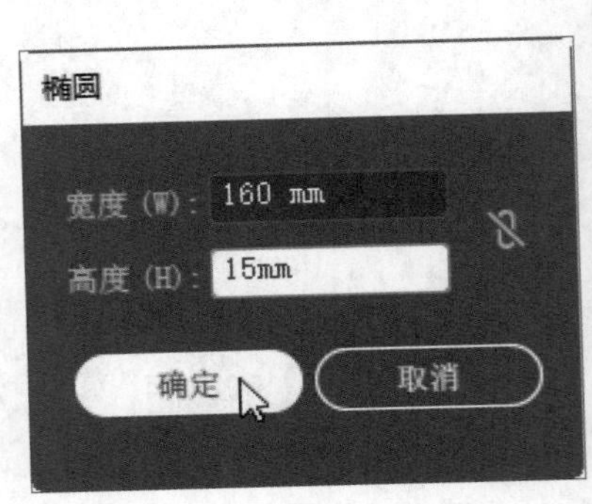

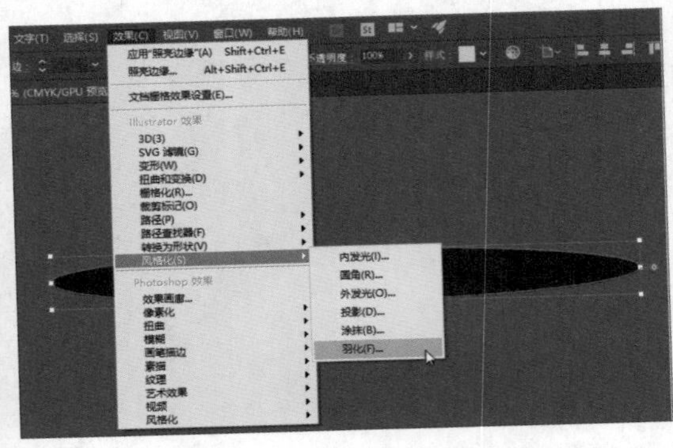

步骤 21 在弹出的“羽化”对话框中将“半径”值设为5mm，单击“确定”按钮，如下左图所示。

步骤 22 选择创建的对象，将其移动到图层最下方，CD的外包装设计完成，效果如下右图所示。

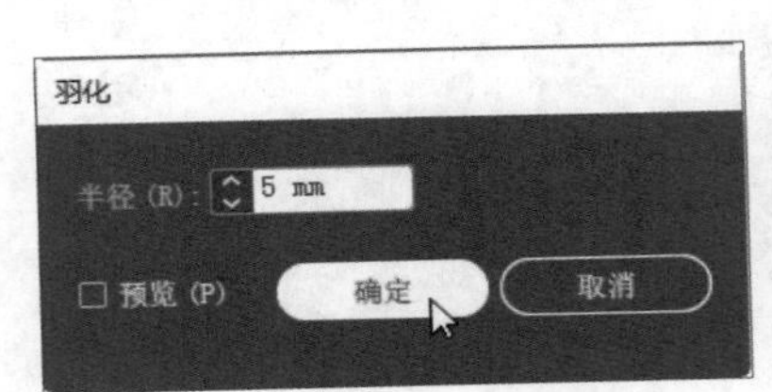

10.3 制作光盘

本节主要介绍光盘的制作过程，主要利用椭圆工具、渐变以及剪切蒙版创建等知识，下面介绍具体操作方法。

步骤 01 使用椭圆工具绘制半径为147.5mm的正圆，填充颜色为白色，设置不透明度为50%，如下左图所示。

步骤 02 选择上一步创建的对象，按下Ctrl+C、Ctrl+F组合键进行复制粘贴操作，如下右图所示。

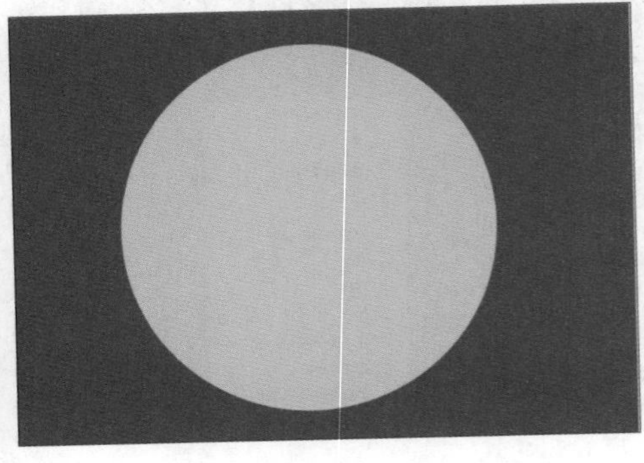

步骤 03 接着为其添加描边，描边粗细为3pt，颜色为深灰色，如下左图所示。

步骤 04 利用椭圆工具绘制半径为143mm的正圆，为其设置渐变色，如下右图所示。

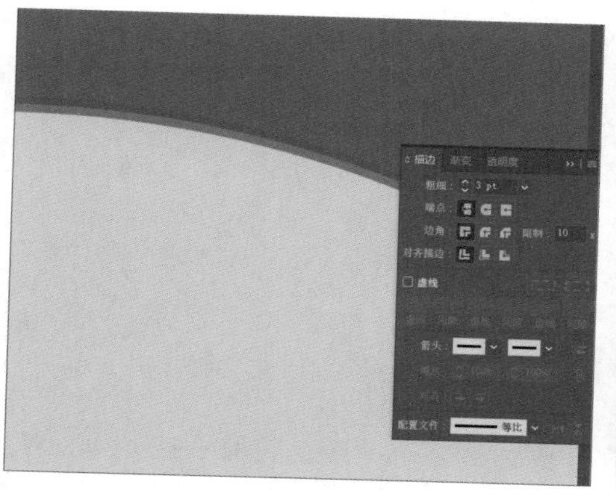

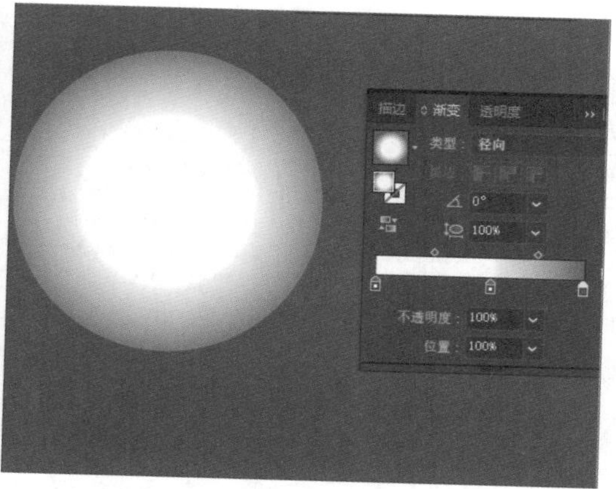

步骤 05 返回场景中，使用渐变工具对渐变色进行调整，效果如下左图所示。

步骤 06 再次添加人物素材和文字，调整文字位置，效果如下右图所示。

步骤 07 将上一步制作的光盘对象编组，并复制创建的渐变对象，调整至合适位置。为了便于观察，可以将填充颜色设置为无，如下左图所示。

步骤 08 选择创建的素材对象和渐变对象并右击，在弹出的快捷菜单中选择“创建剪切蒙版”命令，并调整至合适的位置，如下右图所示。

步骤 09 利用椭圆工具绘制半径分别为47.5mm和18.5mm的同心圆，并设置不同的填充颜色，效果如下左图所示。

步骤 10 选择创建的同心圆，打开“路径查找器”面板，单击“减去顶层”按钮，效果如下右图所示。

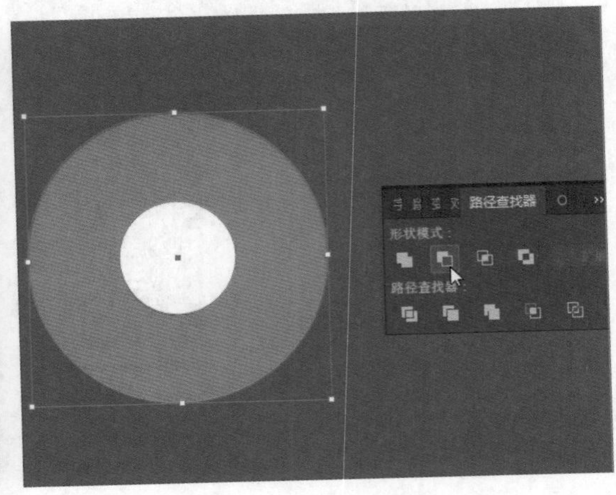

步骤 11 将创建的新图形填充为白色，将描边设置为黑色，描边粗细为2pt，并设置不透明度为20%，效果如下左图所示。

步骤 12 选择创建的对象，按下Ctrl+C、Ctrl+F组合键执行复制粘贴操作。然后右击图形，在弹出的快捷菜单中选择“变换>缩放”命令，如下右图所示。

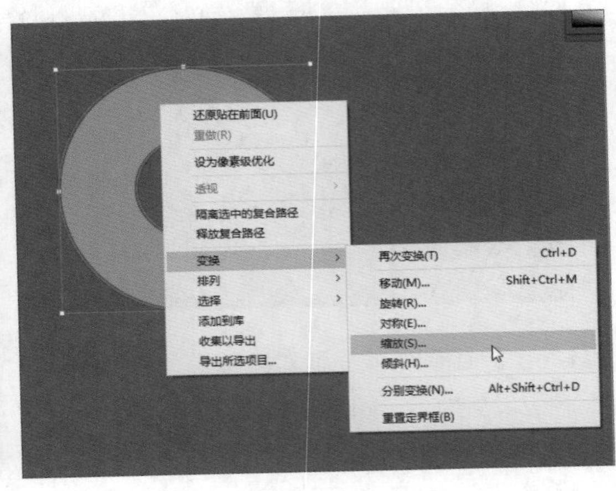

步骤 13 打开“变换”面板，将宽和高设置为41.5mm，如下左图所示。

步骤 14 将描边颜色设置为中灰色，描边粗细设置为1pt，不透明度设置为100%，效果如下右图所示。

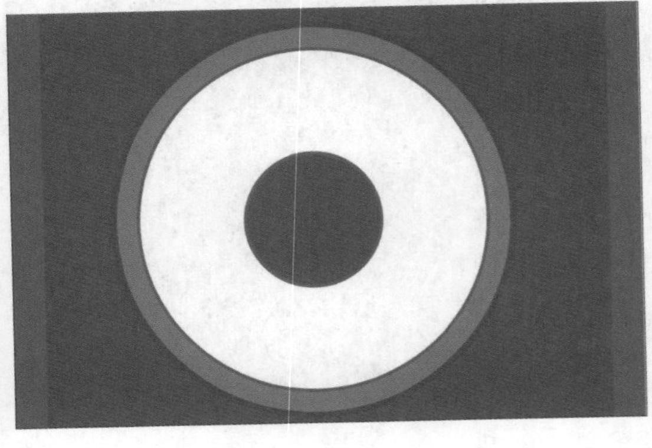

步骤15 选择上一步创建的对象，将其填充颜色设置为渐变，打开“渐变”面板，将类型设置为线性，角度设为-60°，效果如下左图所示。

步骤16 使用椭圆工具绘制一个半径为48.5mm的正圆，如下右图所示。

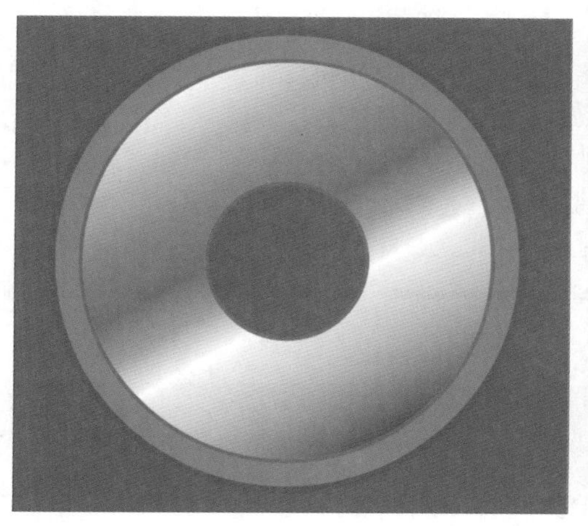

步骤17 将描边设置为无，添加效果渐变，设置类型为“径向”，如下左图所示。

步骤18 将其放置到上一步对象的下方并对齐，如下右图所示。

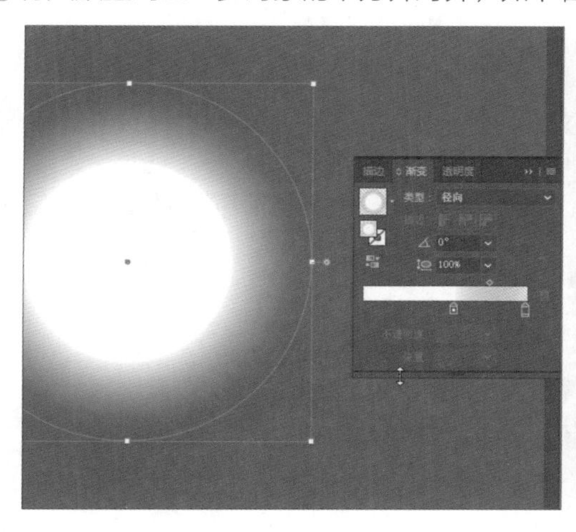

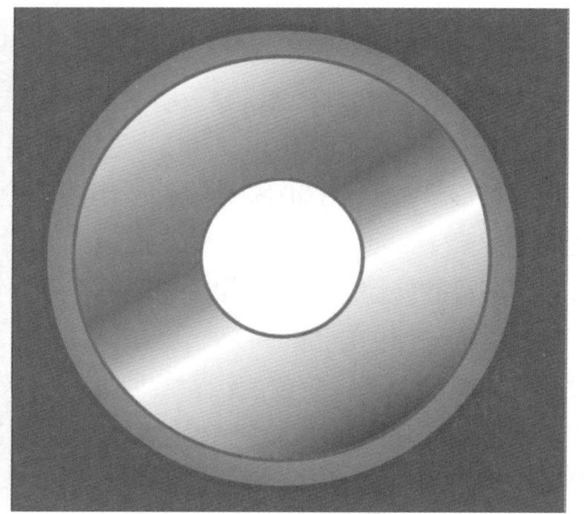

步骤19 选中所有对象并编组，放置到封面中心。至此，光盘制作完成，效果如下左图所示。

步骤20 制作CD的外包装和光盘的最终效果如下右图所示。

Chapter 11 书籍装帧设计

本章概述

书籍装帧设计是从文稿到成书出版的整个过程，也是从书籍形式的平面化到立体化的过程。现在书籍的种类越来越多，书籍装帧的要求也逐步提高。本章将介绍书籍封面设计和立体成书的过程，让读者对书籍装帧有一定的认识。

核心知识点

❶ 了解书籍装帧的形式
❷ 熟悉辅助线的添加
❸ 掌握符号的应用
❹ 掌握效果的应用

11.1 书籍装帧简介

书籍装帧是在书籍生产过程中将材料和工艺、思想和艺术、外观和内容、局部和整体等组成和谐、美观的整体的过程。书籍装帧包括开本、装帧形式、封面、腰封、字体、版面、色彩、插图、纸张材料、印刷、装订及工艺等各个环节的艺术设计。

11.1.1 书籍装帧的构成

书籍是人类文明进步的阶梯，是人类的智慧积淀、流传与延续。书籍给人以知识与力量，古人云“三日不读书便觉语言无味，而面目可憎也”，由此可见书籍对人类的重要性。

从书籍装帧设计的专业角度分析书籍的组成部分，做到分工精细，才能出版精美的图书，下面介绍书籍的主要构成要素。

- **封套：**书籍的外包装，起到保护书册的作用。
- **护封：**装饰与保护封面。
- **封面：**书籍的面子，分封面和封底两部分，记载书名、卷、册、著者、版次以及出版社等信息。封面设计可以增强图书内容的思想性和艺术性，可以加深对图书的宣传。
- **书脊：**封面和封底的中间部分。
- **环衬：**连接封面与书心的衬页。
- **空白页：**即签名页，有时也称为装饰页。
- **资料页：**用于记载书籍中图形和文字的相关资料。
- **扉页：**也称为内中副封面，用于补充书名、著作、出版者等内容，也可以装饰图书，增加美感。
- **前言：**包括序、编者的话和出版说明等内容。
- **后语：**跋、编后记。
- **目录页：**具有索引功能，让读者可以一目了然地知道书籍内容，安排在前言之后正文之前，记录本书的篇、章、节的标题和页码等文字信息。
- **版权页：**是指书籍中载有版权说明内容的书页，包括书名、出版单位、编著者、开本、印刷数量、价格等有关版权的内容，用于保护专利，防止抄袭。
- **书心：**包括环衬、扉页、内页、插图页、目录页、版权页等。

11.1.2 书籍装帧的形式

随着人类文明的进步和发展，书籍装帧的形式经历了由简单到复杂的演变过程。我国书籍装帧的形式从周代到现代经历了大概8种装帧形式的演变，下面简单进行介绍。

- **简册装：**使用竹木装帧的形式，始用于周代。
- **卷轴装：**一种古老的装帧形式，由卷、轴、镖、带4部分组成，始用于汉代。
- **经折装：**在卷轴装的形式上改进而来，特点是一反一正的翻阅，始用于唐代。
- **旋风装：**在经折装的基础上改进而来，特点是像贴瓦片那样叠加纸张，也需要卷起来收存。
- **蝴蝶装：**为适用雕版印书的特点而创造，始用于宋代。
- **包背装：**改变蝴蝶版心向内的形式包背装对折页的文字面朝外，背向相对。
- **线装：**该形式是古代书籍装帧最后一种形式。
- **简装：**是我国近现代书籍出版最常用的装帧形式。
- **精装：**书芯外有硬壳、封面带有顶头布的书籍装帧形式。

11.2 封面设计

封面是书籍装桢的重要组成部分，属于外包装，起到保护书册的作用。封面设计包含四大要素：文字、图形、色彩和构图。下面介绍书籍封面设计的具体操作方法。

步骤 01 首先按下Ctrl+N组合键，创建一个空白文档，参数设置如下左图所示。

步骤 02 单击“更多设置”按钮，将“栅格化效果”设置为“高（300ppi）”，单击“确定”按钮，如下右图所示。

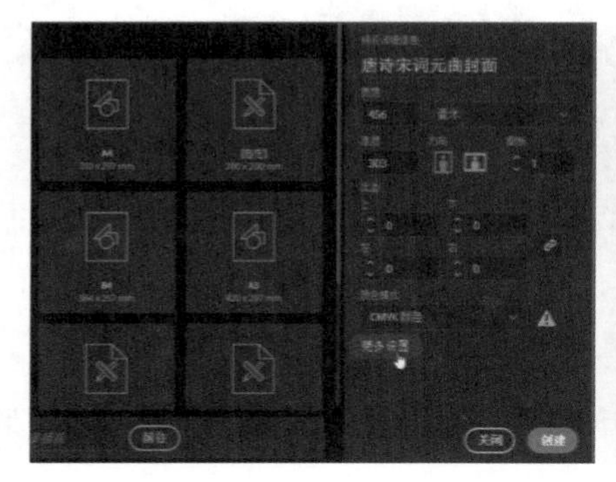

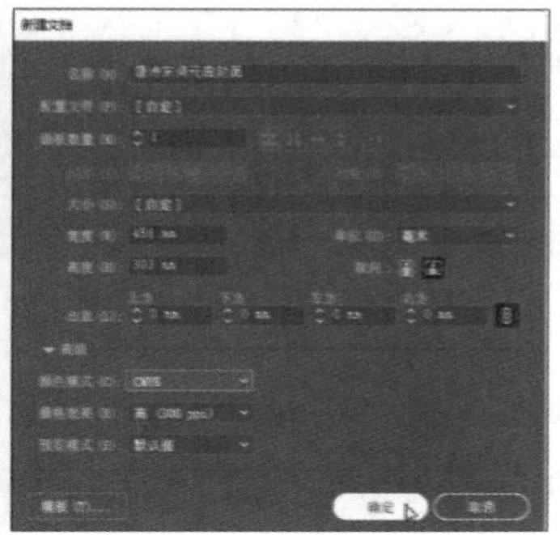

步骤 03 新建文档后，按下Ctrl+R组合键显示标尺，选择垂直标尺并拖曳辅助线，在控制栏中单击“变换”按钮，在弹出的面板中设置X为3mm，如下左图所示。

步骤 04 使用同样的方法，分别在垂直方向的213mm、243mm、453mm，水平方向变换下的Y值为3mm和300mm的位置添加辅助线，效果如下右图所示。

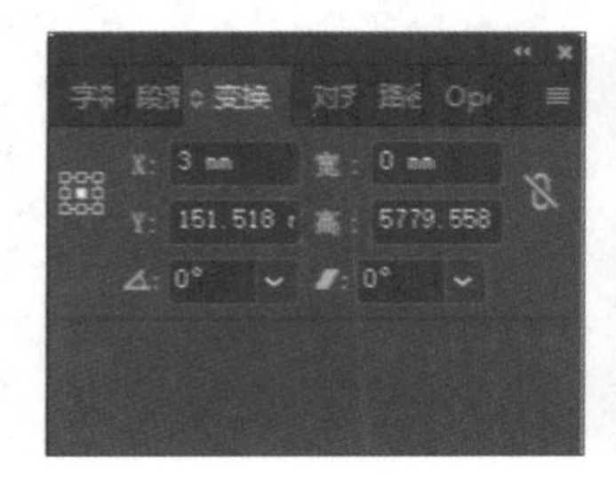

步骤 05 使用矩形工具绘制同样大小的矩形，将填充颜色设置为蓝灰色，描边设置为无，效果如下左图所示。

步骤 06 选择直排文字工具，输入文字并设置字体格式，如下右图所示。

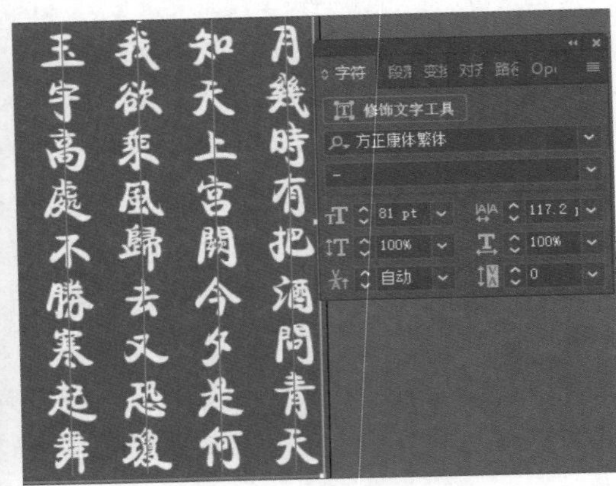

步骤 07 选择上一步创建的文字，按下Ctrl+G组合键执行合并操作，打开“透明度”面板，设置混合模式为“柔光”，效果如下左图所示。

步骤 08 选择龙纹图案素材并置入页面中，适当调整位置和透明度，效果如下右图所示。

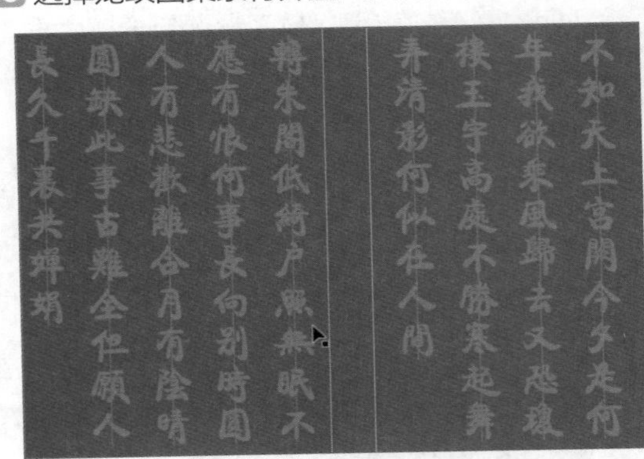

步骤 09 选择直排文字工具，输入“唐诗宋词元曲”文字，将字体设置为方正艺黑繁体，字体大小设置为105pt，字符间距设置为117，效果如下左图所示。

步骤 10 选择创建的文字，按下Shift+Ctrl+O组合键，将其转化为轮廓，设置描边颜色为白色，效果如下右图所示。

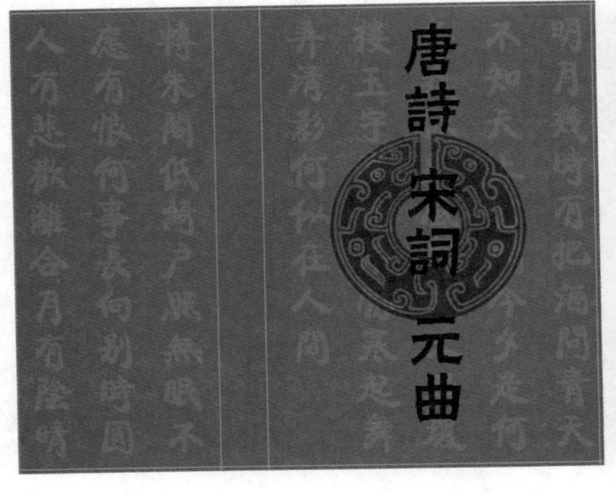

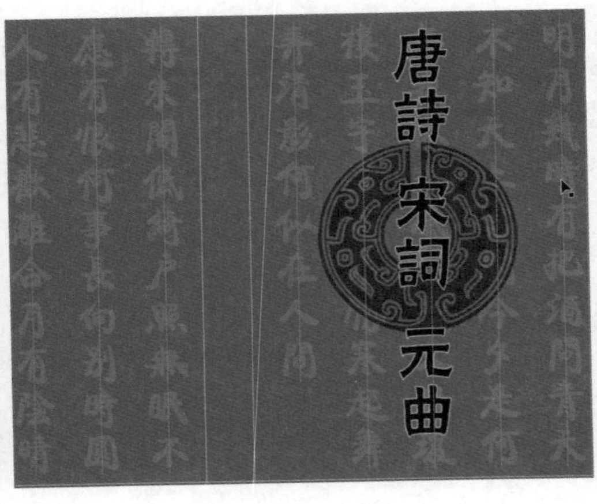

步骤 11 打开“描边”面板，将“粗细”值设为2pt，“端点”设置为圆头端点，“边角”设置为圆角连接，“对齐描边”设置为使描边居中对齐，如下左图所示。

步骤 12 使用矩形工具绘制宽度和高度分别为19.5和152mm的深蓝色矩形，描边设置为无，效果如下右图所示。

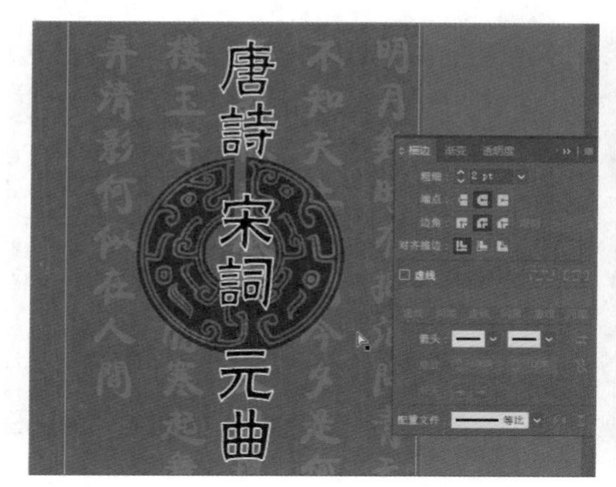

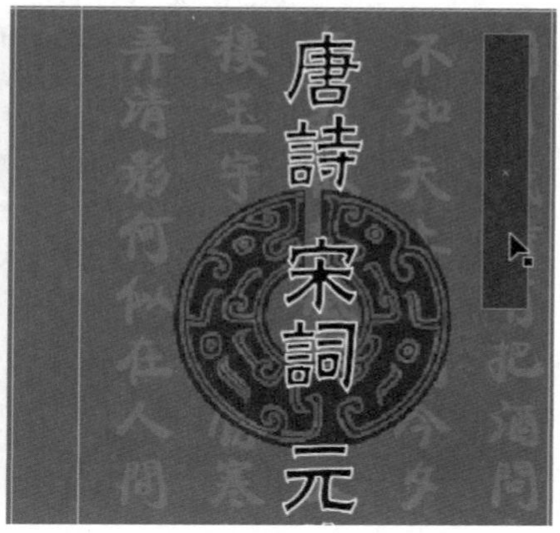

步骤 13 选择直排文字工具，输入“中国文化经典”文字，字体大小设为36pt，颜色设为白色，效果如下左图所示。

步骤 14 继续输入文字“作者编著”文字，字体大小设为21pt，如下右图所示。

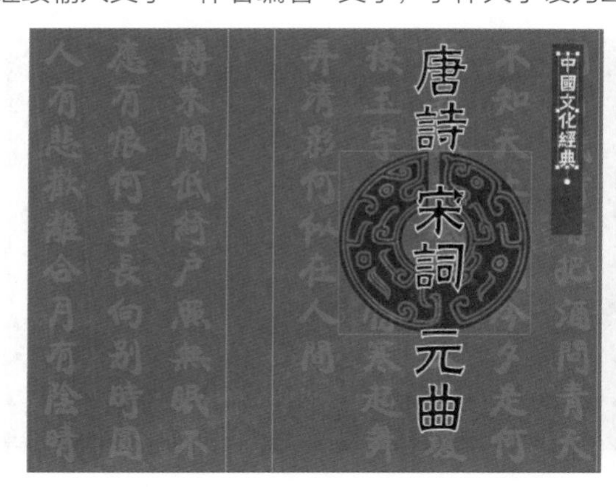

步骤 15 打开“符号”面板，在面板底部单击符号库菜单按钮，在弹出的快捷键菜单中选择“污点矢量包”命令，如下左图所示。

步骤 16 在弹出的面板中选择“污点矢量包2”选项，在工具箱中选择符号喷枪工具，如下右图所示。

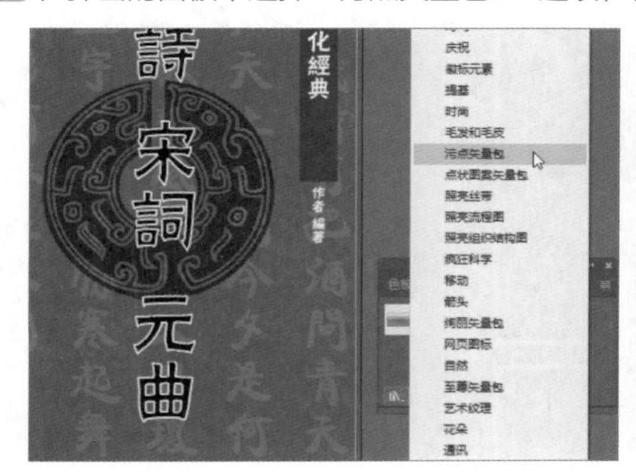

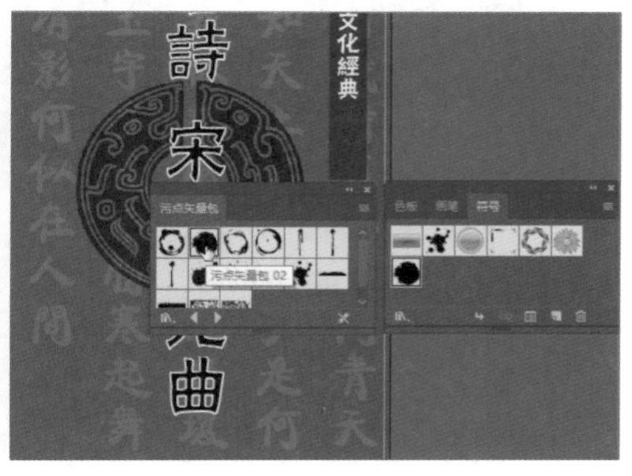

步骤17 在文档中单击创建污点后，按下Ctrl+[组合键，将其放置到文字下方，如下左图所示。

步骤18 选择直排文字工具，输入“鉴赏”文字，设置字号为48pt，设置透明度为65%，效果如下右图所示。

步骤19 选择祥云素材并添加到场景，使用直排文字工具输入“感受历代文人的智慧”文字，设置字体为方正隶书简体，字号为36pt，颜色为浅蓝色，如下左图所示。

步骤20 利用矩形工具绘制30mm*93.5mm的矩形，设置颜色为深蓝色，描边为白色，在控制栏设置描边为4pt，如下右图所示。

步骤21 选择上一步创建的矩形并复制两个，放置在适当的位置，如下左图所示。

步骤22 选择直排文字工具并输入“中华古典文化经典”文字，设置字体大小为24pt，字间距为115，颜色为浅灰白，效果如下右图所示。

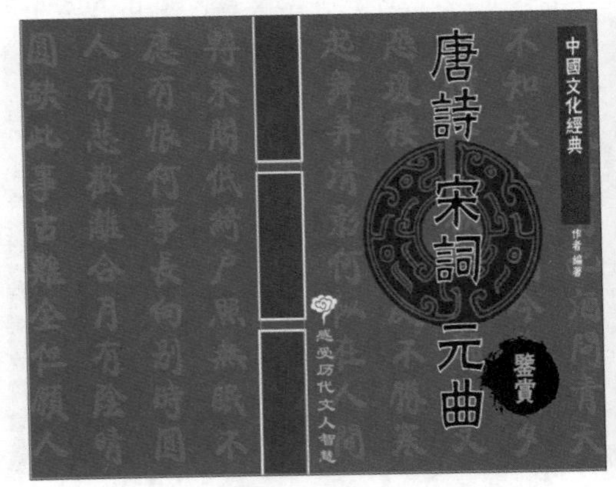

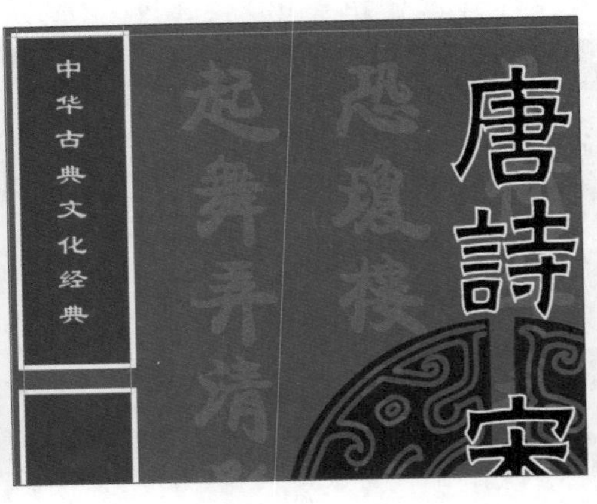

步骤 23 输入“唐诗宋词元曲”文字，设置字号为38pt，颜色为黑色，效果如下左图所示。

步骤 24 继续输入“中国历史出版社”文字，设置字号为24pt，颜色为黑色，效果如下右图所示。

步骤 25 使用直排文字工具输入“无言上西楼”文字，将字体设置为方正黄草简体，字体大小设为60pt，效果如下左图所示。

步骤 26 使用钢笔工具绘制线段，将其描边粗细设为5，描边颜色设为浅蓝色，效果如下右图所示。

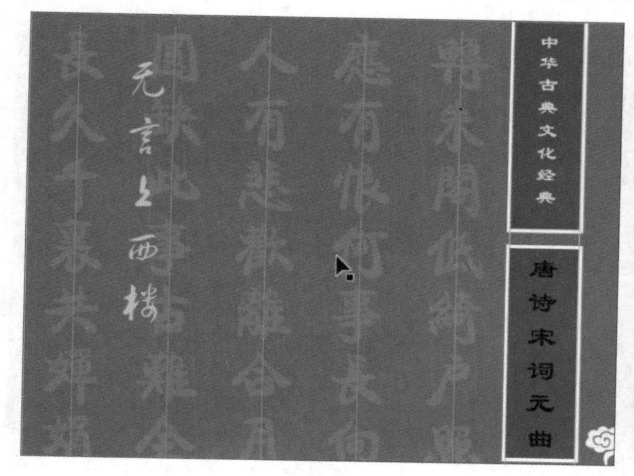

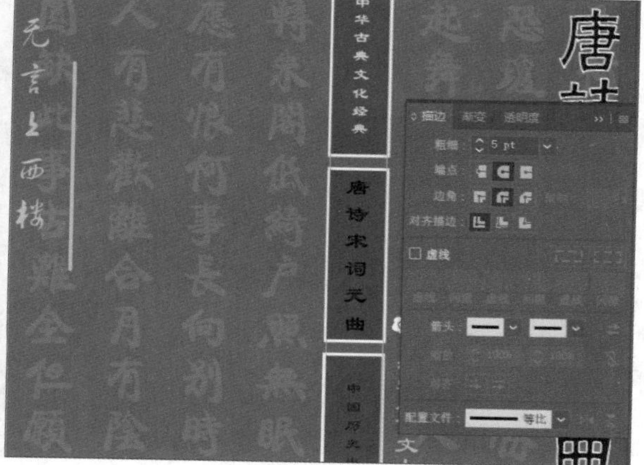

步骤 27 选择圆形花鸟素材文件并添加到场景中，将其不透明度的混合模式设为变亮，如下左图所示。

步骤 28 复制步骤26创建的直线，在“旋转”对话框中设置旋转角度为90°，如下右图所示。

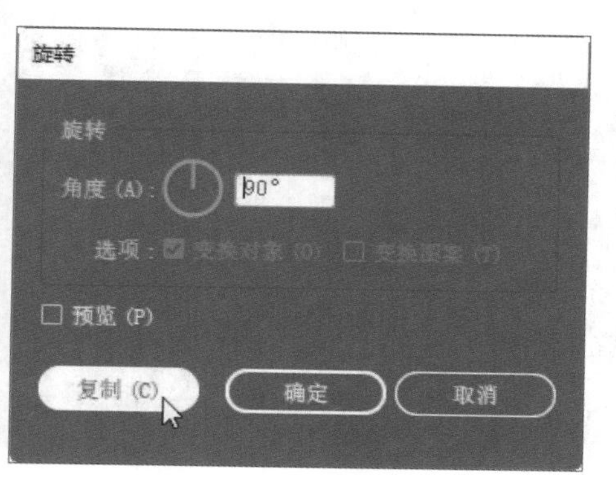

步骤 29 复制后调整线段的位置，效果如下左图所示。

步骤 30 继续添加条形码素材文件并拖入文档中，如下右图所示。

步骤 31 使用矩形工具，绘制矩形框覆盖条形码，如下左图所示。

步骤 32 同时选中条形码和矩形框并右击，在弹出的快捷菜单中选择“建立剪切蒙版”命令，如下右图所示。

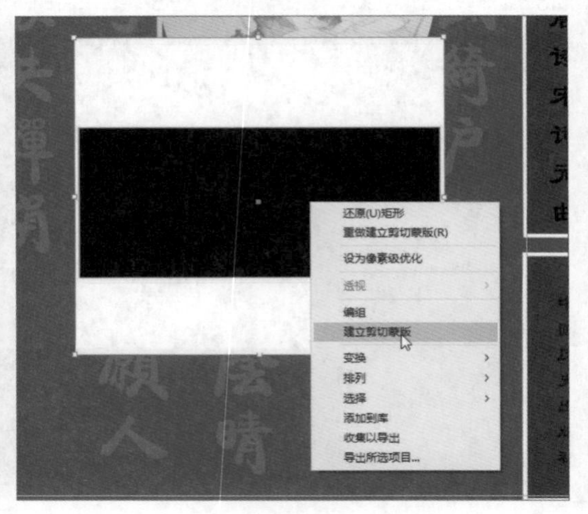

步骤 33 使用文字工具输入“定价50元”文本，设置字体为方正隶书简体，字号为33pt，如下左图所示。

步骤 34 最后再次调整总体布局，效果如下右图所示。

11.3 制作立体书效果

上一节介绍封面的平面设计，为了达到更加完美的效果，本节介绍制作书籍立体封面的制作方法，下面介绍具体操作步骤。

步骤 01 首先将之前制作的书籍封面导出为图片，则执行“文件>导出”命令，如下左图所示。

步骤 02 在弹出的对话框中选择“保存类型”为JPG格式，勾选“选择使用画板”复选框，如下右图所示。

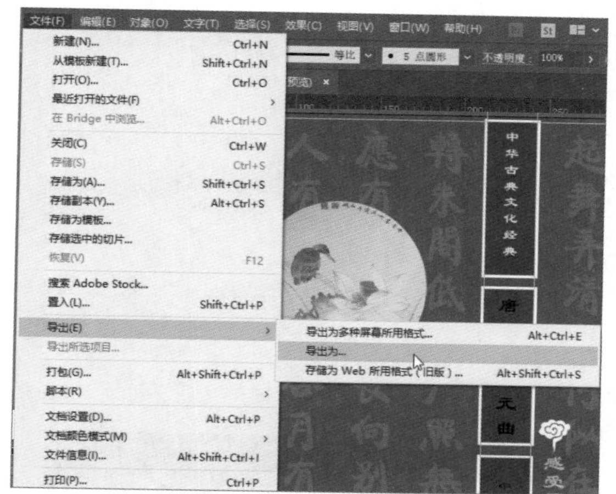

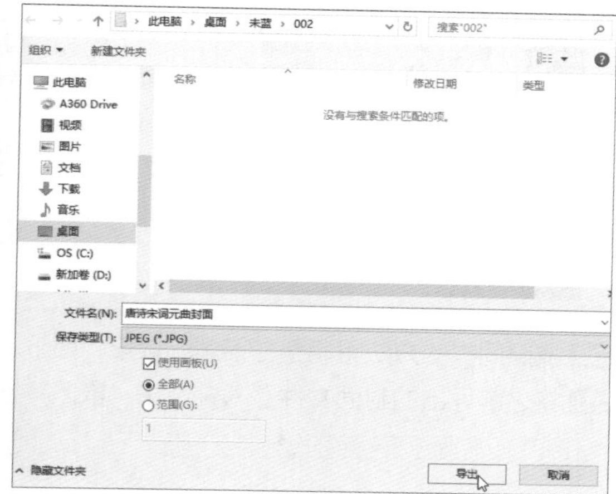

步骤 03 在弹出的对话框中，设置相关参数后，单击“确定”按钮，如下左图所示。

步骤 04 新建文档，设置名称为“立体书籍”，宽度设为500mm，高度设为400mm，如下右图所示。

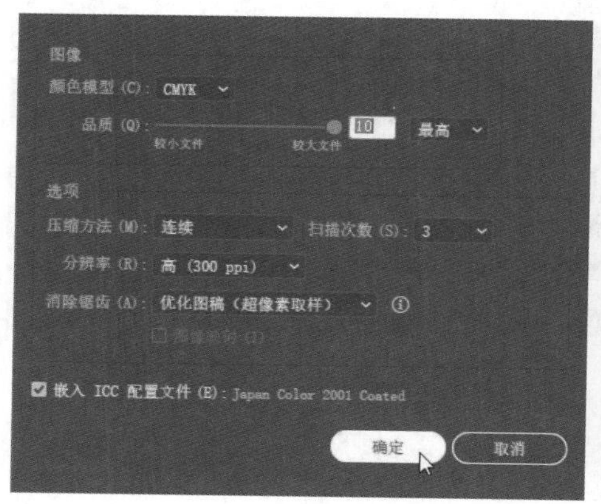

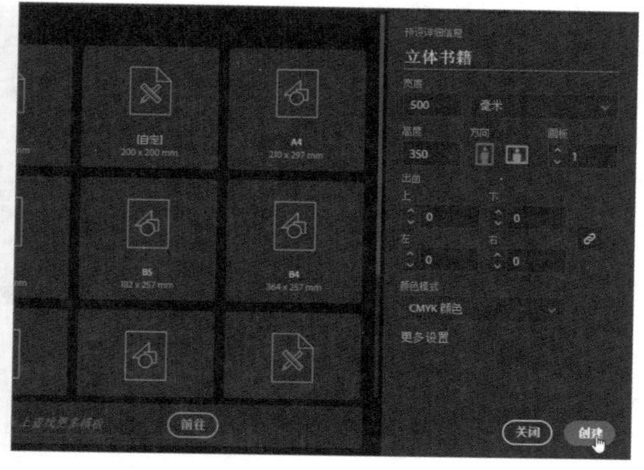

步骤 05 选择矩形工具，在“矩形”对话框中设置“宽度”为456mm，“高度”为303mm，单击“确定”按钮，如下左图所示。

步骤 06 执行“效果>风格化>圆角”命令，在打开的对话框中设置圆角半径为30mm，单击“确定”按钮，如下右图所示。

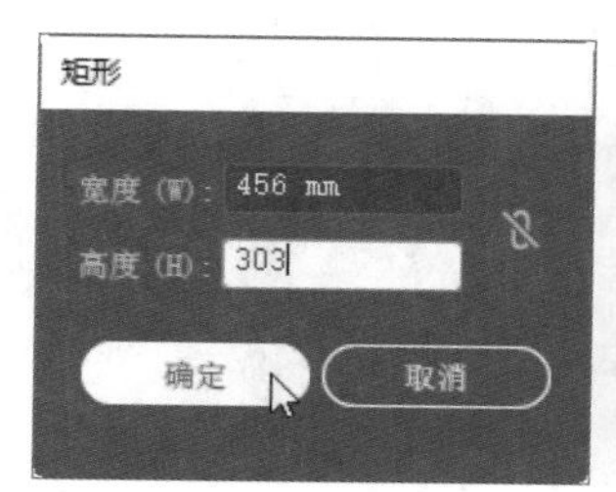

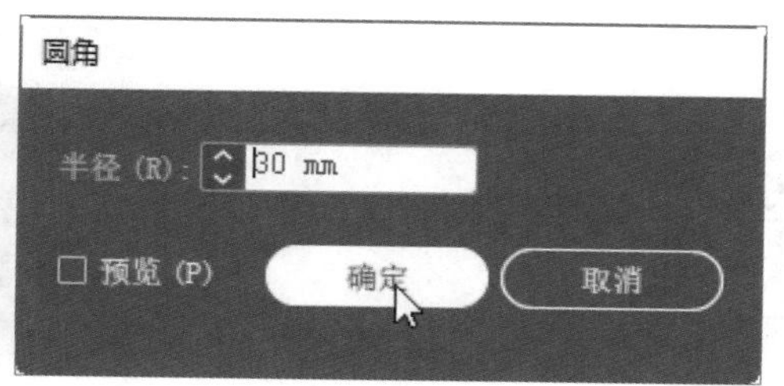

步骤 07 选中绘制的图形，执行“对象>扩展外观”命令，如下左图所示。

步骤 08 选择直接选择工具，单击图形左上角的小圆点并向外拖动，如下右图所示。

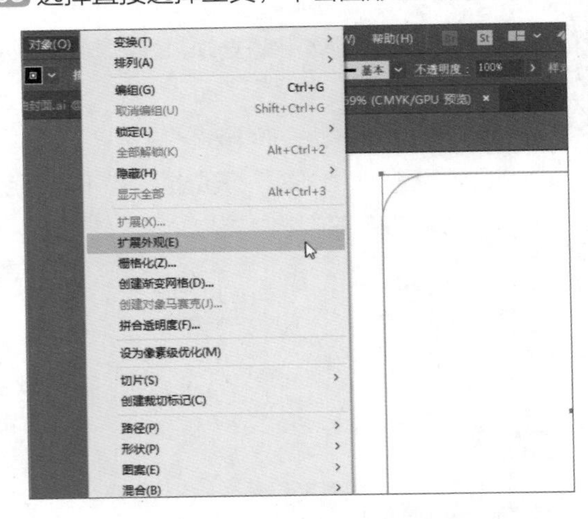

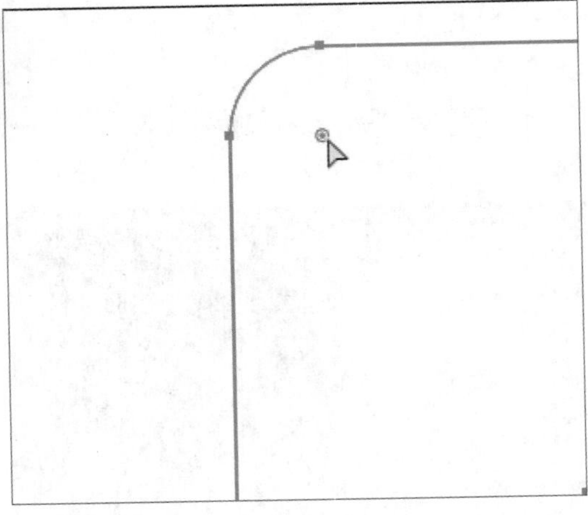

步骤 09 按照同样的方法将调整左下角的效果，如下左图所示。

步骤 10 将之前导出的封面文件置入并单击“嵌入”按钮，如下右图所示。

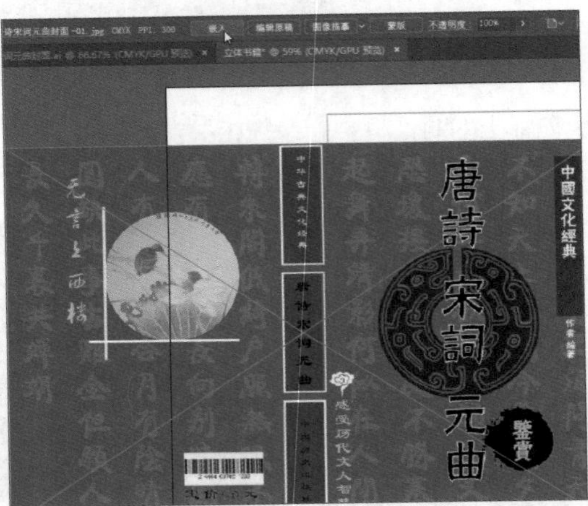

步骤 11 选中创建的圆角矩形，按下Ctrl+Shift+]组合键，执行置于顶层操作，如下左图所示。

步骤 12 调整圆角矩形的位置，将矩形左侧调整至覆盖封面正面，如下右图所示。

步骤 13 选中改动后的圆角矩形，按住Alt键执行复制操作，并将复制的图形移至一边备用，如下左图所示。

步骤 14 按住Shift键的同时选中封面和矩形并右击，在弹出的快捷菜单中选择“建立剪切蒙版”命令，如下右图所示。

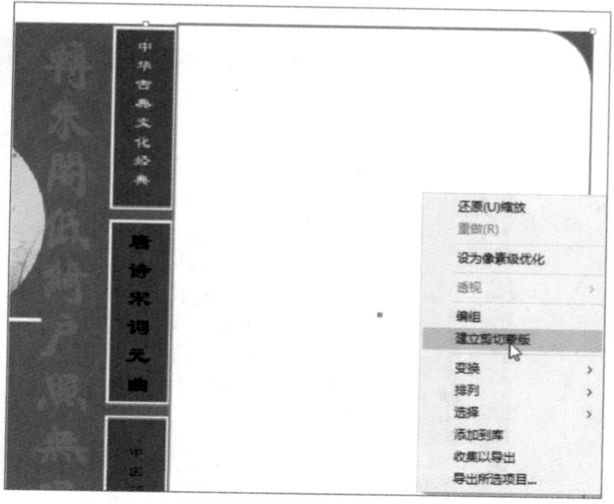

步骤 15 将备用的圆角矩形拖入画板并右击，在弹出的快捷菜单中选择“变换>移动”命令，如下左图所示。

步骤 16 在弹出的“移动”对话框中设置移动的参数，单击“复制”按钮，如下右图所示。

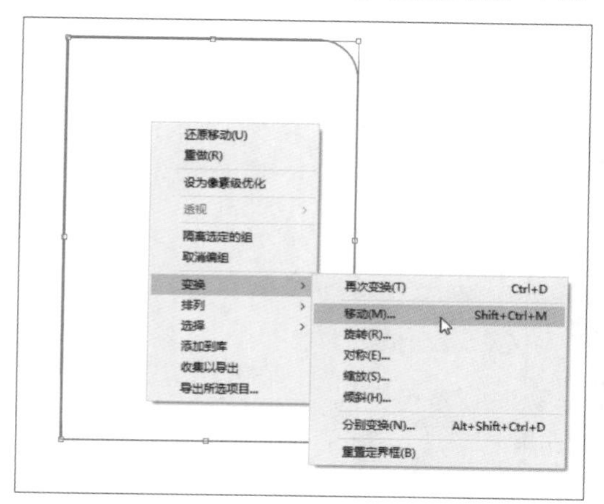

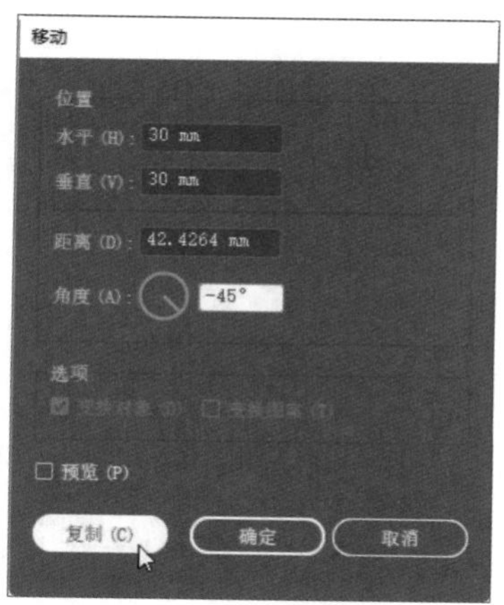

步骤 17 选择前面的圆角矩形，复制并移至前面缩小一点，效果如下左图所示。

步骤 18 为复制的矩形添加渐变颜色，设置描边为无，如下右图所示。

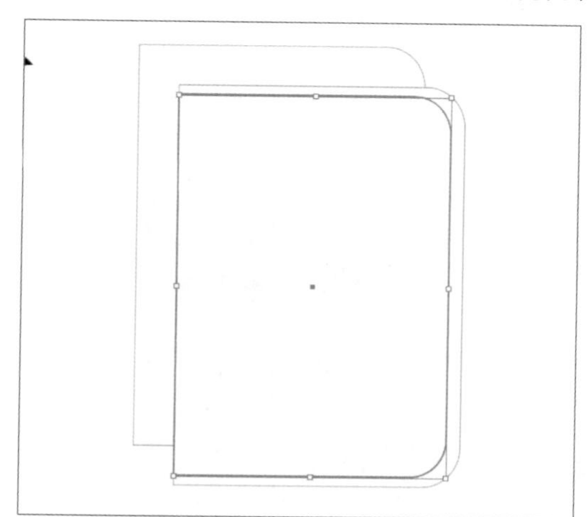

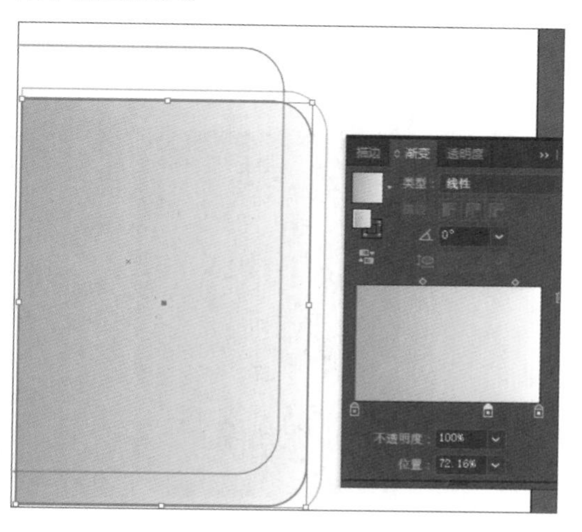

步骤 19 按下Shift+Ctrl+M组合键，打开“移动”对话框并设置相关参数，单击“复制”按钮，如下左图所示。

步骤 20 按下Ctrl+D组合键执行阵列操作9次，效果如下右图所示。

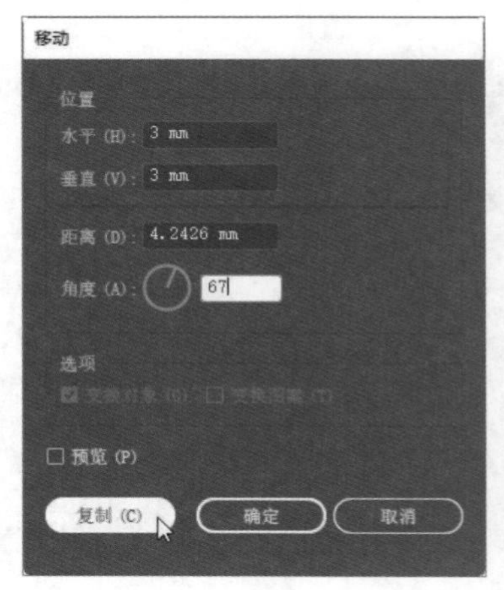

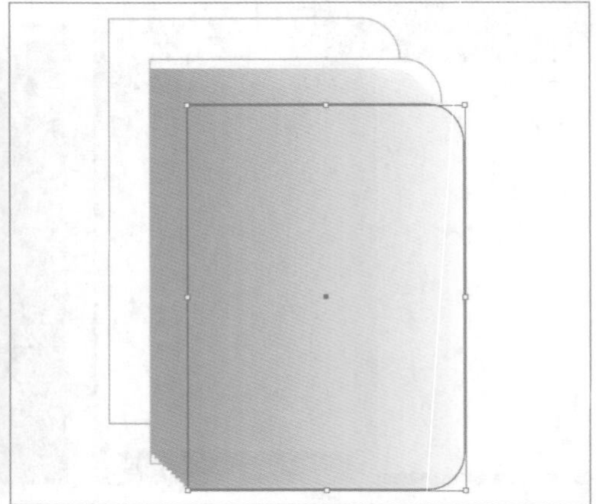

步骤 21 按下Ctrl+G组合键执行编组操作，效果如下左图所示。

步骤 22 对最后一个圆角矩形执行复制并置于顶层操作，效果如下右图所示。

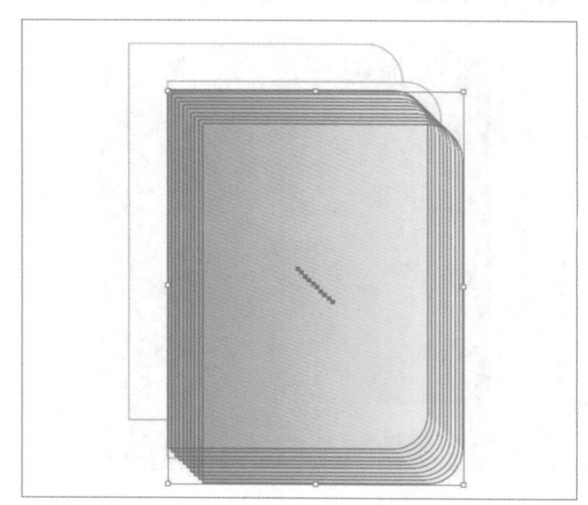

步骤 23 将之前设计的封面置于顶层，设置对齐第一页，效果如下左图所示。

步骤 24 复制第一页封面，置于底层并前移一层，如下右图所示。

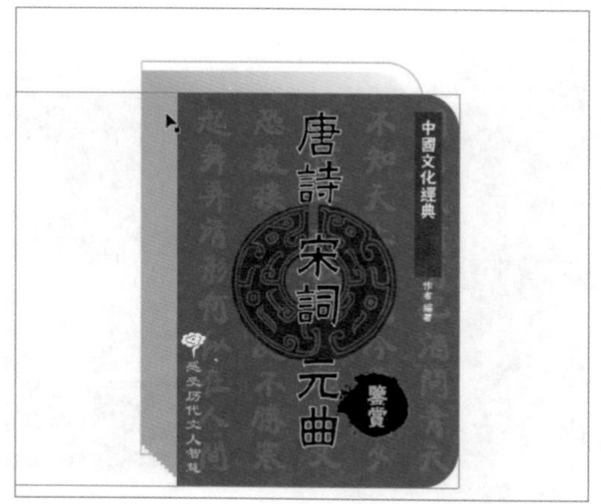

步骤 25 使用直接选择工具单独选择内页，调整渐变过渡效果，并进行相应的调整，效果如下左图所示。

步骤 26 接着制作书脊部分，首先使用钢笔工具画出书脊，颜色为深蓝色，如下右图所示。

步骤 27 打开封面素材文件，复制书脊内容并编组，如下左图所示。

步骤 28 将书脊内容拖入，如下右图所示。

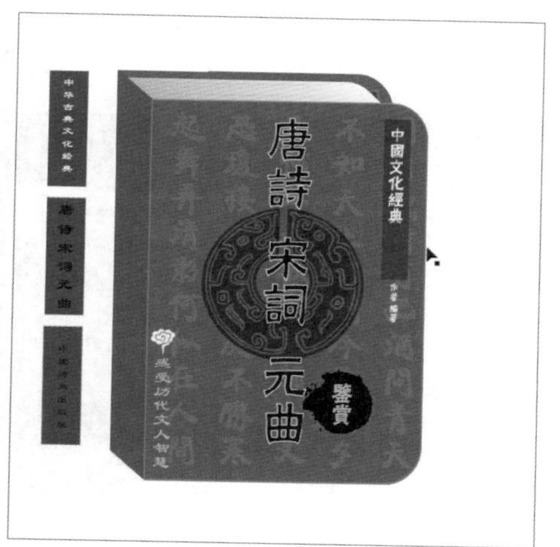

步骤 29 选中书脊内容并右击，在弹出的快捷菜单中选择“变换>倾斜”命令，如下左图所示。

步骤 30 打开“倾斜”对话框，设置倾斜角度为30°，选中“垂直”单选按钮，如下右图所示。

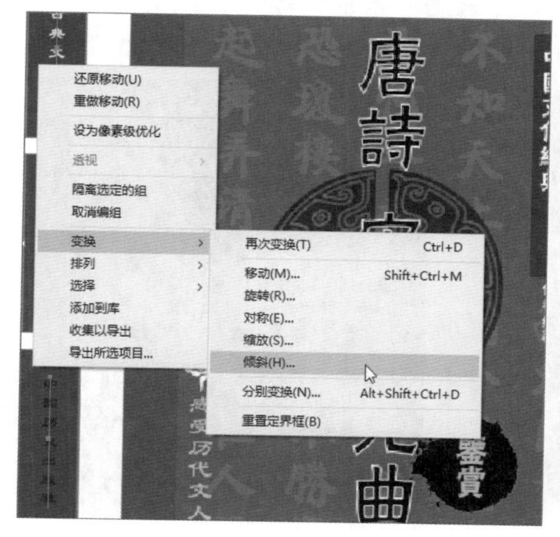

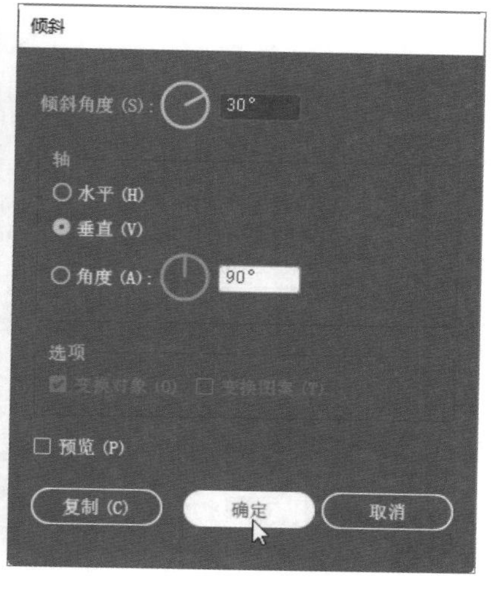

步骤 31 选择直接选择工具，调整书籍的位置，效果如下左图所示。

步骤 32 将书脊内容解组，将其描边设置为使描边内侧对齐，如下右图所示。

步骤 33 选中封面，执行“效果>纹理>纹理化”命令，如下左图所示。

步骤 34 在弹出的对话框中设置纹理化的相关参数，如下右图所示。

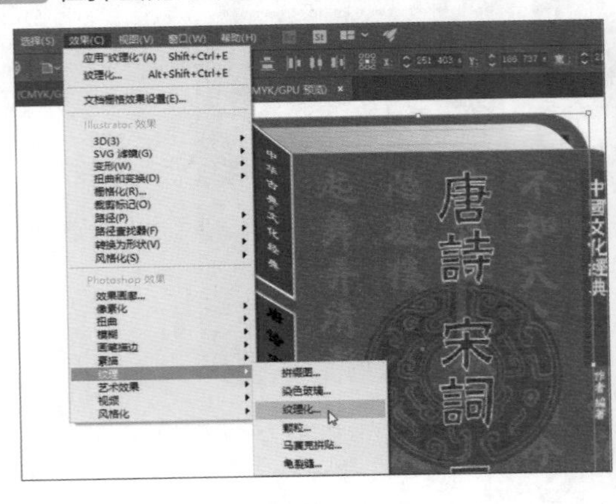

步骤 35 相同的方法制作书脊和底页部分，效果如下左图所示。

步骤 36 将全部图形编组，现再次打开“倾斜”对话框，设置相关参数，如下右图所示。

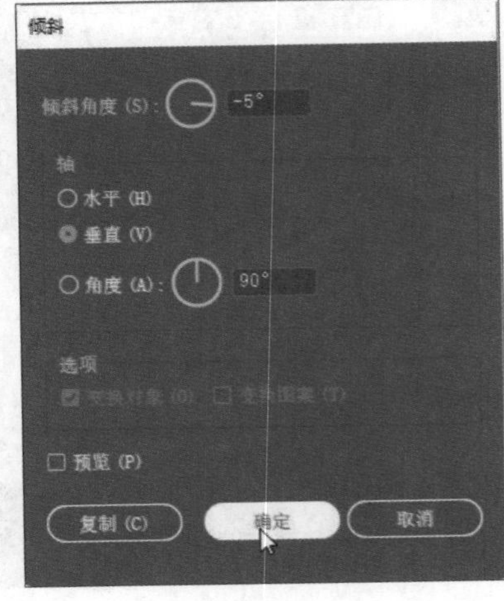

步骤 37 完成后的效果如下左图所示。

步骤 38 接下来制作阴影效果，首先使用钢笔工具，围绕书底绘制平行四边形，如下右图所示。

步骤 39 打开“渐变”面板，设置为径向渐变，效果如下左图所示。

步骤 40 将绘制的平行四边形置于底层，制作的阴影效果如下右图所示。

步骤 41 使用矩形工具绘制和画板相同大小的矩形作为背景，置于底层并设置渐变效果，如下左图所示。

步骤 42 至此，立体书籍装帧制作完成，最终效果如下右图所示。

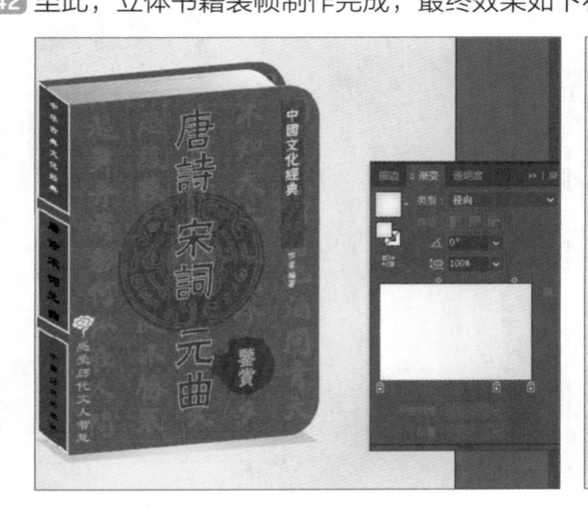

课后练习答案

Chapter 01

1. 选择题

(1) D　(2) B　(3) D　(4) ABCD

2. 填空题

(1) Adobe

(2) 文件>打开，Ctrl+O

(3) 视图>智能参考线

(4) Ctrl+R，Ctrl+U

(5) 移动设备

Chapter 02

1. 选择题

(1) D　(2) D　(3) C　(4) A

2. 填空题

(1) Shift，Alt

(2) 负数

(3) Shift

(4) R，向上

Chapter 03

1. 选择题

(1) D　(2) C　(3) A　(4) C

2. 填空题

(1) 对象>路径>轮廓化描边

(2) 用变形建立，用网格建立，用顶层对象建立

(3) Alt

(4) 对象>混合>替换混合轴

Chapter 04

1. 选择题

(1) A　(2) D　(3) C　(4) B

2. 填空题

(1) HSB，RGB，CMYK

(2) 合并实时上色，对象>实时上色>合并

(3) 线性和径向

(4) 平淡色，至中心和至边缘

Chapter 05

1. 选择题

(1) B　(2) C　(3) A　(4) B

2. 填空题

(1) 不透明度蒙版，剪切蒙版，剪切蒙版

(2) 窗口>图层

(3) 外观，透明度

(4) Ctrl+G

Chapter 06

1. 选择题

(1) D　(2) B　(3) D　(4) A

2. 填空题

(1) 文件>置入，Shift+Ctrl+P

(2) 修饰文字工具

(3) 正数，负数

(4) 文字>创建轮廓，Shift+Ctrl+O

Chapter 07

1. 选择题

(1) C　(2) A　(3) B　(4) A

2. 填空题

(1) 小

(2) 羽化

(3) 波纹效果